Vol. 1

agination

Imagination, Action 상상, 행동

All men recognize the right of revolution; that is, the right to refuse allegiance to, and to resist, the government, when its tyranny or its inefficiency are great and unendurable. But almost all say that such is not the case now.

모든 사람이 혁명의 권리를 인정한다.
다시 말해서 정부의 폭정이나 무능이 너무나 커서 참을 수 없을 때는
정부에 대한 충성을 거부하고 정부에 저항하는 권리를 말이다.
그러나 거의 모든 사람들이 지금은 그런 경우가 아니라고 말한다.

They will wait, well disposed, for
others to remedy the evil, that they
may no longer have it to regret.
At most, they give only a cheap
vote, and a feeble countenance
and God-speed, to the right as it
goes by them.

그들은 남들이 악을 몰아내어 더 이상 자신이 그 문제로 고민하지 않게 되기를
호의적인 자세로 기다린다. 기껏해야 그들은 선거 때 값싼 표 하나를 던져주고,
정의가 그들 옆을 지나갈 때 허약한 안색으로 성공을 빌 뿐이다.

Cast your whole vote, not a strip of paper merely, but your whole influence.
A minority is powerless while it conforms to the majority; it is not even a minority then; but it is irresistible when it clogs by its whole weight.

당신의 온몸으로 투표하라.
단지 한 조각의 종이가 아니라 당신의 영향력 전부를 던지라.
소수가 무력한 것은 다수에게 다소곳이 순응하고 있을 때이다.

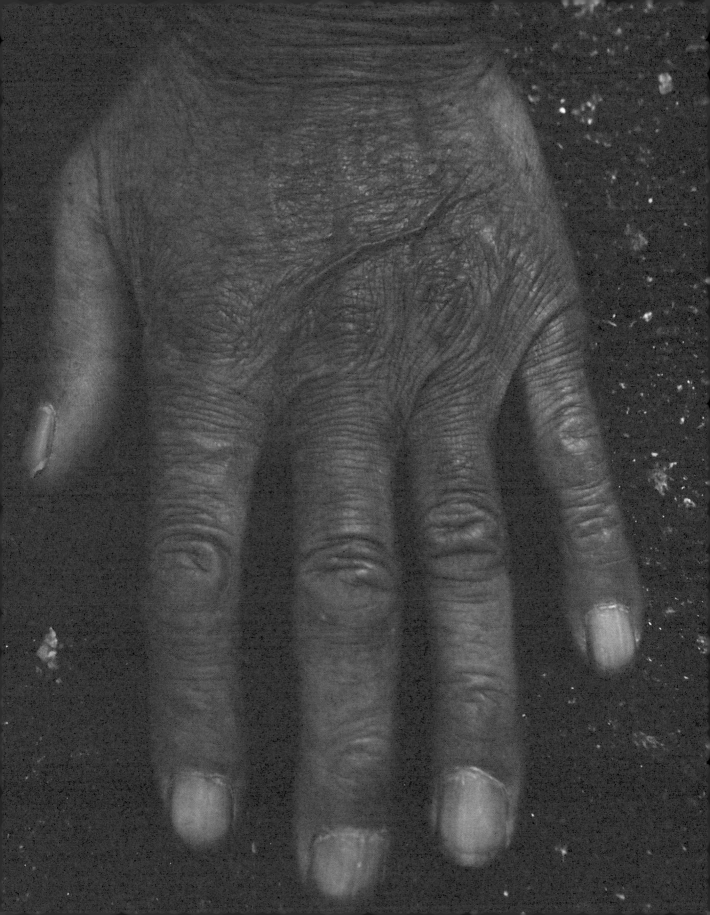

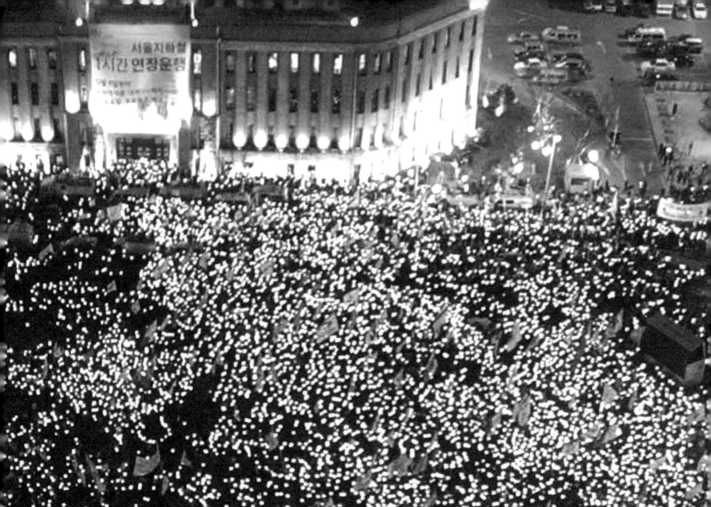

We are accustomed to say, that the mass of men are unprepared; but improvement is slow, because the few are not materially wiser or better than the many.

우리는 입버릇처럼 말하기를 대중은 아직도 멀었다고 한다.

그러나 발전이 진짜 느린 이유는 그 소수마저도 다수의 대중보다

실질적으로 더 현명하거나 더 훌륭하지 않기 때문이다.

Is a democracy, such as we know it, the last improvement possible in government? Is it not possible to take a step furder towards recognizing and organizing the rights of man? There will never be a really free and enlightened State until the State comes to recognize the individual as a higher and independent power, from which all its own power and authority are derived, and treats him accordingly.

우리가 알고 있는 바와 같은 민주주의가 정부가 도달할 수 있는 마지막 단계의 진보일까?
인간의 권리를 인정하고 조직화하는 방향으로 한 걸음 더 나아갈 수는 없을까?
국가가 개인을 보다 커다란 독립된 힘으로 보고 국가의 권력과 권위는
이러한 개인의 힘으로부터 나온 것임을 인정하고, 이에 알맞은 대접을 개인에게 해줄 때까지는
진정으로 자유롭고 개화된 국가는 나올 수 없다.

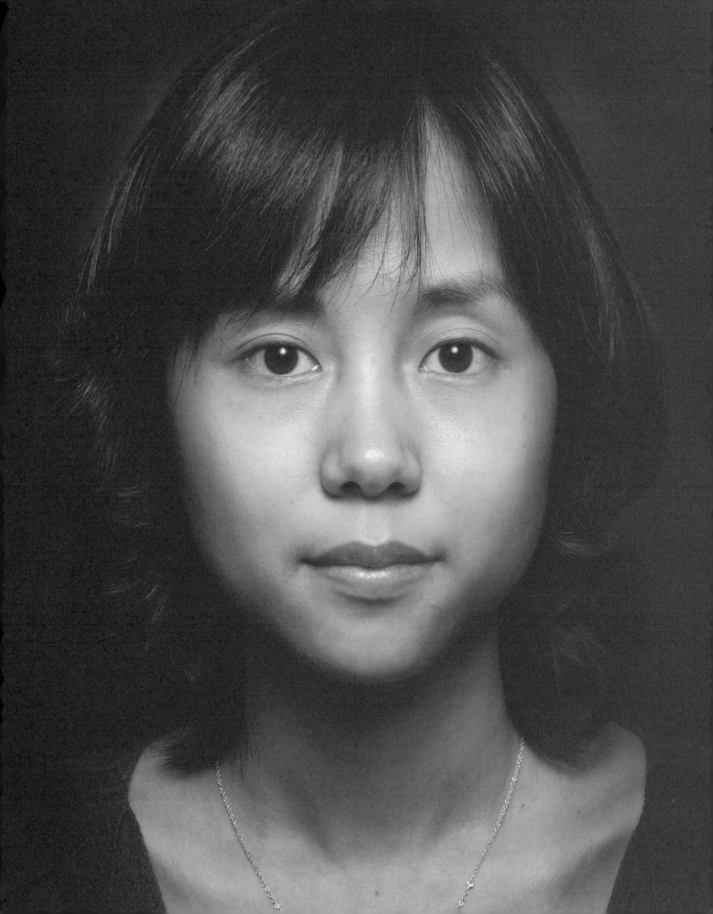

If a man is thought-free, fancy-free, imagination-free, that which is not never for a long time appearing to be to him, ...

– Henry David Thoreau

만일 우리가 자유롭게 사색하고 자유롭게 공상을 하고 자유롭게 상상을 할 수 있다면,
그리하여 존재하지도 않는 것이 존재하는 것처럼 보이는 일이 결코 오래 지속되지 않는다면…

— 헨리 데이비드 소로우

Resist.

Act on Imagination.

Visual Representation and AGI Society in the Post-1990's

Kim, Tae-hyun

curator

Preceding History: Nameless Culture

Any of the following activities are punishable;
Any body who denies, opposes, distorts or criticizes the Constitution of the Republic of Korea or asserts, invokes, instigates or propagates an amendment or repeal of the same through an association or demonstration or public medium involving newspaper, broadcasting or telecommunication or a representation involving a book, a picture or a photographic or phonographic record.
- The 9th presidential decree on May 13, 1975.

They say Korean culture has no name, which means it lacks substance or identity. We've produced numerous cultural products. Yet, we cannot claim them as ours. The same goes for the visual culture. How so? It is because the producers of visual culture are given objects before they could imagine and required to embellish them before they could interpret. As a result most producers of visual culture do not "own" their produce.

Seemingly our culture consists of what the state wants. The culture has been 'mobilized' for the industrialization led by the state and by the dictatorship that owned the state. The Miss Universe Pageant held at Sejong Cultural Center in the summer of 1980 was a spectacle that was mobilized by the military dictatorship to conceal the Gwangju massacre that it committed in May. Also 'Gookpoong 81' held in Yeoido was a mega cultural event that was mobilized to quiet the people's outcry for democracy. The state's mobilization of culture continued under the civilian governments. The cultural event to celebrate the 60th anniversary of Korea's independence from Japan in 2005 and the 20th anniversary of the 1987 democratization movement this year are the typical examples of the state-mobilized culture that has obliterated our culture and history of resistance.

The industrialization pursued by the authoritarian government after Korea's independence from the Japanese colonial rule distorted capitalism in Korea. The state managed to have control over corporate capital through industrialization. Therefore, it was at the state's mercy that some corporations could accumulate huge capital and others disappeared overnight. Through industrialization, the dictator who was the sole decision maker in the state affairs gave birth to Chaebols or large conglomerates thriving on huge capital.

The controlling dictatorship and the controlled Chaebols were the two echelons that represent the distorted capitalism in Korea. Chaebols that formed private connections with the dictatorship amassed capital through dirty means, hoarding private wealth. Small and medium sized companies couldn't get projects from the state or conglomerates without private connections. Building connection was the only way for the companies to survive and prosper in Korea.

The phenomenon was not confined to the economic sector. In every part of the society, there were a chosen few at one end who were part of the money-making pyramid with the dictator at the top and at the other were a majority of people who were alienated from that pyramid and mobilized to accumulate wealth for them. The same applies to the visual culture. Only a few

저항하라.

그리고

상상하고 행동하라!

1990년대 이후 한국사회의 시각표상과
AGI Society

김태현
큐레이터

前史, 주인 없는 문화

다음 각호의 행위를 금한다.

집회 · 시위 또는 신문, 방송, 통신 등 공중전파수단이나 문서, 도화, 음반 등 표현물에 의하여 대한민국 헌법을 부정 · 반대 · 왜곡 또는 비방하거나 그 개정 또는 폐지를 주장 · 청원 · 선동 또는 선전하는 행위.
대통령긴급조치 9호, 1975. 5. 13.

**2007. 6. 9. 6월 민주항쟁 20주년기념
문화행사, 서울시청 앞 광장.**
A cultural event celebrating the 20th anniversary
of the 1987 democratization movement held in
Seoul Plaza on Jun 9, 2007.

한국의 문화에는 주어가 없다는 말이 있다.

이 말은 곧 우리의 문화에는 내용이 없다는 것을 뜻하며, 동시에 정체성의 부재를 의미한다. 분명 문화생산자들은 수많은 문화생산물들을 만들어 왔다. 그러나 문화생산자들 대부분은 그 속에 자신이 있다고 당당히 말하지 못한다. 시각문화 생산자들 역시 마찬가지다. 왜일까? 그것은 문화를 상상하기 이전에 대상이 주어졌고, 주어진 대상을 해석할 여지없이 먼저 꾸며야 했기 때문이다. 그래서 대부분의 시각문화 생산자들은 자신이 스스로 문화의 주체가 될 수 없었다.

어쩌면 지금까지 우리의 문화는 국가가 필요했던 것으로만 채워져 있었는지 모른다. 국가가 주도했던 산업화와 국가를 장악했던 독재정권의 미명 아래 동원되어 온 문화가 바로 그것이다. 1980년 여름 세종문화회관에서 개최된 '미스 유니버스 서울대회'는 5월 광주학살을 숨기고 싶어 하는 군사정권의 욕망이 개입된 스펙터클이었고, 1981년 여의도에서 열렸던 '국풍 81'은 시민들의 민주주의적 요구를 잠재우기 위해 동원된 대형 문화 이벤트였다. 국가 주도의 문화는 민주주의 정부가 들어선 후에도 이어지고 있다. 2005년 광복 60주년 기념 문화 행사뿐만 아니라 올해 개최되었던 6월 민주항쟁 20주년행사까지 국가가 관리하는 문화가 되어버린 것이다. 독재정권에 저항하며 만들어왔던 우리의 역사와 문화까지 국가문화라는 틀 속으로 포섭되어 버렸다.

국가와 함께 우리의 문화를 채우는 것은 사회의 물적 토대를 이루는 자본에 의해서다. 그런데 해방 후 우리의 자본주의는 독재정권이 강력하게 주도해 간 국가산업화의 결과물들이다. 국가적 차원에서 추진한 산업화는 국가가 기업의 자본축적까지 관리하는 것을 의미했다. 오로지 국가의 결정만으로 특정 기업의 대규모 자본축적이 가능했고, 반대로 국가의 결정을 통해 어떤 기업은 하루아침에 사라지기도 했다. 그 결과 국가적 결정의 유일한 권력자였던 독재정권을 통해 자본 위에 존재하는 재벌이 탄생하게 되었다.

국가권력을 장악한 독재정권과 독재정권의 보호 아래 성장한 재벌은 한국의 봉건적 자본주의를 상징하는 대표적 두 집단이었다. 독재 권력과 사적인 관계를 형성하고 국가산업화를 통해 성장한 재벌기업은 개인적 부를 쌓아가며 자본을 축적해갔다. 중소기업들까지도 권력층과의 사적 밀착을 통해서만 국가 혹은 재벌기업으로부터 프로젝트를 수주할 수 있었는데 이것만이 그들의 기업을 유지하며 부를 축적할 수 있었던 방법이었다.

이러한 현상은 부분적인 것이 아니라 사회적인 것이었다. 세상의 한편에는 독재자를 꼭짓점으로 한 권력의 사슬구조 안에서 막대한 부를 쌓아가는 소수의 사람들이 있었고, 다른 한편에는 그 구조로부터 소외되어 부의 축적에 동원되어 온 다수의 사람들이 있었다. 시각문화 생산자들도 마찬가지였다. 시각문화 생산자들 중 일부만이

이전 세대와 달리 전대협이 만들어낸 거리에서의 '저항의 스펙터클'은 매우 시각적이었다. 수많은 깃발과 시각적 홍보물, 그리고 지역마다 다르게
차려 입은 다양한 옷은 저항의 스펙터클를 화려하게 만들었다.
The spectacles of resistance created by JDH on the streets were highly visual. Fluttering colors, placards and clothing in different regional
colors embellished the spectacles of resistance.

producers of visual culture were admitted to the pyramid and built up social wealth while the
rest was mobilized to produce visual culture that was deficient in imagination, working through
sleepless nights to create wealth none of which would belong to them.

The majority of producers of visual culture were nameless in the culture orchestrated by the
authoritarian government and conglomerates. They were simply 'the subjects' or the 'workers/
consumers' because the 'national culture' and 'the culture of workers/consumers' were not
owned by them but by the government and conglomerates'. Against this backdrop, it was
hard to expect them to pour their imagination in their work considering the ownership may be
expressed only through the imagination of the owner.

The Spectacle of Resistance

**What is speech? What does it mean? Who is speaking and who is spoken to? What is
spoken of? What's the relation between the speaker and the listener?**
- Excerpts from the prospectus of Reality and Speech, December, 1979

People's resistance against the state-controlled visual culture started from the 1980s. The
democratization movement that stirred in the 1980s refused to accept the culture as imposed
by the state. 'Reality and Speech' was one of the first movements characterized as 'Minjoong
Art' or working class art that rejected the state or Chaebol-controlled culture. Minjoong artists
imagined a third visual culture and acted on their imagination.

The democratization movement in Korea gave vent to the pent-up desire of the people to
express their anti-government, anti-Chaebol sentiments. They were no longer the 'subjects'
that submitted to the authoritarian rule, or the 'workers/consumers' who were simply the tools
of capitalism. They were reborn as new selves that could write history by themselves. They
started to express themselves visually in the name of 'Minjoong' which was the beginning of
the Minjoong Art.

The democratization movement of June, 1987 triggered the spread of popular democracy
in Korea. More and more people participated in the democratic movement. Now not only
Minjoong but also everybody else in the society wanted to express themselves. Some of
them call themselves "citizens' free from the bounds of the state and the capitalists. With the
development of democracy, Minjoong and the citizens broadened the scope of their speech,
bringing about the diversification of the society.

The spread of democracy was foretold by the democratization movement of 1987 where
Minjoong resisted the authoritarian government as well as the great labor struggle that
provided the drive for the class struggle. At the center of such democratization movement
was Jeon-dae-hyup (University Students Association of Korea / JDH), the third generation
of Korean democratization movement. JDH was formed on August 18, 1987 as a group of
student activists in the midst of the great labor struggle of 1987. Unlike the first and second
generations of the Korean democratization movement who were mainly intellectuals or
ideologists, JDH espoused the philosophy and ideology of the masses. They intended to work
with the masses to complete the democratization movement that started in 1987. The colleges

권력의 사슬 구조 안에서 사회적 부를 쌓아갔다. 그리고 나머지 대다수의 시각문화 생산자들은 자신들과 상관없는 부의 축적을 위해 부족한 잠을 참아가며 상상력이 결핍된 시각문화 생산에 수동적으로 동원되어 왔던 것이다.

이처럼 대부분 후자에 속한 시각문화 생산자들은 독재정권과 재벌기업이 만들어내는 문화 안에서 주체적으로 존재할 수 없었다. 그들은 단지 '국민'이거나 '근로자·소비자'로 호명되었을 뿐이다. '국민 문화'와 '근로자·소비자 문화'의 주체는 시각문화 생산자가 아니라 독재정권과 재벌기업이었기 때문이다. 이러한 사회 속에서 시각문화에 그들의 상상력을 담을 수 없었던 것이 현실이었다. 주어는 주체의 상상력을 통해서만 표상될 수 있다.

저항의 스펙터클

발언이란 무엇을 의미하는가? 발언은 어떻게 이루어지는가? 누가 발언자이며, 무엇을 향한 발언인가? 누구를 위한, 누구에 의한 발언인가? 발언자와 그 발언을 수용하는 사람과의 관계는 어떤 것인가?
'현실과 발언' 창립 취지문. 1979. 12.

독재정권과 재벌기업에 의해 표상되던 시각문화에 대항하여 저항의 몸짓이 나타나기 시작한 것은 1980년대부터였다. 한국 민주주의운동이라는 역사적 물결이 그들만의 문화를 향해 거부의 기지개를 켜게 만들었다. '현실과 발언'을 비롯해 하나 둘 세상에 모습을 보이기 시작한 민중미술운동이 바로 그것이다.

독재와 재벌의 문화가 아닌 제3의 시각문화를 상상하고, 상상한대로 행동했던 것이 바로 민중미술운동이었다. 한국 민주주의운동의 역사는 독재자와 재벌이 표상하지 않아 세상에 모습을 보일 수 없었던 사람들을 사회적 주체로 만들기 시작했다. 독재정권이 만들어내고자 했던 순응적인 '국민'이나 재벌의 부를 축적하는데 필요했던 '근로자·소비자'가 아니라 스스로 역사를 만들어 가는 새로운 주체가 등장한 것이다. 그 주체는 '민중'이라는 이름으로 자신들을 시각적으로 표상했는데, 그것이 바로 민중미술이었다.

1987년 6월 민주항쟁 이후 한국의 민주주의는 폭넓게 퍼져 나갔다. 좀 더 많은 사람들이 민주주의라는 이념과 민주화운동이라는 행동으로 스스로 주체가 되어갔다. 그리고 이제 세상에 발언하는 사회적 주체는 '민중적' 계층을 넘어 전사회적으로 광범위하게 확대되기 시작했는데, 그들 중 일부는 자신을 국가와 자본으로부터 자유로운 '시민'이라 불렀다. 민주주의의 발전과 함께 사회는 분화되기 시작했고 분화된 사회의 새로운 '민중적' 주체들과 '시민적' 주체들은 발언의 범위를 넓혀 나갔다.

사실 6월 민주항쟁이 반민주적 독재자에 대항한 대중적 저항이었고 바로 이어진 7·8·9월 노동자대투쟁이라는 계급적 저항에 추동력을 제공했다는 점에서 민주주의의 확산은 이미 예견된 일이었다. 그리고 6월 민주항쟁 이후 민주주의 확산의 중심에는 한국 민주주의 운동의 제3세대인 전국대학생대표자협의회(전대협)가 있었다. 전대협은 6월 민주항쟁 직후, 그리고 7·8·9월 노동자대투쟁의 와중이었던 8월 18일 결성된 대중적 학생운동조직이다. 선각자와 지식인들이 중심이 된 민주화운동 1, 2세대와 달리 전대협 학생운동은 '대중 중심의 철학과 사상'을 자신의 세계관으로 삼고자 했다. 이를 바탕으로 대중들과 함께 미완의 6월 항쟁을 완성해 나가고자 했던 전대협 학생들은 대학을 저항의 베이스캠프로 만들었으며, 그들에 의해 해방구가 된 대학은 한국 민주주의의 발전소가 되었다. 그로부터 10년간 한국 사회의 에너지는 대부분 대학에서 나왔다.

전대협은 능동적인 시각문화 생산자였다. 이들은 예전과 비교할 수 없을 정도로 많은 시각문화를 생산해 왔는데, 때에 따라 자신 스스로 시각이미지가 되기도 하였다. 6월 민주항쟁 이후에도 한동안 이어졌던 군사정권에 저항하기 위해 거리로 나섰던 전대협 학생들의 손에는 그들의 목소리가 시각적으로 편집된 각양각색의 선전물이 들려 있었다. 뿐만 아니라 거리를 가득 메운 수많은 깃발과 마스크를 쓴 학생들의 모습은 그 자체로 저항의 스펙터클이었다.

한국 민주주의운동의 역사에서 처음으로 자신을 시각적으로 기록하고 표상했던 세대도 전대협이었다. 이전까지 한국 민주주의 운동은 내외신 사진기자 같은 외부의 재현 주체가 시각적으로 표상하거나 기록해 왔다. 민중미술 역시도 '민중'이 자신을 시각적으로 표상했다기보다는 지식인 계층의 미술가들이 '민중적' 이미지를 생산했다는 점에서 민중 스스로의 시각표상은 아니었다. 그래서 한국 민주주의 운동은 제3의 재현주체의 정치적 이데올로기에 따라 불온하거나 혹은 정의로운 모습으로 서로 다르게 표상되곤 했다.

신학철, 한국근대사―모내기, 유채,
1987, 130X163cm, 1993년에 다시 그림.
신학철 작가의 〈한국근대사―모내기〉는 우리 사회에서 표현의 자유를 가늠하는 척도가 되는 작품이다. 이 작품을 북한을 찬양하는 이적표현물이라고 판단한 검찰은 신학철 작가를 국가보안법위반으로 기소하고 작품을 압수하였다. 1999년 압수된 이 작품은 아직까지도 서울중앙지검 창고에 보관되어 있으며, 작가의 증언에 의하면 복구가 불가능할 정도로 훼손된 상태라고 한다. UN 인권이사회는 이 사건을 표현의 자유를 침해한 것으로 결정했다.

Shin, Hak-chul, Modern History of Korea – Rice Planting, oil on canvas, 1987, 130X163cm, originally painted in 1987 and repainted in 1993.
This work is the yardstick of the freedom of speech in Korea. The Public Prosecutor's Office determined that the painting was an 'enemy expression' sympathizing with North Korea and indicted Shin for alleged violation of the National Security Act and confiscated the work. The confiscated painting is still stored in the warehouse of the Prosecutor's office in an irrecoverable state according to the painter. The U.N. Human Rights Commission condemned the incident as violation of freedom of speech.

전대협 로고와 부산대에서 개최한 전대협 출범식
처음으로 전대협 로고가 홍익대학교 디자인학과
학생의 손으로 만들어 졌다.

**JDH logo and a photo of the annual JDH
convention held at Pusan National University.**
The JDH logo was created by a design student
at Hongik University. The student is currently the
president of AGI Society.

across the nation served as their base camp, becoming the powerhouse of Korea's social activism and democracy for the next decade.

JDH was a proactive, prolific producer of visual culture. Not only did JDH students produce an unprecedented number of visual products they sometimes became a visual image themselves. For sometime after the democratization movement in Jun of 1987, JDH activists continued their street protests. JDH employed various visual effects in the leaflets that they used to carry anti-government messages. Also the visual image of JDH students themselves, streaming in the streets with masks and banners, was a spectacle of resistance.

JDH was also the first generation in the history of Korea's democratic movement that recorded and represented itself visually. Prior to JDH, Korea's democratic movement was recorded or expressed visually by external parties such as newpaper photographers. Neither was Minjoong Art by Minjoong themselves. It was crated by intellectual artists. Therefore, Korea's democratic movement was portrayed righteously or subversively depending on the political ideology of the person who produced the image. However, JDH students produced visual records and images by themselves. Not only JDH students majored in photography, design or art but also students with no train in arts published newspapers and books and designed banners and scrolls that reflected their ideology and view of the world. Even though they did not major in visual art, they could express their ideas and belief well. Some of their visual pieces were more imaginative than art majors'. Also college newspapers and broadcasting stations visually reproduced students and civilians fighting against injustice. During this period, colleges were the outlet of animated visual culture. The annual JDH convention held in spring with more than 100,000 students participating was a festival of new, popular culture of resistance.

Some JDH students continued their role as a producer of visual culture after their graduation. Now they are working actively in governmental or non-governmental organizations, corporations and visual art studios, contributing to the realization of the world that they dreamed as college students. They continue to imagine a better world and act to realize it. Their motto is "Resist! And Act on Imagination!" AGI Society is one such group that actively produces visual culture.

Activism of Graphic Imagination

**AGI Society's philosophy is Activism of Graphic Imagination which means that we
imagine and act for change to realize a better world.**
- AGI Society

A new cultural activism developed in the Korean society during the last 30 year period. In retrospect, we witnesses the emergence of the 'struggling Minjoong', the 'free citizens' and the 'resisting masses' in the fields of visual art such as design, film and photography. They are artists, movie directors, photographers, designers and illustrators who are participating actively in the society. AGI wishes to be a producer of visual culture with a voice.

The passion of AGI Society which was formed in 1997 by six people including designers Kim, Young-chul and Jang, Moon-jung and photographer Sohn, Seung-hyun, has been 'people' from the very beginning. Therefore, it was only natural that AGI, which espoused social activism to make a better world, paid attention to laborers, the jobless and others who had been alienated from the state or the capital. The visual representation of the contemporaneity of these people was the focus of AGI's early works: the Contemporaries (1997) and the Jobless series (1998)

AGI's first project, the Contemporaries, a photo journalism magazine, involved a photographer and six designers. In the Contemporaries, AGI artists used their graphic creativity to represent the contemporaneity of lepers shut off in the Sorok-do leper colony, circus troupes, port laborers, children of Chernobyl and shamans.

The Jobless series are the posters put on the walls of the Seoul metropolitan subway stations. The background of the work was the IMF financial crisis that suddenly descended on Korea. The financial crisis represented the collapse of the Korean economy distorted by the authoritarian government and Chaebols. However, the brunt of it was borne by the people who had been shut off from the power structure.

1992. 11. 한림대학교 총학생회장 선거포스터(우)

이 포스터는 당시 선거운동본부의 선전국에서 만들어 낸 포스터다. 당시 대학의 학생회장 선거 포스터는 후보의 증명사진과 약력, 선거 카피로 구성된 정형화된 모습이었다.(좌) 스냅 사진과 손글씨를 이용한 디자인 포스터가 대학에서 처음 나온 것은 1991년도 한림대학교 학생회장 선거 때부터인데, 이듬해부터 전국적으로 대학 선거 포스터가 바뀌게 되는 계기가 되었다. 한림대학교엔 미술대학이 없다.

Election campaign poster of Hallym University president of the student council, December, 1992. (Right)

In those days, the university election posters typically consisted of a portrait shot, a summary of education and background and campaign slogans.(Left) It was for the first time that an election poster carried a snap shot photo and letters in a handwritten style. The poster was created in 1991 by some students at Hallym University, changing the election posters in universities across the nation. For your information, Hallym University doesn't have a school of art and design.

하지만 전대협을 구성하고 있던 많은 학생들은 수많은 시각이미지들을 자발적으로 생산하고 기록했다. 사진학과나 디자인학과, 미술학과 학생들뿐만 아니라 미술대학이 없는 대학에서도 학생들은 그들의 생각과 세계관이 반영된 깃발을 만들고 걸개그림을 그리고 옷을 디자인했으며 책과 신문을 발행했다. 그들은 비록 시각이미지를 전공하지 않았지만 자신들의 생각과 이념을 시각적으로 표상했던 것이다. 어떤 경우에는 미술대학이 있는 학교보다 더 빠르게 획기적인 시각 이미지를 만들어 전국 대학에 보급하기도 하였다.

뿐만 아니라 모든 대학에 있던 학교신문사와 교집편집위원회, 방송국 학생기자들은 불의에 저항하는 민중과 시민의 모습을 사진으로 기록했고 기사로 썼으며, 그것들을 필요에 따라 시각적으로 재현했다. 이 당시 대학은 언제나 생기발랄한 시각문화의 해방구였다. 매년 봄 10만여 명의 학생들이 모여서 개최했던 전대협 출범식은 새롭고 대중적인 저항문화의 향연이기도 했다.

전대협에서 시각문화를 생산하던 학생들 중 많은 이들은 대학을 졸업한 후에도 시각문화 생산자의 삶을 이어갔다. 그들은 지금도 시민사회단체에서 또 공공기관에서, 기업에서 혹은 시각 예술계에서 활발히 활동하면서 그들이 대학시절 꿈꿔왔던 세상을 조금씩 만들어 가고 있다. 이들은 보다 나은 세상을 '상상'하고 그러한 세상을 만들기 위해 '행동'하는 사람들이다. 그래서 이들의 행동강령은 '저항하라. 그리고 상상하고 행동하라!'이다. 시각 문화 생산자 집단 AGI Society도 바로 이러한 사람들이다.

그래픽 상상의 행동주의

'그래픽 상상의 행동주의란' 가치 있는 삶의 변화를 위해 무엇을 상상하고, 어떻게 행동해야 할 것인가에 대해 답하는 것이다.

AGI Society

우리의 문화에서 새로운 사회적 주체가 등장하기 시작한 것은 1980년대 이후부터 불과 30년이 채 안되었다. 지난 30년을 돌이켜 보면 영화와 미술, 사진 등과 같은 시각문화매체 분야에서도 '투쟁하는 민중'이나 '자유로운 시민' 혹은 '저항하는 대중'의 등장을 지켜볼 수 있다. 사회적 주체로서의 미술작가와 영화감독, 사진가, 디자이너, 일러스트레이터가 그들이다. AGI Society가 지향하는 것도 '세상에 발언하는 시각문화 생산자'이다.

AGI Society가 결성된 것은 1997년이다. 디자이너 김영철과 장문정, 사진가 손승현 등 6명으로 시작한 AGI Society의 관심은 처음부터 사람에 있었다. 그래서 세상을 구성하고 더 나은 세계를 꿈꾸는 사람들과 함께 하려는 AGI Society의 시선이 국가나 자본으로부터 소외된 사람들이나 노동자, 실업자들에게 향한 것은 자연스러운 결과였다. AGI Society는 이런 사람들의 동시대성을 시각적으로 표상하는 것을 첫 작업으로 삼았는데, 그것은 〈동시대 사람들, 1997〉과 〈실업대자보, 1998〉로 나타난다.

1997년 첫 번째 작업인 〈동시대 사람들〉은 사진가와 6명의 디자이너가 함께 작업한 포토 저널리즘 매거진이다. 이 작업에서 AGI Society의 예술가들은 소록도 나병환자와 서커스 단원, 선박 노동자, 체르노빌 아이들, 무속인 같은 사람들을 그래픽적 상상력과 동시대적 현실성으로 표상하고 있다.

〈실업대자보〉시리즈는 서울지역 지하철역에 붙었던 포스터 작품들이다. 이 작품은 우리에게 갑자기 찾아 온 IMF 금융환란을 시대적 배경으로 하고 있다. 독재 권력과 재벌이 만들어 온 왜곡된 경제구조가 IMF 금융환란으로 기반에서부터 무너지기 시작했다. 그 피해는 권력의 사슬구조에서 소외되어 있던 다수의 사람들에게 집중되었다. 1998년부터 시작된 국가적 경제 위기는 기업의 구조조정으로 이어졌으며, 대량의 실업문제를 야기했고 그것은 동시대 사람들의 위기로 다가왔다. 불시에 실업자로 전락한 사람들이 많아지면서 사회적 민주주의는 후퇴의 조짐까지 보이기 시작했다. 국가나 자본은 언론을 통해 어쩔 수 없는 '정리해고'와 경제회복을 위한 '고통분담'만 강요하면서 연일 세상 사람들을 위협하고 있었다. 그 자리에서 실업자들의 목소리는 작을 수밖에 없었다.

여기서 AGI Society 작가들이 주목했던 것은 실업자들의 삶이었다. 소수자의 작은 목소리를 일러스트와 손글씨로 작품화하고 그 작품을 많은 사람들이 오고가는 지하철역에 전시함으로써 사라져가고 있던 그들의 사회적 주체성과 민주주의를 지키고자 했다. 〈실업자 김씨〉가 IMF 금융환란 당시 우리 모습의 또 다른 시각적 판본이었다는 점에서 〈실업대자보〉시리즈는 AGI Society 자신들의 발언이기도 했다.

동시대사람들
Contemporary People, Magazine, 1997

비전향장기수
The Unconverted Long-term Political
Prisoners, Photography & Graphic Works,
2002

The national economic crisis that began in 1998 led to corporate restructuring that created serious unemployment problems which became the problems of the contemporaries. As more and more people became jobless, the social democracy seemed to suffer a setback. The state and the capital engaged in massive media campaigns justifying mass layoffs and sharing of burden. Their advertisement campaigns drowned out the moan of the jobless.

That was when AGI Society brought the life of the jobless to relief. AGI tried to defend the democracy and social activism by displaying a series of posters carefully illustrated and calligraphed in the crowded subway stations to give a voice to those who were suffering. Mrs. Lee Bok Soon and Mr. Kim the Jobless were representations of our own suffering during the difficult period.

In the following 10 years, AGI Society expanded its areas of work. The number of members increased from original six as it engaged in more projects. As the number of members increased, the areas that they wanted to voice concerns about increased. The areas ranged from the freedom of ideology (the Long Serving Political Prisoners, 2002) to political democracy (a series of works for the Citizen's Alliance for the 2002 General Election, 2000 and the hanging scroll Against the Impeachment, 2004) to discrimination based on educational background (Butterfly's Dream, 2004) to feminism (Women's Newspaper, 2003 and Family & Hoju-je, 2003) to popular culture (Promoting Live Concerts, 2003) and to several museum projects (2003-2007). They encompassed most aspects of our daily lives, culture and politics. At the same time, the space for the display of these works expanded from subway stations and streets to more established places like the Design Museum and Gwangju Biennale.

Food and Freedom

Seamos todos nosotros realistas pero tengamos un sueño imposible en nuestro corazón
- Che Geuvara

As mentioned before, the works of AGI Society a group of people producing visual culture are in sync with Korea's history of recovery and spread of democracy. In fact, most of AGI Society's works were the products of solidarity and communications with civic groups, non governmental organizations and the people. Such solidarity and communications were the sources of AGI's imagination and actions. For AGI Society's philosophy is cultural activism through graphical imagination based on socio-cultural reality.

AGI Society's works are always contemporaneous. If you look at AGI's works, the history of the past decade will play like a film in your mind. The contemporaneity of AGI's works represents Korean history as the recollection of collective memories that have been forgotten for sometime. AGI's works are embedded with a chip of Korea's collective memories.

During the past decade since the establishment of the civil government, AGI Society changed as much as Korea's democracy did. AGI, an abbreviation of 'Agitation,' has transformed from a group of people who worked part-time as producers of visual culture to AGI or Activism of Graphic Imagination, a full-time production company practicing visual activism more actively. The young people who started out as JDH activists filled with indignation have matured into a productive company leading visual culture.

The democracy that we enjoy now is the fruit of the struggle and resistance for 'food and freedom.' It is our dream to realize humanistic capitalism in our modern times. That's why AGI Society strives to be a company that experiments alternatives to strike a balance between food and freedom. If our past is characterized by the suppressed freedom by dictators in exchange for food, our future should be the balance of food and freedom realized by progressionists. The past decade has brought AGI Society where it stands now. Where AGI Society will be in the next ten years depends on how AGI practices progressive visual culture based on the historical lesson of food and freedom. AGI's effort will materialize in various cultural products. The resistance against the suppression of food and freedom must continue because it is the past, present and future of the struggling Minjoong, the free citizen and the resisting masses. The same goes for AGI Society. Otherwise, we will perish as painfully shown by our history.

실업자 김씨
Unempolyed Mr. Kim, Poster, 1998

나비의 꿈−학력차별반대
Butterfly's Dream-to discrimination based on
educational background, Poster, 2004

참고자료

강만길, 한국현대사, 창작과비평사, 1984
박세길, 다시 쓰는 한국현대사 1, 2, 3, 돌베개, 1988~1992
서중석, 사진과 그림으로 보는 한국현대사, 웅진지식하우스, 2005
현실과 발언 편집위원회 엮음, 민중미술을 향하여
 − 현실과 발언 10년의 발자취, 과학과 사상, 1990
현실과 발언 동인 엮음, 현실과 발언
 − 1980년대의 새로운 미술을 위하여, 열화당, 1985
민중미술전시 추진위원회 엮음, 민중미술 15년 :
1980~1994 도록, 삶과 꿈, 1994
민미협 20년사 편찬위원회 엮음, 민미협 20년사
 − 역사에 새기는 민족미술의 붓길, (사)민미협, 2005
이인영, 전대협 결성 20주년 기념사, 2007

이후 이어진 10년간 AGI Society의 작품 활동은 많은 영역에서 발전해 왔다. 6명으로 시작한 회원은 프로젝트가 진행될수록 늘어났고, 작가들이 늘어나는 만큼 그들이 발언하고자 하는 영역도 넓어져 갔다. '사상의 자유'(비전향장기수, 1998)와 '정치적 민주주의'(총선연대, 2000 / 탄핵반대, 2004) 등 기본권을 옹호하는 작품에서부터 '학력차별 반대'(나비의 꿈, 2004), '여성문제'(여성신문, 2003 / 가족과 호주제, 2003), '대중문화'(라이브 공연 활성화, 2003), 미술관 프로젝트(2003~2007) 까지, 우리가 살아가는 삶과 문화, 정치, 사회 등 일상의 모든 영역에서 자신의 발언을 작품화 해 간 것이다. 동시에 이들의 작품 시연 공간은 지하철역이나 거리에서부터 '디자인미술관'이나 '광주비엔날레'라는 공적인 미술영역으로까지 확대되어 나갔다.

밥과 자유

우리는 모두 리얼리스트가 되자. 그러나 가슴 속에 불가능한 꿈을 가지자!

체 게바라

위에서 살펴본 바와 같이 시각문화 생산자집단 AGI Society의 작품 활동은 민주주의의 회복과 확산이라는 우리 사회의 역사와 밀접하게 연관되어 있다. 실제로 AGI Society 작품의 대부분은 시민사회단체나 공공기관과 연대하고 대중들과 소통하는 가운데 탄생해 왔다. 그리고 바로 이러한 연대와 소통은 "상상, 그리고 행동"을 통해 AGI Society 작품의 힘이 되었다. AGI Society 작품들은 우리의 사회문화적 현실에 대한 '그래픽적 상상력'과 그 상상력에 바탕을 둔 '문화행동'이었기 때문이다.

AGI Society 작품은 언제나 동시대적이었다. 그래서 AGI Society의 작품을 들여다보고 있으면 지난 10년 우리의 역사가 주마등처럼 머릿속을 스치고 지나간다. AGI Society 작품의 동시대성은 바로 우리의 역사였고, 그 역사는 한동안 잊고 지내던 사회적 기억을 다시 끄집어내어 작품의 내면 안으로 투사시킨다. AGI Society 작품 안에는 그동안 우리가 집단적으로 경험하면서 축적해 온 기억의 회로가 내장되어 있다.

김대중 정권 이후 10년 동안 우리 사회의 민주주의는 조금씩 발전해왔다. 그리고 그 발전의 폭만큼 AGI Society도 변화했다. 각자 직장을 갖고 있던 사람들이 모여 시각문화 생산자 동인으로 출발하였던 AGI(tation)는 좀 더 적극적인 사회적 시각문화 활동을 위해 AGI(Activism of Graphic Imagination) Society라는 프로덕션으로 변화하였고, 이들은 여기서 '그래픽 상상의 행동주의'라는 이념을 현실 속에서 실천해가고 있다. 전대협 열혈청년으로 세상에 첫 발을 내딛었던 사람들의 분기탱천(憤氣撑天)이 시각문화 생산기업이라는 형태로 외화 되었던 것이다.

지금 우리가 누리고 있는 민주주의의 역사는 '밥과 자유'를 위한 대중들의 투쟁과 저항이 만들어낸 것이다. 그리고 근대적 삶을 살아가는 우리는 인간적인 자본주의를 꿈꾼다. 그래서 시각문화 생산자 집단 AGI Society가 합리적인 기업을 추구하는 것은 '밥과 자유'를 위해 진보주의자가 택할 수 있는 가장 현실적인 실험이면서 동시에 유일한 대안이다. '밥'을 핑계로 '자유'를 억압해 온 독재자의 역사가 지나간 우리의 과거라면 '밥과 자유'의 조화로운 균형을 상상하는 진보주의자들의 희망은 우리의 미래이기 때문이다.

현재의 AGI Society는 지난 10년의 성과물이다. 그리고 앞으로 10년 후 AGI Society의 모습은 '밥과 자유'의 균형이라는 역사적 교훈을 어떻게 현실에서 구현하고, 우리 사회에서 진보적 시각문화를 얼마만큼 녹음방초(綠陰芳草)할 수 있는가에 따라 달라질 수 있다. 이 모든 것은 진보적 시각문화 생산자 집단의 기업인 AGI Society가 만들어 낼 시각문화 생산물, 즉 다양한 형태의 작품을 통해 나타날 것이다. '밥과 자유'를 억압하는 모든 것에 대한 저항은 앞으로도 계속된다. 이것이 '투쟁하는 민중'과 '자유로운 시민', 그리고 '저항하는 대중'이 만들어 온 우리의 역사이며 또한 미래다.

AGI Society 역시 마찬가지다. 그렇지 않다면, 지금까지 우리의 역사가 보여줘 왔듯이 조용히 사라지게 될 것이다.

BOOK

Imagination, Action 상상, 행동
그래픽 상상의 행동주의 Activism of Graphic Imagination

기획위원 Idea & Conception

권혁수 Kwon Hyuk Soo
곽영권 Kwak Young Kwon
김경균 Kim Kyong Kyun
김태현 Kim Tae Hyun
김영철 Kim Young Chul
손승현 Sohn Seung Hyun
양시호 Yang Si Ho
김도희 Kim Do Hee
김구경 Kim Gu Kyoung

편집 Editing

김영철 Kim Young Chul
원승락 Won Seung Rak

디자인 Design

황일선 Hwang Il Seon

사진 Photograph

손승현 Sohn Seung Hyun

마케팅 Marketing

김구경 Kim Gu Kyoung

번역 Translations from the Korean

오은영 Oh Eun Young
오정은 Oh Jung Eun
엄영선 Um Young Sun

교정/교열 Proofreading

Korean

황윤정 Hwang Youn Jung
이진언 Lee Jin Yen

English

오은영 Oh Eun Young

도움주신 분들 Supporters

구정연 Ku Joung Youn
김상규 Kim Sang Kyu
김호기 Kim Ho Ki
김형석 Kim Hyoung Suk
박문진 Park Moon Jin
박해천 Park Hae Chun
손영호 Son Young Ho
송수연 Song Su Youn
아드리앙공보 Adrian Gombeaud
이승훈 Lee Sung Hoon
이종률 Lee Jong Ryul
조주연 Cho Ju Youn
홍성태 Hong Sung Tae

EXHIBITION

Imagination, Action 상상, 행동
그래픽 상상의 행동주의 / 문화 행동의 인문주의

2007.10.03-10.09
세종미술관 별관

주최 AGI Society
주관 디자인사회연구소
후원 민주화운동기념사업회, 한국시각정보디자인협회,
한국문화관광정책연구원, 한국민족예술인총연합,
민족미술인협회, 출판도시문화재단, 아름다운재단,
서울문화재단, 세종미술관
협찬 EPSON Korea, 사계절출판사, 그레이트북스,
휴머니스트, AP Korea

기획 Idea & Conception

권혁수 Kwon Hyuk Su
곽영권 Kwak Young Kwon
김경균 Kim Kyoung Kyun
김태현 Kim Tae Hyun
김영철 Kim Young Chul
손승현 Sohn Seung Hyun
양시호 Yang Si Ho
김도희 Kim Do Hee
김구경 Kim Gu Kyoung

디렉터 Director

김영철 Kim Young Chul

큐레이터 Curator

김태현 Kim Tae Hyun

어시스트 큐레이터 Assistant Curator

원승락 Won Seung Rak

아트디렉터 Art Director

김도희 Kim Do hee

디자인 Design

황일선 Hwang Il Seon
이인영 Lee In Young
이소영 Lee So Young
최지섭 Choi Ji Sup
신경숙 Shin Kyoung Suk
이광수 Lee Kwang Soo

어시스트 디자인 Assist Design

김태혁 Kim Tae Hyuk
김지연 Kim Ji yeun
박정은 Park Jung Eun

사진 / 영상 Photograph

손승현 Sohn Seung Hyun
양시호 Yang Si Ho
박주용 Park Joo Yong
홍종운 Hong Jong Woon
김진엽 Kim Jin Yup

SEMINAR

시민과 디자인 Citizen & Design

1부 The Designer / Citizen
1990년대 이후 한국 사회의 시각 표상 | 김태현
사회를 향한 이미지 생산의 인문학적 지층 | 김상규

2부 Exhibition Review
그래픽 상상의 행동주의 / 문화행동의 인문주의 | 김영철

2007.10.06, 토, 2:00pm
민주화운동기념사업회 세미나실

주최 디자인사회연구소, 커뮤니티디자인연구소

Imagination, Action 상상, 행동

Contents

Soaring out of Reminiscence

기억 속에서 날아 오르다

Forever

Nostalgia

아름다웠던 시절. 그리운 날. 생각해 보면 그때가 가장 행복했던 것 같다.
사람들은 늘 그날을 기억하고, 그날이 다시 한 번 오길 간절히 소망한다.

유치환님의 '깃발'이라는 시다.

이것은 소리 없는 아우성.
저 푸른 해원(海原)을 향하여 흔드는
영원한 노스텔지어의 손수건.
순정은 물결같이 바람에 나부끼고
오로지 맑고 곧은 이념의 푯대 끝에
애수(哀愁)는 백로처럼 날개를 펴다.
아! 누구인가?
이렇게 슬프고도 애닮은 마음을
맨 처음 공중에 달 줄을 안 그는.

문득 이런 생각이 들었다. 아름다운 시절, 그리운 시절이라는 것이 누구에게나 하나씩은 있겠지만, 정작
우리 역사에서 아름다운 시절은 언제였을까? 당대를 일컬어 이 시대가 가장 아름다운 시절이라고 당당히
말할 수 있는 사람이 얼마나 있겠냐마는, 그럼에도 어떤 이가 청중을 향해 우리 사회의 어느 한 시기를 가장
아름다운 시절이었다고 말한다면 듣는 이들은 뭔가 석연치 않은 부분이 많다고 여길 것이다.
지나온 대한민국의 현대사를 보면서 아름다운 시절을 찾기란 만만치 않은 일이지만, 그래도 소소한 업적과
감동의 사건들은 있었다. 그래야 대한민국이라는 한 나라가 존속되고 미래의 가치를 꿈꿀 수 있을 테니까.
하지만 그 아름다운 시절의 사회적 혹은 역사적 의미는 한 개인이나 집단의 감정에 머무를 수 없다. 한
사회의 바람직하고 지속적 성장은 '더불어 함께'라는 공론의 장 속에 있기 때문이다.
현실 정치는 이것을 철저히 반영해야 하고, 이것의 의미를 끝임 없이 모색하고, 재창출해 나가야 한다.
그러나 지금 현실 정치가 제시하는 비전의 이면은 그들만의 리그처럼 보여 질 때가 많다. 한 번이라도
정당대회라는 곳이나 선거유세장을 둘러본다면, 정치인 그들이 제시하는 영원한 노스텔지어는 그들의
정체성을 반영한 것뿐임을 알 수 있다. 그 정치세력을 추종하는 일군의 정치 활동가들은 그들의 외침에
자신의 보금자리를 가꾼다.

Forever Nostalgia · Contemporary History of Korea

Beautiful times. Longing for those good old days. I think I was the happiest then.
People always remember those days gone by and earnestly wish to relive them …

A poem titled "The Flag" by Yoo Chi-Hwan.

This is an outcry without a sound.
A handkerchief of everlasting nostalgia
Flying towards the home of that blue sea.
A pure heart waving in the wind like ripples,
At the top of the post of ideology
Sorrow spreads its wings like a snowy heron.
Oh! Who is it that first knew how to hang
Such a sad and painful heart in the air?

I suddenly had a thought. Beautiful times, the good old days, everyone has one or two memories of them. But in fact, when were the beautiful times in our history?
How many people can say outright that the present day and age is the most beautiful time in history; then again, if someone were to declare a certain period in society's history to be the most beautiful time, the listeners would cast much doubt on that, too.
Looking back and trying to pinpoint a beautiful time in the modern history of the Republic of Korea is a challenging task, but one is likely to recollect small achievements and emotional happenings. That is how this nation continues to exist and dreams of futuristic values. And the social or historical meaning of a beautiful time cannot be bound to a single individual or group. The desirable and sustainable growth of a society is found in the gathering of consensus, "together with each other".
This has to be fully reflected in real politics, and its meaning endlessly sought after in order to recreate it. Regrettably, at present, the visions drawn by real politics often makes it look like the politicians are in their own private league.
If you've ever been to a political convention or campaign event, you would have noticed that the perpetual nostalgia characteristic of politicians reflect their identity. Groups of political activists that follow in the wake of such political power make their nests amongst their cries of advocacy.

8 15

그날이 오면 그날이 오며는 삼각산이 일어나 더덩실 춤이라도 추고 한강물이 뒤집혀 용솟음칠 그 날이, 이 목숨이 끊기기 전에 와 주기만 하량이면, 나는 밤하늘에 날으는 까마귀와 같이 종로의 인경을 머리로 들이받아 울리오리다 두개골은 깨어져 산산조각이 나도 기뻐서 죽사오매 오히려 무슨 한이 남으오리까

광복 60년 〈시련과 전진〉
60th Anniversary of Independence day <Test for Democracy>, Book, 2005

1945 Independence of Korea

The turbulent modern history of Korea began with its liberation from the 36-year Japanese iron rule and the tragedy of the 1950-53 fratricidal war. Korea was delivered from the brutal repression by Japan on August 15, 1945 thanks to Korea's persistent independence movement and the Allies victory. However, the liberation was marred by the occupation by American and Soviet forces on both sides of the 38th parallel.

The three-year Korean War that erupted after the South formed a separate government in 1948 cemented the division of the Korean peninsular and maintained the presence of foreign forces, subjecting the country to another form of dependence. When the post-war Moscow conference discussed trusteeship for Korea, the Koreans, non communists and communists alike, launched a nation-wide anti-trusteeship movement. However, a fierce confrontation between the left and right wings began as the communists proposed a "unified front for the formation of a provisional government" while the right-wing nationalists favored "immediate independence." As the trusteeship plan was foiled, the South held separate elections under UN supervision that gave birth to the new constitution and government in 1948.

Forever Nostalgia 1

1948년 8월 15일 11시 25분 중앙청 광장에서 대한민국 정부수립 축하 기념식이 열렸다. 이 자리에서 이승만 초대 대통령은 자유와 민주가 넘치는 새나라 건설을 다짐하였고, 축하사절 맥아더 사령관과 하지 중장(미국)이 우리의 든든한 오른팔이 되어주었다. 이 순간만큼 감격스러운 일이 있었으랴. 그때 누군가는 굳게 믿고 있었으리… "오로지 맑고 곧은 이념의 푯대 끝에 애수(哀愁)는 백로처럼 날개를 펴다."

It is August 15, 1948, 11:25 in the morning. An official ceremony takes place in Capitol Plaza to celebrate the foundation of the government of the Republic of Korea. Rhee Seung-Man, the first Korean president, reiterates his commitment to build a new nation flowering of freedom and democracy, and General MacArthur and Lt. General Hodge (US) are both present as strong right hands. What could be more profound and dramatic than this moment in time. And up on the platform or in the crowds, someone thinks and believes with strong resolution, "At the top of the post of ideology, sorrow spread its wings like a snowy heron."

영원한 노스텔지어
Forever Nostalgia 1, Poster, 2006

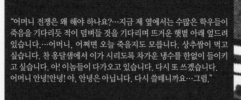

"어머니 전쟁은 왜 해야 하나요?…지금 제 옆에서는 수많은 학우들이 죽음을 기다리듯 적이 덤벼들 것을 기다리며 뜨거운 햇볕 아래 엎드려 있습니다.…어머니, 어쩌면 오늘 죽을지도 모릅니다. 상추쌈이 먹고 싶습니다. 찬 옹달샘에서 이가 시리도록 차가운 냉수를 한없이 들이키고 싶습니다. 아! 이놈들이 다가오고 있습니다. 다시 또 쓰겠습니다. 어머니 안녕!안녕! 아, 안녕은 아닙니다. 다시 쓸테니까요…그럼."

광복 60년 《시련과 전진》
60th Anniversary of Independence day <Test for Democracy>, Book, 2005

34

The Korean War ravaged the Korean peninsular more severely than the WWII did. It killed tens of thousands of people, disintegrated families and communities and completely destroyed the beauty of the country. The number of people separated from their families reached tens of millions and the streets were swarming with orphans. As the factories and key infrastructures crumbled into ruins, the industrial production of Korea was reduced dramatically and so was the food production.

한국정부 발표

	군인			민간인			기타		총계
	한국	북한	소계	한국	북한	소계	유엔군	중국군	
사망	147,000	520,000	667,000	244,663	–	–	35,000	–	946,663
부상	709,000	406,000	1,015,000	229,925	–	–	115,000	–	1,356,625
행방불명	131,000	–	131,000	330,312	–	–		1,500	462,812
계	987,000	926,000	1,913,000	804,600	200,200	1,004,800	151,500	900,000	39,969,300

단위:명

북한은 한국전쟁 당시의 인명피해에 대해 공식발표를 하지 않고 있다.

브루스 커밍스와 존 할리데이는 한국전쟁 당시 남북한 사망자 수만 군인과 민간인을 합해 약 3백만~4백만명으로 추산했다. **Korea:the unknown War**

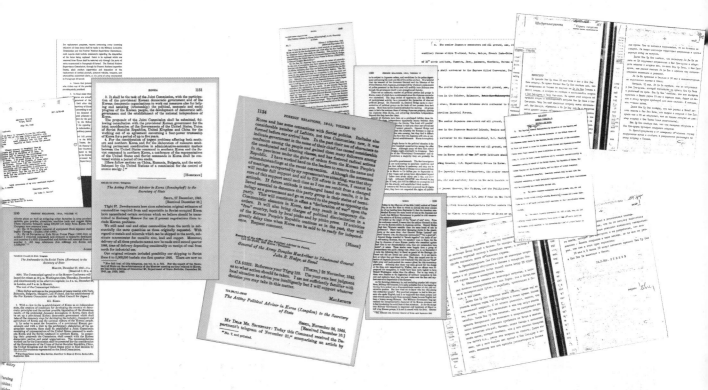

"재한 미국군대의 관할권에 관한 대한민국과 미합중국간의 협정" 등 6·25전쟁동안 만들어진 문서들.

1960 **Civil Uprising** April 19,1960

Since its inauguration in 1948, the First Republic of Korea led by the president Syngman Rhee with the assistance of pro-Japanese politicians relied largely on America's political and economic support for its sustenance. The Rhee government went to extremes to cling to power as illustrated in the incidents like the 1952 political crackdown in Busan, the 1954 railroading of constitutional amendment and the rigging of the 1960 presidential election. In particular, the irregularities Government irregularities included open ballet within a group of three or five people, proxy voting, switching of ballet boxes, etc. committed by the Rhee government during the elections March 16, 1960 incurred public wrath that finally led to the April 19 civil uprising. As the gruesome body of Ju-yul Kim Aged then 17, a freshman at Masan Commercial High who disappeared during the Masan rioting was found off the shore of Masan and the Korea University students who were returning to school after demonstration were reportedly attacked by hooligans, ordinary citizens including young students joined the large scale demonstrations to protest the Rhee government. On April 19th, 186 people were killed and 6,026 people were wounded during anti government demonstrations across the nation. Among the casualties were the university and high school students who were marching toward the presidential mansion. The police opened fire at them indiscriminately. The civil uprising that started on April 19thjoined by university professors on the 25th and elementary school students on the 26th forced the President Rhee to step down.

Government irregularities included open ballet within a group of three or five people, proxy voting, switching of ballet boxes, etc.
Aged then 17, a freshman at Masan Commercial High.

광복 60년 〈시련과 전진〉
60th Anniversary of Independence day <Test for Democracy>, Book, 2005

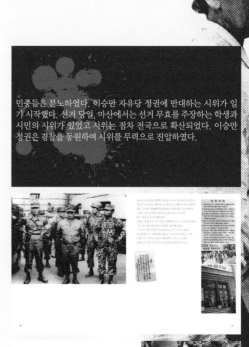

민중들은 분노하였다. 이승만 자유당 정권에 반대하는 시위가 일기 시작했다. 선거 당일, 마산에서는 선거 무효를 주장하는 학생과 시민의 시위가 있었고 시위는 점차 전국으로 확산되었다. 이승만 정권은 경찰을 동원하여 시위를 무력으로 진압하였다.

Forever Nostalgia 2

1970년 12월 7일 민주공화보 지정 300호를 기념하여 박정희 대통령의 다음과 같은 휘호와 그의 서평이 실렸다.
"더욱 밝은 내일을 위하여". "대통령이 남긴 이 한 마디는 우리에게 많은 것을 깨우치게 한다. 이 좌절과 낙심, 가난과 무지의 땅에 소망과 확신과 사랑이 무엇을 이룰 수 있는가를 가르쳐주었고 보여주었다. 물론 모두 다 잘한 것은 아니었다. 주름진 곳도 생겼고 어두운 곳이 남김없이 사라진 건 아니었다. 인권문제라든가 정치범, 언론자유문제는 박대통령을 평가하는 걸림돌이 되기도 한다. 그러나 부정적 평가를 받아야 할 몇 가지 문제 때문에 모든 것이 평가절하되어야 하고 오욕의 시대로 낙인찍혀져야 한다는 것은 우리 모두의 자부심에 큰 상처를 내는 일이며 참을 수 없는 일이다. 분명 6 · 70년대는 우리에게 소망의 계절이었고 자랑스러운 시대였다. 박대통령은 그가 이룩한 모든 경제적 업적들 때문에 칭찬받기에 손색이 없는 지도자였다. 그는 자신의 생명도, 그리고 아내의 생명도 이 땅의 제단 위에 바쳤다. 그는 한 시대의 상징이었으며, 우리의 자부심을 위해서도 재평가를 받아야 할 민족 중흥의 지도자라는 평가에 결코 인색함이 없어야 한다. 더욱 밝은 내일을 위하여서라도…"
"아! 누구인가? 이렇게 슬프고도 애닲은 마음을 맨 처음 공중에 달 줄을 안 그는."

영원한 노스텔지어
Forever Nostalgia 2, Poster, 2006

The following is a writing by former President Park Chung-Hee and its reviews published in the 300th edition of the Democratic Republican Magazine on December 7, 1970.
"For a brighter tomorrow."
"This phrase by the former president enlightened us in many ways. In a land of despair and disappointment, poverty and ignorance, it taught and showed us what desire, conviction and love can accomplish. Of course, all that he pursued was not good and perfect. Crooked furrows were plowed and dark alleys did not completely disappear. Issues involving human rights, political offenders and freedom of the press sometimes become the subjects of criticism raised against former President Park. However, it inflicts a painful scar on our national pride and makes it unbearable to have everything in that period devalued and disgracefully branded solely on the basis of some issues that will be negatively judged by history. For sure, the '60s and '70s were filled with hope and days to be proud of. President Park was a leader well deserved to be applauded for all his economic achievements. He sacrificed his own life, as well as his wife's life, to the homeland altar. Hewas symbolic of a period in history, and we absolutely should not be stingy when it comes to valuing him as a leader of national restoration, which merits reassessment, if only to uphold our pride. And "for a brighter tomorrow…"
"Oh! Who is it that first knew how to hang such a sad and painful heart in the air?"

한국 쿠데타에 대한 미 중앙정보부의
보고서(1961.4.21~26)
(Memorandum From Director of Central Intelligence Dulles to President Kennedy)

4월 21일
(중략) 한국 정부를 전복시키려는 쿠데타 시도는 두 개가 있는데, 하나는 제 2 군부사령관 박정희 소장이 주도한 것이며 다른 하나는 이범석과 민족청년단이 주도하는 것이다. 계획은 사단장급을 포함하여 전 한국군에까지 토론되었다. 군의 지휘관들은 현재의 정치인들을 부패하고 나약한 존재로 생각했으며, 군이 집단적으로 개인적으로 상처입은 상황을 정치인들이 유발하거나 허용했다고 믿고 있다.

4월 22일
(중략) 군사쿠데타의 가능성에 대한 요약. 명백한 위협이 존재한다. 그러나 정치적 안정의 증진, 폭력과 소요의 종식, 경찰력의 강화를 통해 어떠한 쿠데타 시도도 막을 수 있을 것이다.

4월 23일
(중략) 정력적이고 심각하게 쿠데타를 토의, 계획하는 중요한 그룹이 존재하며 그 그룹의 구성원은 격렬하고 조급하고 의도적이며 당돌하고 폭력적인 행동을 할 가능성이 상당한 인물들이라고 평가할 만한 충분한 증거가 있다고 판단된다. 한국군, 학생그룹과 혁신주의자들이 이 음모를 지원하고 있다. 지도자는 박정희라고 믿어지며, 6관구사령관 서종철 장군도 적극적인 후원자이다. 군의 후원자들에 관한 상세한 내용이 포함되어 있다.

4월 24일
군사음모에 대한 장도영 육군참모총장의 견해. 장도영은 박정희를 체포하고자 했으나 증거가 부족했다. 그는 박의 체포가 쿠데타를 유발할 것으로 판단하고 있으며 민족청년단과 이범석이 쿠데타를 지원할 것으로 믿고 있다.

4월 25일
한국군 방첩대가 쿠데타를 조사하고 있다. 만약 쿠데타가 4월 26일 시도되지 않는다면, 그룹은 다른 기회를 기다릴 것이다. 4월 24일 현재 쟁[장도영]에 따르면, 장면은 쿠데타를 알지 못했다. 그러나 신문발행인이 4월 25일 그에게 조언할 계획이었다. (중략) 4월 24일 장도영 육군참모총장과 1시간 동안 면담했다. 그에게 쿠데타에 대한 정보가 우리 사무실로 제보되었으며 매그루더 장군에게 먼저 보고했고, 그 후 매그루더 장군이 아마 이 문제를 장과 논의했을 것이라고 말했다. 장도영은 박정희가 그에게 일주일 전에 말했다고 언급했다. 그는 즉각적인 어떤 행위는 없을 것으로 믿고 있다고 말했다.

4월 26일
장면 국무총리는 군내 불만분자 그룹이 어떤 쿠데타를 모의하고 있을지도 모른다는 내용의 루머가 떠돌아다닌다는 것을 알고 있다. 그는 이런 이야기들에 거의 중요성을 두지 않으며 상황이 결코 위험하지 않다고 믿었다. 장면은 장도영 육군참모총장의 임무수행에 만족하고 있다. 그는 장도영 장군이 강력하고 유능하다고 믿으며 그의 미국인 상대들의 존경을 즐기고 있다고 믿고 있다. 그는 장도영 장군을 만 2년 임기 동안 유임시킬 계획이다.

윤보선과 매그루더의 회담 내용
대사관전문 1536호 Section one of two, Section two of two, 795B.00/5-1661

그(윤보선대통령)는 한국 육군의 사령관들과의 대담을 통해 쿠데타가 박정희 소장을 책임자로 하는 소규모 그룹에 의해서 적극적으로 시도되었다는 사실을 알았다. 서울 근방에 주둔하는 두 개의 예비사단과 김포에 있는 해병대의 1개 대대으로부터 나온 겨우 3000명을 조금 넘는 군인들이 서울에 쿠데타 군을 구성하고 있다는 것이다. 이한림 장군의 휘하에 있는 제1군은 쿠데타에 가담하지 않았으며 대구 제2군 사령부의 최경록 장군은 유엔군 사령관에게 전화를 걸어 불법적인 정부의 강탈을 지지하지 않는다고 주장했다. 대구를 탈취했던 군인들은 최경록의 명령에 따라 그들의 막사로 돌아갔으며 대구는 현재 정상적인 상태로 돌아갔다. 유엔군사령관은 오늘 아침 한국군 육군참모총장 장도영과의 몇차례에 걸친 대담을 통해 그가 정식으로 수립된 정부에 충성하고 있다고 믿고 있었다. 장도영은 폭도들의 지도자인 박소장에게 질서의 유지와 공공 관리들의 안전을 유지하고 장장군을 통해 정부의 상황에 대한 폭도들의 불만상황을 정식으로 수립된 정부에 제출할 것을 촉구했다. 매그루더는 총구에서 시작된 소규모 그룹에 의한 정권의 찬탈이 한국의 미래에 재난이 될 것이라고 강조했다.

그리고 나서 나(그린 대리대사)는 매그루더 장군과 나에 의해서 오늘 아침 일찍이 발표된 성명에 대하여 언급했고 나는 합헌적으로 한국에서 수립된 정부를 지지하며 매그루더 장군이 말한 것과 같이 총구에서 야기된 정부의 어떠한 변화도 (4.19 혁명을 통해) 거대한 사회적 비용을 치르고 획득한 한국의 민주적 기관의 생존에 있어서 장기적으로 부정적인 결과를 가져올 것으로 믿고 있다고 강조했다. 쿠데타는 또다른 쿠데타를 불러올 것이다. 아울러 나는 그러한 쿠데타의 성공이 한국의 국제적인 위치에 영향을 미칠 것이며 한국의 민주적 기관과 자유 선거로 수립된 정부는 북쪽의 공산주의 전체주의자들과의 대결에서 가장 큰 재산이라고 언급했다.

비록 남한에서 부패와 가난에 대한 불만이 어느 정도 있지만, 그 약점이 무엇이든지간에 현재의 정부는 몇 달 안되는 기간 동안 부패에 반대하는 투쟁을 통해 이승만 정권의 기간 동안 도달했던 것보다 더 많은 경제적 개혁을 얻어냈다고 말했다. 그러나 쿠데타에 가담한 많은 장교들이 애국적인 충동에서, 그러나 잘못 인도된 동기에서 시작했다는 사실을 받아들일 수 있다고 덧붙였다.

대통령은 그의 견해가 매그루더 장군과 나의 견해와는 다르다고 말했다. 현정부에 대한 불만과 환멸은 광범위하게 퍼져 있으며, 국민들은 더 이상 장면 내각의 약속을 믿지 않는다고 주장했다. (제2공화국의) 헌법은 고통을 충분히 줄이고, 약속한 실업문제 해결에 실패했다. 그는 부패는 매우 심각하며, 중석 스캔들에서 증명된 바와 같이 정부의 고위직 사이에서 확산되었다고 느꼈다. 대통령은 강한 정부를 원하며 장면은 그 스스로 그러한 지도력을 제공하기에는 부족하다는 점을 증명했다고 말했다.

대통령은 장도영과 박정희를 국방부장관 현석호, 그리고 다른 한국군의 참모들과 함께 그들의 입장과 그의 지지를 요청하기 위하여 오늘 아침 일찍 그를 방문했다고 말했다. 박정희와 한 중령(유원식)은 적극적인 쿠데타 지도자들이고 다른 사람들은 어느 정도 애매한 입장을 가지고 쿠데타를 수동적으로 지지하고 있다는 인상을 받았다. 그는 이 그룹들에게 어떠한 약속도 하지 않았지만 자신이 그의 직위에서 물러나야 할 어떠한 조치도 있어서도 안된다는 말도 하지 않았다고 말했다. 대통령은 그의 견해로는 해결을 위하여 국회의 안팎에 있는 지도자들을 포함하는 초당적인 거국내각을 구성해야 한다고 말했다.

나는 미국의 관점에서 필수적인 요소는 대통령 자신의 위치를 만들어준 한국의 헌법적

과정을 존중하는 원칙이라고 강조했다. 만약 필요하다면 국가적 지도력의 문제는 헌법의 과정에 의해 국민들의 손에 맡겨져야 한다. 왜냐하면 한국 대중들을 대신하여 어떠한 개인이나 스스로 자리에 오른 그룹들의 특권에 의해 이러한 결정이 이루어져서는 안되기 때문이다.

매그루더는 그가 돌아가기 전에 정부 군사력의 우위를 통해 폭도들과의 협상을 실행할 수 있도록, 충성을 다하는 한국 육군으로 하여금 쿠데타 그룹에 비해 압도적인 숫자로 서울을 둘러쌀 수 있도록 대통령이 승인할 수 있는지의 여부에 대해 파악하는 것이 중요하다고 말했다. 이러한 전술로 유혈충돌을 피할 수 있는데, 반란군들이 군사력의 무용성을 느낄 것이기 때문이다. 이 제안에 대한 토론 과정에서 대통령은 서울에서 유혈충돌이 일어날 가능성이 있다는 측면에서 그러한 행동에 대해 현재의 시점에서는 승인할 수 없다는 입장을 재차 밝혔다. 대통령은 가능하다면 보다 나은 방법은 반란군들을 설득하여 자발적으로 그들이 철수하여 원래의 지역으로 돌아가도록 하는 것이라고 느끼고 있었다. 대통령은 반란군들의 체면을 세워줄 수 있는 방법을 찾아야 하며 어느 정도의 관용이 요구된다고 지적했다.

지금까지 무장한 쿠데타에 대한 묵인에 반대하여 매그루더 장군과 내가 재차 강조한 것은 어느 정도 효과를 보았다. 대통령은 어떠한 정부의 개편도 먼저 쿠데타군이 서울에서 철수한 다음 합법적인 수단에 의하여서만 이루어질 수 있다는 점에 동의했다.

이 시점에서 우리는 조지 백(백낙준) 참의원 의장과 합석했다. 그는 보다 엄격하게 구성된 내각의 구성을 포함하는 정부기구의 개편이 현재의 쿠데타를 포함한 문제들의 근본적인 해결을 위해 필요하다는 견해를 밝혔다. 윤대통령은 민의원 의장 곽상훈의 연락을 통해 즉시 미국으로부터 귀환할 것을 요청했다고 말하면서, 그러한 새로운 정부의 구성을 위한 협의는 곽의장의 요청에 의한 것이었다고 암시했다.

논평: 우리의 대담 초기에 윤 대통령은 쿠데타의 목적에 대해 동정적인 어조로 말했지만, 그는 우선적인 문제가 한국의 헌법과정을 지키는 것이라는 우리의 토론의 결과에 대해 부분적으로 동의하는 것같다. 그러나 장 총리의 사임을 보장하면서 즉각적인 난관을 해소한 이후에 한국을 이끌어나갈 거국내각의 구성에 관한 언질을 받은 듯하다.

내가 청와대를 떠날 때 장도영 장군이 대통령과의 협의를 위하여 청와대에 도착했고, 나는 대통령이 현재 위기에서 핵심적인 요소인 쿠데타군의 서울 통제 해제에 영향력을 행사하기를 희망한다. 현재의 위기상황을 더욱 어렵게 하는 문제는 우리가 결정할 수 있는 한도 내에서 총리와 그의 내각의 영향력이 전혀 행사되지 못하고 있다는 점이다. 비록 많은 한국의 지도자들이 대통령과 접촉했지만, 총리는 아직 대통령과 접촉하지 않았다. 대통령의 비서는 총리와 접촉하려는 노력이 계속 실패했다고 한다. (우리는 오늘 점심 이후 총리와 연락이 되지 않는다.) 한편 유엔군사령부에 그들의 정부에 대해 충성을 밝힌 일부 군장성들이 애매한 태도를 보이고 있지만, 윤대통령과의 면담을 통해 그들이 최소한 수동적으로 폭도들의 편에 서 있다는 것이 명백하다는 인상을 받았다. 비록 검열을 받은, 일방적인 내용이기는 하지만, 오후의 문서들은 전 참모총장 송요찬(워싱턴에 있다.)이 쿠데타를 지지한다는 것이다.

우리는 윤대통령의 사무실과 계속 접촉을 유지할 것이며, 사건의 전개가 구체화되는 과정을 보고하겠다. 그러나 오후가 지나면서 쿠데타군은 아직도 서울을 완전히 장악하고 있으며, 그들의 지위는 점차 확고해지고 강화되는 것으로 보인다.

광복 60년 〈시련과 전진〉
60th Anniversary of Independence day <Test for Democracy>, Book, 2005

10 17

신새벽 뒷골목에 네 이름을 쓴다 민주주의여 … 오직 한가닥 있어 타는 가슴 속 목마름의 기억이 네 이름을 남 몰래 쓴다 … 살아오는 저 푸르른 자유의 추억 되살아오는 끌려가던 벗들의 피묻은 얼굴 떨리는 손 떨리는 가슴 떨리는 치떨리는 노여움으로 나무판자에 백묵으로 서툰 솜씨로 쓴다, 숨죽여 흐느끼며 네 이름을 남 몰래 쓴다. 타는 목마름으로 타는 목마름으로 민주주의여 만세 !

1972 **Yusin Constitution** October 27, 1972

President Chung-hee Park, who had been elected three times, adopted Yusin Constitution to perpetuate his regime on October 27, 1972. The Yusin constitution effectively denied the free election of democracy by replacing the popular election of the president with the indirect voting by the members of the National Conference for Unification, the puppet electoral college. The Yusin regime that shook the basis of democracy was met with fierce resistance across the nation. In August 1973, the government's intelligence agency kidnapped the opposition leader, Dae-jung Kim, who was in exile in Tokyo. Amid mounting criticism, home and abroad, of the morality of the Park regime over the kidnapping incident, anti-Yusin protests, started out by the students of the Seoul National University on October 2, spread out to other spectrums of the society including students of deferent levels, dissidents, and religious and media groups. The national-wide struggle against the Park government culminated in the million signature collection campaign to undo the Yusin constitution. In response, the Park regime promulgated a series of emergency decrees and purged student activists alleging they were North Korean spies. Meanwhile, Sang-jin Kim disemboweled himself at the Seoul National University in protest of the government dictatorship and suppression of democratic movements in April 1975.

Forever Nostalgia 3

"잘 살아보세" 60 · 70년대 근대화의 깃발은 아직도 힘차게 펄럭이고 있다. 1970년 7월 7일 최종 공정을 끝내고 웅장한 모습을 드러낸 경부고속도로에서부터 2005년 10월 1일 청계천이 현대식으로 복원되는데까지 경제개발의 시대이건, 문화의 시대이건 '잘 살아보세'라는 이념의 밑바탕은 변함이 없다. 작은 문제와 오류보다는 오로지 부강한 나라를 만들어야 한다는 그들의 순정은 물결같이 바람에 아직도 나부끼고 있다.

The modernization banner of "To live a good life" from the '60s and '70s still fly with might. Its ideological base never changed throughout the nation's economical developments or cultural turns, from July 7, 1970, when the final construction process finished and revealed the magnificent Kyungbu Expressway, to October 1, 2005, when Chunggae Stream was restored with a new appearance. Their pure and simple devotion solely to build a strong nation rather than be caught up in a swirl of petty issues and fallacies, continues to dance with the wind like water ripples.

영원한 노스텔지어
Forever Nostalgia 3, Poster, 2006

5·18

여러분! 조국의 민주화를 위해 기꺼이 죽을 수 있는 사람만 남고 나머지는 돌아가십시오. 오늘밤 계엄군이 쳐들어오면 우리는 끝까지 싸울 것입니다. 그리고 우리 모두 다 죽을 것입니다. ··· 그러나 그냥 이대로 전부가 총을 버리고 아무 저항 없이 계엄군을 맞아들이기에는 지난 며칠 동안의 항쟁이 너무도 장렬했습니다. 앞으로 우리 시민들의 저항을 완성시키기 위해서도 누군가가 여기에 남아 도청을 사수하다 죽어야 합니다.

광복 60년 〈시련과 전진〉
60th Anniversary of Independence day <Test for Democracy>, Book, 2005

1980

Gwangju Democratization Movement May 18, 1980

The Gwangju massacre is an incident where the military group which had risen to power through the Coup d'etat of December Twelfth instigated riots in violation of the Constitution and murdered innocent citizens in Gwangju in order to consolidate its power. As the number of student demonstrations grew for the abolishment of martial law and the establishment of democratic government, the military group led by Doo-whan Chun expanded the martial law nationwide, moved paratroopers to Gwangju in order to launch a military operation against civilians under the code name of "Splendid Holiday." In the morning of May 18, 1980, a few hundreds of students gathered at the maingate of Chunnam University, chanting slogans for the retreat of martial law enforcement units, the lifting of school closure order and the withdrawal of Doo-whan Chun. Suddenly the paratroopers who were blocking the main gate jumped into the student formation and started bludgeoning the students in the head indiscriminately. The bleeding students fell to the ground and the gathering shocked by the brutality was dispersed immediately. When some of the students joined with citizens to continue the protest in downtown Gwanju, the paratroopers quickly responded with bayonets. It was the beginning of the tragic massacre in Gwangju.

Forever Nostalgia 4

한쪽의 힘이 지나치게 세면 부조리가 생기는 법. 힘의 균형을 잡기위해 민주주의는 스스로 대칭의 힘을 만들어 놓는다. 1971년 제7대 대통령 선거에 출마한 김대중 후보는 당해 4월 18일 장충단공원 유세에서 다른 축의 힘을 규합해냈다. 당시 신민당, 그리고 지금의 민주당에 이르기까지 그의 상징성은 아직 유효하다. 그러나 지금은 무엇으로 힘의 대칭점을 찾을 수 있을런지… 저 푸른 해원(海原)을 향하여 흔드는 영원한 노스텔지어의 몸짓인 것만은 아닌지…

When the power of one side overwhelms the other, most likely, irregularities take place. So in order to attain balance of power, democracy itself creates a symmetrical power. In April 18, 1971, Kim Dae-Jung, as a candidate running for the 7the presidential election, rallied another group of power during his campaign at Jangchungdan Park. His is a representation valued in the New People's Party then and also found in the current Democratic Party. Alas, in this present day and age, what will it take to find that point of symmetrical power …
"A handkerchief of everlasting nostalgia flying towards the home of that blue sea."

영원한 노스텔지어
Forever Nostalgia 4, Poster, 2006

1987

Pro-Democracy Civil Movement Jun 10, 1987

In 1987 the Chun regime declared it would maintain the indirect election of president and obstructed the creation of the Unification Democratic Party to prolong its power, quashing the people's fervent aspiration for democracy. Meanwhile, the Catholic Priests' Association for Justice announced on May 18th that the government had covered up the death of Jong-chul Park who was tortured to death.

In response, opposition leaders and the Unification Democratic Party formed a coalition for the abolition of the authoritarian constitution and organized nation-wide democratic movement. The large scale rally organized by the coalition denounced the cover up of Jong-chul Park's tragic death and called for democratic revision of the constitution. The rally catapulted pro-democracy civil movement nation-wide in June. On the same day, President Chun announced the head of the Democratic Justice Party, Tae-woo Roh, as the party's presidential candidate. This amplified the public outcry against President Chun's upholding of the constitutional provision which sanctioned the indirect election of the president. A series of pro-democratic rallies, sit-ins and marches continued for the following twenty days in which more than five million people joined calling for constitutional revision, direct election of president and overthrow of the military regime. Overwhelmed by the swelling tide of civil movement, President Chun couldn't but accept public demands for democracy. He directed Roh, the presidential candidate of the ruling party, to announce a program of reform on June 29, 1987, promising the direct election of the president, peaceful transition of power, revision of election law and the pardon of dissident leader Dae-jung Kim.

광복 60년 〈시련과 전진〉
60th Anniversary of Independence day <Test for Democracy>, Book, 2005

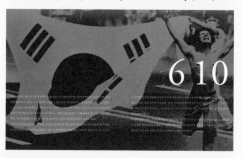
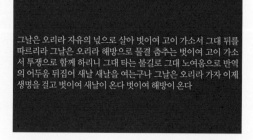

그날은 오리라 자유의 넋으로 살아 벗이여 고이 가소서 그대 뒤를 따르리라 그날은 오리라 해방으로 물결 춤추는 벗이여 고이 가소서 투쟁으로 함께 하리니 그대 타는 불길로 그대 노여움으로 반역의 어두움 뒤집어 새날 새날을 여는구나 그날은 오리라 가자 이제 생명을 걸고 벗이여 새날이 온다 벗이여 해방이 온다

Forever Nostalgia 5

저항을 하나의 문화로 자리매김시켰고, 자신의 신념을 새로운 방식으로 표출해 나가고 있는 이 세대. 386. 현재 아버지세대와 갈등하고 있는 이 세대는 정말 자신의 목소리를 잘 간직하고 있는 것일까? 이들은 자신들의 처음 깃발이 관청에서 펄럭였던 것이 아니었음을 지금도 알고 있을까? 87년 당시, 아니 그 이전부터 지금까지 사람들의 소리 없는 아우성이 처음부터 저 푸른 해원(海原)이 아니라 거리였음을 알고 있을까?

A generation that sets the grounds for resistance as a form of culture, and expressing its beliefs in a novel way. The so-called 386 generation: 30-somethings born in the '60s and attending college during the politically turbulent '80s. This middle-aged generationthat is in conflict with its father generation, are they truly tuning into their true voices? Do they still know that the flag they first flew was not the one at the government office? Are they aware that in 1987, or even before, the outcry without a sound was originally from the streets and not the blue sea?

이것은 소리 없는 아우성

저 푸른 해원(海原)을 향하여 흔드는 노스텔지어의 손수건

순정(純情)은 물결같이 바람에 나부끼고

오 ! 누구인가 ?

이 애달프고 애달픈 마음을 공중에 달 줄을 안 그는

영원한 노스텔지어
Forever Nostalgia 5, Poster, 2006

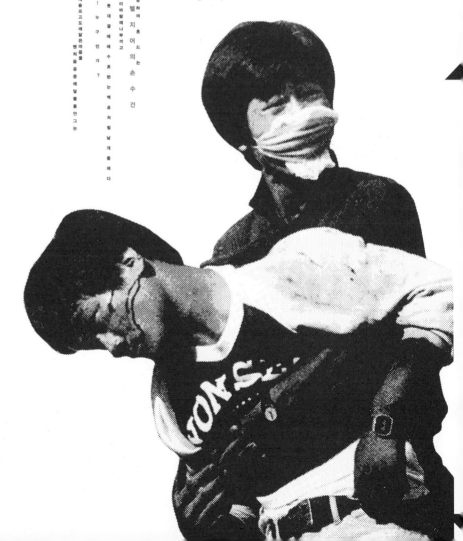

2000 Participatory Democracy

The civil uprising of June 1987 against the harsh military dictatorship marked the first victory of pro-democracy civil movement in the history of Korea, changing the national sentiment about civil movement forever. Pro-democracy civil movement has taken deep root in Korea.
The spirit of the pro-democracy movement of 1987, succeeded by the great struggle of labor, branched out to various areas of the society such as unification, environment, feminism, peace, human rights, etc., laying the foundation for participatory democracy. The public effort to remove the vestige of military dictatorship continues today. Repressive, authoritarian practices have been replaced by peaceful civil participation and the streets, once the stagesof violent clashes between civilians and military police, are now the forum of free speech and multilateralism. The banner of democracy that was held up so dearly by the brave people of Korea against the brutal repression by colonists and dictators in the 20th century is flying high, celebrating the peace and prosperity in the 21st century.
The spirit of the pro-democracy movement of June 1987 relived in the mass celebrations of the 2002 World Cup Gamesand the candle light vigils for a teenaged girl who was killed in a US armored vehicle accident and the anti-war gatherings for world peace. It has contributed to the reconciliation of the two Koreas as evidenced in the North-South summit talks in June 15, 2002 and various inter-Korea economic cooperation initiatives. The civil movement carries on the history of democracy in Korea that has matured over the past half a century and is now thriving in the every corner of the country.

광복 60년 〈시련과 전진〉
60th Anniversary of Independence day <Test for Democracy>, Book, 2005

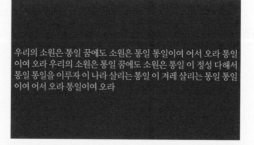

정체성 Identity

우리 사회 정치인들의 마음의 고향은. 다시 한 번이라고 부르짖는 그 근원의 뿌리는 무엇인가.

그들 마음의 노스텔지어. 그를 추종하거나 후원하는 마음의 노스텔지어.

한국의 현실정치는 그곳에서 한 발자국도 벗어나 있지 않아 보인다.

이 영원한 노스텔지어의 인연이 온전히 해석되고 정리되길 간절히 바란다.

What is home to the hearts of the politicians in our society?
What is thesource root that has them crying out for one more time?
Nostalgia of their hearts. Nostalgia of following and supporting such politicians.
Real politics of Korea seems to remain steadfast in that place.
I truly hope that this bond to everlasting nostalgia will be understood
and put into perspective as a whole.

Reason for Disobedience

불복종의
이유

National Security 국가의 안전

This Law is to suppress anti-State acts that endanger national security and to ensure nation's security, people's life and freedom. Article 1 of the National Security Law.

이 법은 국가의 안전을 위태롭게 하는 반국가활동을 규제함으로써 국가의 안전과 국민의 생존 및 자유를 확보함을 목적으로 한다.

국가보안법 제1조.

Long Serving Political Prisoners

-North Korean prisoners of war and spies who have been serving long
terms in South Korean prisons defending their leftist view
-Prisoners serving more than seven years in prison for their violation of
the National Security Act, the Anti-communism Act or the Social Security
Act, refusing to convert.
They were released around the 1960s and then re-incarcerated upon the
enactment of the Social Security Act of 1975, serving an average term of
31 years in prison. They are categorized into the communist guerillas and
the soldiers of the People's Army who were active after the liberation and
during the Korean War, North Korean spies sent to the South after the
Korean War, South Korean dissidents involved in political scandals like the
Revolutionary Party for Reunification, anti-government Korean-Japanese
working overseas since the 1970's and political activists involved in
incidents like People's Revolutionary Party since the mid-1970's.

비전향장기수 非轉向長期囚
사상전향을 거부하고 7년 이상을 복역한 인민군 포로나 남파간첩.
국가보안법·반공법·사회안전법으로 인해 7년 이상의 형을 복역하면서도 사상을
전향하지 않은 정치범이다. 1960년대를 전후하여 풀려났다가 1975년 사회안전법이
제정되면서 재수감분을 받아 재수감되어 평균 31년 정도 감옥생활을 하였다.
이들은 해방 전후와 6·25전쟁 당시의 빨치산 및 인민군 포로, 6·25전쟁 이후 북에서
남파된 정치공작원, 통혁당사건 등 남한에서의 자생적 반체제 운동가 출신, 1970년대
이후 해외활동으로 체포된 재일동포, 1970년대 중반 이후 인혁당 등과 같은 사건으로
연루된 인사 등으로 분류된다.

비전향장기수 김인수 : 36년 복역, 광주
Long Serving Political Prisoners Kim In Su : He served for 36years, 1999

Rise! Be seated!
We have been seated here even before we were born.
We had our mouths, but we know how to speak. We had our eyes.
but we couldn't look at their faces.
we only heard certain explosive sound three times.
Clang! Clang! Clang!
When we just learned our language, when we just started moving our eyes,
their official time had already ceased.
Time does everything justice. But there had been something dominating time.
Law labeled them 'Long Serving Political Prisoners', a weird title, and concealed the
'men' from the world.
We obeyed this law and didn't notice them.
However, our children will know that we have been seated here even before we were born.
And they will ask us, "Why are these old man here?"

좌중-기립! 착석!
우리는 태어나기 전부터 여기 앉아 있었다.
입이 있었지만, 언어를 몰랐다. 눈이 있었지만, 그들의 얼굴을 볼 수 없었다.
우리는 오직 세 번의 파열음을 들었을 뿐이다.
땅! 땅! 땅!
우리가 겨우 언어를 배우고, 동공이 움직이기 시작했을 때,
그들의 공적 시간은 이미 멈춰버렸다.
시간은 공평하다. 그러나 시간을 지배하는 무엇이 있었다.
법은 우리를 '비전향 장기수'라는 괴이한 말로 구겨 넣었고, 그 안의 '사람'을 숨겨버렸다.
우리는 순종함으로써 법과 권력을 후원하고, 침묵으로 박수를 대신했다.
우리는 언어를 잃었고, 그들을 잘 모른다.
그러나 우리의 아이들은 우리가 태어나기 전부터 여기 이렇게 앉아 있었다는 것을 알게 될 것이다.
그리고 이렇게 물을 것이다. '할아버지들은 왜 여기 있어?'라고.

▶
비전향장기수 김선명 : 45년간 복역, 낙성대 '만남의 집'에서
Long Serving Political Prisoners Kim Sun Myung : He served for 45years, 1999

Reason for Disobedience

National Security

Long Serving Political Prisoners

불복종의 이유

국가의 안전

비전향장기수프로젝트

"I survived this ordeal by missing my mother.
She would be 109 years old, if she were still alive. It was 36 years ago when I last met her.
I'm still hearing her voice 'Boy! Watch your step' anxious about my future.
I would run to her thinking this old woman might still worry about this son,
But divided Mother Country still keeps me from moving anywhere.
How can this grief be only mine? There are millions who suffer this grief, and I
dearly would believe that we reached time for this sorrow of our nation to be gone".

This may have nothing to do with me. This is indescribable with my language.
I would not talk with them. I would just wait and see.

"나는 이러한 고통을 어머니를 생각하면서 견뎌내었소.
아직 살아계시다면 109세가 되었을 어머니, 36년 전 집을 떠날 때 마지막으로 어머니를 뵈었지."
"지금도 '가는 길 조심하라'시면서 이 아들의 앞날을 걱정하시는 어머님의 목소리가 멀리서 들려옵니다.
지금도 이 아들 가는 길에 발탈이라도 나지 않았는지 매일 걱정하고 계시리라 생각하니 당장 뛰어가서 어머님 품에 안기고 싶지만
두 동강 난 어머니 조국은 아직도 허락해 주지 않고 있습니다. 이 고통, 괴로움이 어찌 저 혼자의 슬픔이겠습니까.
수많은 사람들의 고통과 슬픔인데, 이제는 이 민족의 소원을 들어 줄 것도 같은데….
민족 성원 모두가 어머님의 자식 사랑만큼 조국을 사랑한다면 어머니 조국이 하나 되는 것은 틀림없다고 저는 믿고 싶습니다."

이것은 나의 삶과 무관한 것 일지도 모른다. 나의 언어로 설명할 수 없다.
나는 그들과 대화하려 들지 않았고, 그저 관망했을 뿐이다.

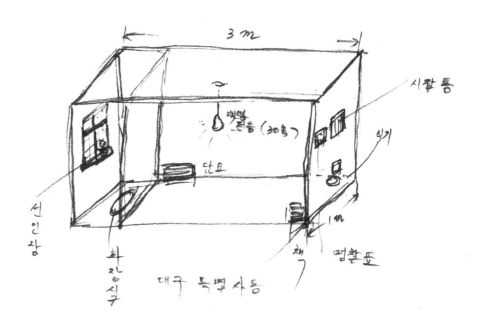

Reason for Disobedience

National Security

Long Serving Political Prisoners

불복종의 이유

국가의 안전

비전향장기수 프로젝트

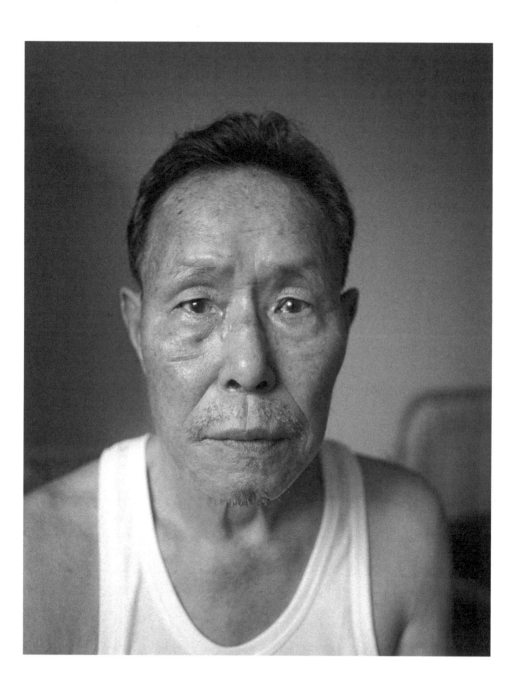

비전향장기수 김인서 : 35년간 복역, 광주카톨릭병원, 광주

Long Serving Political Prisoners Kim In Suh : He served for 35years, 1999

비전향장기수 서 승 : 19년간 복역, 서대문 형무소, 서울
Long Serving Political Prisoners Suh Seung :
He served for 19years, 1999

The Inter-Korea Summit on June 15th, 2000. The repatriation of unconverted
long-term prisoners was agreed on.
On September 2nd that year the 'Long Serving Political Prisoners' who wished
repatriation left Seoul.
An event tens of years old was over.
They are those who were imprisoned for Partisan activities from the Liberation to the
armistice of Korean War, those who were active spies from the North from the
armistice of early 70s, and those who were the victims of the fabricated spy cases
stirred up by the national security and anti-Communist ideology - those who were
implicated in The Unification Revolutionary Party, The People's Revolutionary Party,
and South Korea National Front incidents.
Long Serving Political Prisoners are who refused to sign the statement of convert in
the course of execution of the 'National Security Law'.
The history of division of our nation will remember these 'Long Serving Political Prisoners'.
At the same time, this title will testify the existence of a weird state.
Here, at the waiting room of a courthouse, will we met them.
We didn't just enter here to remember their names.
We will feel about our fossilized language and dying continuousness.
We will begin meeting an old man.
Let us do it slowly so they can also walk.
We would find something in front of vacant courthouse.
We would ask, "Is this really an end of the case?"
We would ask again,
"How should we understand this 'historical individual' whom we can help but remember?"

2000년, 6.15 남북공동선언, 비전향 장기수 송환 문제 합의.

2000년 9월 2일 북으로 가기를 희망하는 '비전향 장기수'들은 서울을 떠났고, 수십 년을 끌어 온 사건이 종료되었다.

해방 이후부터 한국전쟁까지 좌익활동과 연관, 일명 빨치산으로 복역한 사람들,

휴전 이후 70년대 초까지 북에서 남파된 정치 공작원으로 활동하던 사람들,

70년대 이후 불거진 국가안보, 반공이데올로기에 희생된 조작 간첩사건의 관련자들,

통혁당 · 인혁당 · 남민전 사건 등에 관련된 사람들이 그들이다.

비전향 장기수, 이는 '국가안보법'의 적용과 집행의 과정에서 사상 전향서 쓰기를 거부한 이들을 일컫는 이름이다.

분단의 역사는 우리에게 '비전향 장기수'라는 이름을 기억하게 할 것이다.

동시에 그 이름은 어처구니없는 한 국가의 실체를 증언할 것이다.

여기, 법정 영창 대기실. 지금부터 우리는 이들을 만난다.

우리는 이들을 단순히 기억하고자 이 법정에 들어선 것이 아니다.

우리의 화석화된 언어와 죽어가고 있는 의식들을 더듬기 위해서다.

출발은 한 할아버지를 만나면서 부터이다.

그들도 함께 걸을 수 있게. 천천히. 천천히.

문 열린 텅 빈 형무소 앞에 서서, 끝간데 없는 무언가를 찾고 싶다.

우리는 물을 것이다. '이것이 정말 사건의 끝인가'라고 말이다.

우리는 또 물을 것이다. '우리가 기억할 수 밖에 없는 이들 역사적 개인들을 어떻게 이해할 것인가.'

비전향장기수 고성화 : 23년간 복역, 성산 일출봉, 제주도
Long Serving Political Prisoners Koh Sung Hwa : He served for 23years, 1999

비전향장기수 조창손 : 30년간 복역, 낙성대
Long Serving Political Prisoners Cho Chang Son : He served for 30years, 1999

비전향장기수 최공식 : 34년간 복역

Long Serving Political Prisoners Choi Gong Sik : He served for 34years, 2001

We may want to sit by the old men who were the longest prisoners of the world and
then we will see their stubborn eyes.
After all, these men we will meet would prove to be just weak old persons.
Yes, they are just the same 'Men' as we are.
Let us look at ourselves through our ordinary life. Let us reveal our ordinary problems.
They are standing with their firm legs. Without fear, they are staring at us.
Let us consider how we will talk with them in the same language.
Is the real end of the case the courthouse, repatriation, or declaration?
No. It didn't actually end.
Let us stand on a point where our ordinary life and division situation cross each other.
And let us try to talk continuously.
Then we may be able to bring the pain of the division to our ordinary life.
If you are really standing on the cross point, you may no longer need to translate
them into your language.
When you meet them gathering at the backyard of Unification house at Buk-gu,
Kwangju-si, you would want them to talk with you.
They are showing us lonesome smile.
Unification is still on probation. Finally, let us ask, "How would we execute this case?"
Answer. "Well, the reason why this old men are here⋯."

최장기간 복역한 할아버지를 만나면 그 옆에 살짝 앉고 싶을지도 모르겠다. 그들의 고집스런 눈빛을 보게 될 것이다.

우리가 만나는 것은 결국 아주 힘없는 노인일 것이다. '사람'을 찾아 낼 것이다.

일상의 경험 속에서 나를 비추어 보자. 내 삶의 문제들을 털어 놓자.

이들은 아직도 두 다리로 굳건히 서 있다. 두려움 없이, 나를 보고 있다.

고민할 것이다. 어떻게 이들과 우리가 같은 언어로 이야기할 수 있는가를 말이다.

진정한 사건의 종결은 법정인가. 북송인가. 선언인가. 아니다. 아직 끝나지 않았다.

그것은 일상 혹은 분단 상황이라는 접점에 나를 세우는 것이다. 그리고 멈추지 않는 대화를 시도하는 것이다.

그 다음에서야 우리는 일상의 삶 속에서 이들의 고통을 끌어안을 수 있을 것이다.

거기 정말 내가 있다면, 그것은 더 이상 번역할 필요가 없는 것이다.

광주. 북구 두암 2동에 있는 '통일의 집' 뒤뜰에 모인 그들을 만나면, 대화를 청하게 될 것이다.

그들이 웃어 보인다. 쓸쓸하다.

통일은 아직 집행유예 중이다. 마지막으로 물을 것이다. 어떻게 이 사건을 집행할 것인가.

답하라. "음, 이 할아버지들이 여기 있는 건⋯."

▶

비전향장기수 신현칠 : 24년간 복역, 일산거주
Long Serving Political Prisoners Shin Hyun Chil : He served for 24years, 2001

대로에 어둠과 불음이 있었다.

산은 이어둠과 불음 속에서 빛을 청소하셨다.

으로 인간의 역사는 어둠과 빛사이를 받래하는 역사이다.

신의 역사는 어둠을 밝히는 빛의 역사이다.

뒤대한 인간의 역사에서 어둠을 밝히는 빛이 역사이것.

그러나 빛을 가리는 어둠이 역사라지지 않는다.

어둠이 짙들 때은이다다.

Since the beginning of the world, there was
darkness that brought chaos.
God created light amongst the chaos.
Since then, human history wavers between
light and darkness.

God's history is history of light that illuminates the
dark. History of great men as well
is a history of light that awakens those in the dark.

However, the history of darkness that
obscures or extinguishes light never disappears,
unrelentingly trampling on the weak and powerless.

비전향장기수프로젝트
Long Serving Political Prisoners, Jeju Island, Photography with graphic Works, 2001

불복종의 이유

국가의 안전

비전향장기수프로젝트

What on earth is it? I can't see anything.

I am convinced. I could remember his face.

Well, I can't find him today. I looked everywhere.

Yesterday I exchanged all night the stories of the

laughter and tears. I asked him last night what he

thought the problem was and what he would like me to

do. Staring at me, he said something in a low,

but yet firm voice.

I can't hear anything, any traces of people or love.

I don't remember anything since then. I try and try but

I do not remember anything after yesterday.

Noise sounds like noise.

"The world is bound to go through changes...

In the process, the meaning of your existence will

change as well." Noise. Noise. All I can hear is noise,

but yet again I am in the dark. In front of me stands

the terrifying face of everyday routine.

►
비전향장기수프로젝트
Long Serving Political Prisoners Project-Seoul in front of a police station, , Photography with graphic Works, 2001

두려운 일상·둘

사랑하는 어머니!

교도소 담벼락에 붙은 석방자 명단에 제 이름이 없어 힘없이 고개를 떨구었을 어머니,
8.15 광복절 특사로 풀려난 사람들의 환영인파 속에서 혼자 무인도에 떨어진 것 같은
심정이 되어 그 어느 때보다 외로웠을 어머니, 세상을 향해 가는 사람들을 뒤로 하고
홀로 면회실로 힘겹게 걸어오셨을 어머니를 생각하면 가슴이 터질 것 같습니다.

플라스틱 창을 사이에 두고 손 한번 잡아보지도 못한 채 면회 내내 울고 계셨던 어머니,
13년 감옥살이에 그 숱한 면회가 있었지만 오늘은 저도 처음으로 당신 앞에서 울고
말았습니다.

어머니, 이번 사면에서 제외된 저를 걱정하며 천리길을 달려오셨는데 30분의 짧은
면회를 마치고 다시 그 먼 서울까지 가시는 길에 오전처럼 억수같이 비는 퍼붓지
않았는지요.

아까 면회실에서 못다한 얘기를 이제는 해야할 것 같아 펜을 들었습니다.

준법서약제도가 발표된 지난 7월 초순, 당신께서 조심스럽게 "준법서약에 대해 어떻게
생각하냐"고 물으셨지요. 그때 저는 그저 "어머니, 오래오래 사셔야 해요"라고 밖에 드릴
말이 없었습니다. 그 후로는 아무 말 없으시더니 오늘에서야 "꼭 그렇게 해야만 했냐"고
하셨지요. 그래도 원망하지 않는 어머니를 뵈면서 저를 야단치고 혼을 내시는게
제 마음이 덜 괴로울 것 같았습니다.

13년 전 어머니와의 첫 면회가 생각납니다. "전향을 해라, 전향을 하면 나온다더라"
하셨을 때 이 불효자식은 "그런 말 하시려면 다시는 면회도 오지 마세요"하고 면회실을
뛰쳐나갔지요. 그 후로 당신은 전향하란 말, 입 밖에도 꺼내지 않으셨습니다.

그러나 사실 저도 전향제도가 두려웠습니다. 86년 무기형으로 확정되어 대전교도소
15사로 이감 갔을 때 전향하지 않는다고 30년, 40년 감옥살이 하던 장기수
할아버지들, 산 송장과 같은 그들과 맞닥뜨렸을 때 '전향하지 않으면 나 역시 저렇게
될 수 밖에 없겠구나'하는 생각이 들어 너무나 무서웠습니다. 암에 걸린 장기수 한
분이 비전향수라는 이유로 치료도 못받고 죽어가는 것을 무력하게 지켜보면서 이
억울한 감옥살이, 전향제도 없어지는 날을 위해 살아야겠다고 결심했습니다. 그동안
전향제도 폐지하라고 단식했던 날을 세어보니 200일이 넘었더군요. 저는 저대로
생사의 갈림길에서 헤맬 때도 있었지만, 그때마다 당신도 끼니를 거르며 지내셨던 것을
최근에야 알았습니다.

어머니, 지난 5월 19일, 20일 간의 단식을 끝내며 어머니 건강을 생각해서라도 이제
단식투쟁은 그만해야겠다는 생각을 했습니다. 그리고 5월 말 2년여 동안 준비했던
사상전향제도에 대한 개인 통보권 행사를 했습니다. 유엔 인권위에 전향제도를 시행하는
한국정부를 상대로 제소를 한 것이지요. 국제사회에서 사상전향제가 양심의 자유를
침해한다는 논란이 크게 일었고 특히 유엔인권위에서의 폐지권고가 수차례 있었기에
저의 제소가 승리할 것이라는 확신이 있었습니다.

그러던 7월 1일 사상전향제도가 양심의 자유를 침해하기에 폐지한다며 준법서약제도를
도입한다는 소식이 들려왔습니다. 준법서약은 또 무슨 수리인가, 이 무슨 해괴망칙한
발상인가, 참으로 서글펐습니다. 물론 전향제도 폐지결정은 이를 위해 노력한
유엔인권위와 국내의 인권운동가들이 있었고 저 역시 그 대열에 함께 있었기에 우리들

노력의 댓가라는 생각도 들었습니다. 그런데 전향제도를 폐지한다면서 그 피해자에 대한 원상회복과 가해자에 대한 처벌을 하지는 못할망정 준법서약이라니….

그동안 준법서약 문제 때문에 감옥에 있는 사람뿐 아니라 인권단체 관계자들, 양심수를 걱정하는 사람들이 마음 고생을 많이 한 걸로 알고 있습니다. 특히 민가협 어머니들은 혹여 감옥에 있는 사람들에게 영향을 줄까봐 반대운동하는 것도 조심스러워했다는 소식도 들었습니다. 바깥에서는 서약제를 어떻게 볼 것인가에 대한 견해도 여러가지라는 것도 알고 있습니다. "죄짓고 들어온 사람을 내보내는데 서약서는 최소한의 요구"라든가, "분단상황에서 보수세력의 반발이 있으므로 정부가 최선을 다한 것이다"라든가, 서약서는 "안내보내려는 게 아니라 모두 내보내려고 만든 것"이라든가, "전향제도와 서약서는 다르다"든가 등등.

그러나 아무리 생각하고 또 생각해봐도 준법서약제도는 사상전향제의 변형일 수 밖에 없는 것이었습니다. 제가 사상전향을 거부했던 것은 바로 전향제가 양심의 자유를 침해하기 때문이었습니다.

양심의 자유는 인간의 기본권 중에서도 최고의 절대적인 권리라고 합니다. 이는 어떤 경우에도 침해할 수 없는, 헌법의 이름으로도 제한할 수 없는 절대적 기본권이지요. 그러나 서약제도는 양심의 자유 중에서도 침묵의 자유를 침해하고 있는 것으로 보입니다. 특히 준법서약을 거부한다고 사면에서 제외하는 것은 바로 양심의 자유를 침해할 우려가 있는 '강제'에 해당하는 일일 것입니다.

"사상의 자유는 우리가 동의하는 사상의 자유가 아니라 우리가 증오하는 사상의 자유를 보장하는 것"이라는 70년 전 미국 홈즈 판사의 말이나 "100% 올바른 진리라고 하더라도 죽어버린 독단이 아니라 생생한 진리가 되기 위해서는 반대론과 진지한 토론을 통해야만 가능하다. 아무리 잘못된 의견이라 하더라도 그것을 억압하는 것은 악이다"라고 한 J.S.밀의 말을 빌지 않더라도 자유민주주의에 적대적인 사상이나 의견이라 하더라도 허용하고 용납하는 것이 바로 자유민주주의의 기본원리라고 배웠습니다. 최근 언론보도는 서약서를 거부하는 것은 자유민주적 기본질서를 부정하는 생각을 갖고 있거나 폭력혁명을 포기하지 않았다고 단정짓는 듯한 표현들로 가득합니다. 그러나 저 자신은 자유민주주의를 부정해야할 이유가 없습니다. 다만 제가 부정하는 것은 국가가 정한 규율은 옳든 그르든 모든 사람이 다 지켜야 하고 이에 이의를 제기하면 반체제라는 흑백논리입니다. 이런 점에서 준법서약제도 그 자체가 자유민주주의의 원리에 대한 이율배반이 아닌가 합니다.

서약서를 쓰면 나갈 수 있고 어머니 고통도 끝날 수 있을텐데 저는 도무지 그것을 할 수가 없었습니다. 서약서 문제로 고민하던 어느 날 소로우의 말이 생각났습니다.

"나는 천성이 강제를 당하게 되어있지 않다. 나는 나대로 숨을 쉴 것이다… 저들은 나를 자기들과 같이 되라고 강요한다. 나는 '이렇게 살아라, 저렇게 살아라'하는 사람들의 무리에 강요당해서 사람들의 말을 듣지는 않는다. 어떤 종류의 삶이 살아야 할 삶이었던가."

왜 준법서약서를 쓸 수 없는가, 그것은 '양심의 자유를 침해당할 수 없다' 는 생각 때문입니다.

권력 앞에서 제가 가지고 있는 내심의 생각을 계위내고 심사 받아야 한다는데 동의할 수 없기 때문입니다. 마음속으로 어떤 생각을 갖고 있던 간에 그것은 나의 자유이고 국가권력은 간섭할 수 없고 간섭해서도 안될 것입니다. 차라리 서약서에 불복종하여 계속 갇혀있는 편이 제 '양심의 법정'에서 떳떳한 일이라는 생각이 들었습니다. 서약서 쓰기를 강요하면서 그것을 거부하면 사면에서 제외할 수 밖에 없다고 하고 그러면서 양심의 자유는 전면적으로 보장되었다고 떠드는 무지하고 야만스런 사회. 양심의 자유는 보장하지만 서약서는 써야 한다는 말이 얼마나 형용모순을 지니고 있는지 깨닫지 못하는 천박함이 횡행하는 땅에서 제가 있어야될 자리는 십오척 담 안일 수 밖에 없는 듯 합니다.

"법 지키겠다고 쓰고 나와서 또 활동하면 될 것 아니냐"고 말할 이도 있겠지요.
어머니, 어쩌면 저는 어리석고 비현실적인 사람인지 모릅니다. 80년 5월 26일 저녁 계엄군이 진입해 오던 순간 총을 들고 도청을 지키던 사람들도 빠져 나올 판에 죽을 지도 모르는 도청을 사수하겠다고 들어가 어머니 속을 무던히도 썩혔잖아요. 대학에 들어가서는 앞날이 보장되는 의사되기를 포기하고 학생운동에 뛰어들었고, 재판 받을 때는 검사가 사실인정만 하면 낮은 형을 주겠다는 회유를 거부하여 사형구형을 받고, 무기형이 확정되고 나서는 전향서 대신 생활계획서나 각서를 쓰면 사면시켜주겠다고 했어도 거절한 바보잖아요.
멍청하고 어리석은 저이지만 93년에 전향 안하고도 무기에서 20년형으로 감형된 적도 있으니 그것이라도 어머니께 위로가 될까요. 제 만기일인 2006년 9월 22일까지 열심히, 건강하게 살겠습니다.
하지만 일흔 셋의 당신을 생각하면 아려오는 아픈 가슴은 어쩔 수가 없네요.

어머니, 건강하게 오래 오래 사세요. 제발.

98년 8월 15일
안동에서
늘 어머니를 그리워하는 용주 올림

▶
Kang Yong Ju, a sophomore at the medical school of Chonnam National University, was sentenced to death for his alleged involvement in a spy scandal in 1985. He served 14 years in prison until he was released on probation during the special pardon of March 1, 1999. He was arrested again on December 19, 2001 for his violation of probation since he refused to report to the chief police officer in his jurisdiction every three month as required under the probation. Next year, he appealed the Gwangju district court's ruling of one million won in penalty and the Gwangju appeals court's decision of 500,000 won in reduced penalty but ultimately lost the case in the Supreme Court. He also filed a suit with the Seoul Administration Court for the lifting of probation, complaining about the unfairness of probation imposed on the prisoners of conscience who violated the National Security Law but lost the case.

▶
강용주씨는 전남대 의대 예과 2학년에 재학 중이던 1985년. 당시 '구미유학생 간첩단사건'에 연루되어 사형을 선고받고 김대중 정부가 들어선 1999년 3·1절 특사로 출소, 무려 14년을 복역했다.
1999년 2월 말에 형집행정지로 출소한 뒤에도 '보안관찰 처분 대상자'로 지정돼 3개월에 한 번씩 생활상을 모두 관할 경찰서장에게 보고해야 했지만 이같은 내용을 지키지 않았던 강씨는 2001년 11월 19일 보안관찰법 위반으로 긴급 체포돼 불구속 기소됐다. 다음해 광주지법에 보안관찰법 위반죄를 적용해 벌금 100만원을 선고하자 즉각 항소했고 항소심에서 50만원을 선고받아 대법원까지 상고했으나 패소했다. 또 2002년 2월에는 '국가보안법 위반자들의 재범을 우려해 보안관찰을 하는 것은 부당하다'면서 서울행정법원에 '보안관찰처분 취소행정소송'을 제기했으나 패소했다.

비전향장기수 강용주 : 14년 복역, 광주거주, 서울 서대문형무소

Long Serving Political Prisoners Kang Young Ju : He served for 14years, 1999

국가보안법철폐
Against National Security Act, 2004

National Security Act

The National Security Act is a special criminal law enacted for the purpose of safeguarding the national security and the lives and freedom of the people by regulating anti-government activities. It has been revised several times, partially or entirely, since its enactment in December, 1948. Originally enacted to punish subversive activities in the political chaos immediately after the birth of the Republic of Korea, it has been criticized for serving the interest and the ideology of those in power. The U.N. Commission on Human Rights has called for the abolishment of the Act out of human right concerns.

국가보안법

국가보안법이란 국가의 안전을 위태롭게하는 반국가 활동을 규제함으로써 국가의 안전과 국민의 생존 및 자유를 확보함을 목적으로 제정된 특별형법이다. 1948년 12월 1일 제정 공포되었고, 1980년 전면 개정, 1991년 부분 개정 등 여러 번의 개정을 거쳤다. 여순반란사건 등 대한민국 건국 초기의 혼란스런 정정(政情) 속에서 국가안보를 위태롭게 하는 행위를 처벌하기 위해 제정된 국가보안법은 이후 정권 안보와 이데올로기 통제의 수단으로 악용된다는 비판을 받으며 끊임없이 논쟁을 불러일으켰다.

또 유엔인권위원회에서는 인권 제약의 소지가 있다며 국가보안법 폐지를 요구한바 있다.

깨어나라, 얼음! 나라
Against National Security Act, Poster, 2004

National Human Rights Commission's Recommendation

As the first governmental organization,
the National Human Rights Commission of the Republic of Korea recommended on August 24,
2004 to abolish the National Security Law that had long been criticized of human rights abuse.

국가인권위원회 권고안

숱한 인권침해 논란을 일으켜왔던 국가보안법에 대해 2004년 8월 24일 국가인권위원회는
국가기관으로서는 처음으로 국가보안법 폐지의견을 공식적으로 제시하였다.

국가인권위 권고안

국가인권위원회(위원장 김창국)는 8월 23일 전원위원회를 열고, '국가보안법의 폐지'를 국회의장과 법무부장관에 권고했습니다.

검토의 배경

1948. 12. 1. 공포,시행된 국가보안법은 제정 당시부터 인권침해의 소지가 크다는 이유로, 법안 자체를 토론할 필요없이 폐기하자는 동의안이 제기되고 논란 끝에 표결에 부쳐져 37대 69의 표차로 부결되기도 하였습니다.

1953. 7. 8. 형법제정안을 심의하던 당시 국회에서는 국가보안법의 규정들이 형법 안에 모두 포함되었기 때문에 국가보안법을 폐지한다는 법제사법위원회의 원안이 시대적 상황론과 국민정서론에 밀려 채택되지 못하였습니다.

그러나, 법 운용과정에서의 반민주성 및 인권침해 논란때문에 위헌 시비가 잇따르고 개폐 논란은 끊이지 않았습니다. 국제사회에서도 한국의 인권문제를 논의할 때마다 국가보안법을 도마에 올려 국제인권규약에 위배된다는 이유로 수차례에 걸쳐 우리 정부에 그 개폐를 권고하였습니다. 제16대 국회에서도 국가보안법폐지안이 2000.11.27에, 법 개정안이 2001.4.27에 각 의원입법으로 발의되기도 하였습니다.

2001년 11월 국가인권위원회가 출범한 이후로 국가보안법 폐지를 요청하는 약 40여건의 진정이 접수되었습니다. 이에 위원회는 2003. 1. 7. 전원위원회 워크숍에서 국가보안법에 대한 조사, 연구를 위하여 외부 전문가를 포함한 태스크포스팀(TFT)을 구성하기로 결의한 다음 국가보안법에 대한 체계적,심층적 검토를 시작하게 되었습니다.

판단의 준거

국가인권위원회법 제2조 제1호에서 "인권"이라 함은 "헌법 및 법률에서 보장하거나 대한민국이 가입 비준한 국제인권조약 및 국제관습법에서 인정하는 인간으로서의 존엄과 가치 및 자유와 권리"를 말하는 것으로서,

1. 우리 헌법상의 기본적 자유와 권리,
2. 국제인권법(1990. 7. 10. 대한민국이 가입한 시민적, 정치적 권리에 관한 국제규약 등),
3. UN의 권고(이 국제규약에 의거한 한국정부에 대한 국가보안법 폐지 권고: 1992. 정부 최초 보고서에 대한 유엔 인권이사회의 권고, 1995. 의사표현의 자유에 관한 특별보고관 아비드 후세인의 의견 권고, 1999. 제2차 정부보고서에 대한 유엔 자유권규약위원회의 권고)를 주요 판단의 준거로 삼았습니다.

판단
1. 역사적 측면
가. 국가보안법의 제,개정 역사

▶ 국가보안법은 대한민국 정부가 수립된 지 4개월이 채 되지 않은 1948년 12월에 일제시대의 '치안유지법'을 모태로 총 6개조로 만들어진 법으로서, 법률 제10호로 공포,시행되어 오늘에 이르고 있습니다. 지난 56년 동안 국가보안법은 총 7차례에 걸쳐 개정되었습니다.

나. 국가보안법과 제정 형법의 관계

▶ 형법 제정을 논의하던 1953. 4. 16. 제55차 본회의에서, 법전편찬위원회 위원장으로 형법 초안을 마련했던 당시 김병로 대법원장은 "지금 6.25 사변날 당해... 특수한 법률을 국가보안법 혹은 비상조치법 이라던 것이 국회에서 실시되어 제정하던 줄 안다. 그와 같이 그러한 다기 다난한 것을 다 없애고 이 형법만 가지고 오늘날 우리나라 현실 또는 장래를 전망하면서 능히 우리 형법상의 목적을 달성할 수가 있겠다는 고려를 해보았다. 지금 국가보안법이 제일 중요한 대상인데 이 형법과 대조해 검토해 볼 때에 가서 이느 경우와 차이가 있을런지 모르나 이 형법전 가지고 국가보안법에 의해서 처벌할 대상을 처벌하지 못할 조문은 없지 않는가 하는 그 정도까지 생각했다"고 발언한 바 있습니다.

▶ 당시의 형법 입안(재법전편찬위원회)들은 형법전을 마련함에 있어서 국가보안법을 비롯한 각종 형사특별법의 의도적으로 형법전에 흡수하려고 노력하였습니다. 예를 들면, '폭력행위등처벌에관한법률', '절도및의법및지불에관한관한죄' 등이 형법전에 흡수되었으며, 국가보안법 또한 같은 입장에서 형법전에 포함하기로 하여 내란죄, 외환죄, 공안을 해하는 죄 등 형법 각칙의 여러 조문에 국가보안법 관련규정들이 폭넓게 정비되었습니다.

▶ 당시 형법 부칙 제2조(분법시행)에 시행되었던 다음의 법률, 포고 또는 법령은 폐지한다(는 폭력행위등처벌에관한 법률, 절도및의법및지불처벌에관한죄, 국가보안법 등 15개 항의 폐지 법령을 나열하고 있었습니다. 그런데 미군정법령 제19호는 형법에 대체조항이 없다는 이유로, 그리고 국가보안법은 법체계상의 문제보다는 '전시의 치안 상태 및 국민에게 주는 심리적 영향'을 보다 중시하여 존속하게 되었으며, 나머지 법령은 모두 폐지된 바 있습니다. 이는 형법 제정 전의 국가보안법의 내용이 형법으로 충분히 포함될 수 있음을 단적으로 보여줍니다.

다. 국가보안법 개정의 절차적 정당성 문제

▶ 1958년 제3차 개정 사건언편입법인 '인심혼란죄' 규정 등 개정) 무술경관을 동원하여 야당의원들을 국회의사당 밖으로 끌어낸 후 여당의원만으로 3분 만에 통과시킨 소위 '2.4파동'이 발생하였습니다.

▶ 1980년 제6차 개정 시(반공법 처벌조항 흡수 등 개정) 민주적 정당성이 없는 '국가보위입법회의'를 통하여 가결되었으며 상정,제안,설명,가결에는 5분이 채 걸리지 않았습니다.

▶ 1991년 제7차 개정시에는 여당의 개정입안에 반대하면서 국가보안법 폐지를 주장한 야당의원들에게 심의표결에 참여할 기회조사 주지 않고, 국회의장이 법안에 대한 설명과 심사보고, 수정제의 보고 등 모든 절차를 서면으로 대체하면서 표결 절차를 생략한 채 불과 35초 만에 날치기 방법으로 통과시켰습니다.

라. 남용 실태

▶ 위원회에서 2003년도 실시한 '국가보안법 적용상에 나타난 인권실태조사'에 의하면, '국가의 존립, 안전이나 자유민주적 기본질서를 위태롭게 한다'는 앞면서만을 목적요소 추가함으로써, 확대해석의 위험성을 제거했다고 한 1991년 국가보안법 7차 개정이 후인 '문민정부'와 '국민의 정부' 시절 10년간(1993.2.25~2003.2.24)의 통계까지 보더라도 국가보안법 관련 전체 구속자 3,047명중 제7조 관련 구속자는 2,762명으로 90.6%에 이르고 있어, 국가보안법 제7조의 남용실태를 통한 심각한 인권침해 현황을 미루어 짐작할 수 있을 것입니다.

▶ 남용 사례로서 다음과 같은 것들이 있습니다.

- 2003년 7월 건국대 학생통일위원회(통대투위) 김종건, 김용찬씨 등은 인터넷상에 개설한 동아리 까페에 올려놓은 수련회 자료집等 각종 문서들이 '국가변란을 선전 선동'하는 이적표현물이라는 이유 로 7,8,5월(이적표현물 소지, 제작, 배포) 적용을 받았습니다. 그러나 이적표현물로 지목된 문서들은 민주노총 등의 홈페이지에서 퍼온 것들임을 밝혔습니다.

- 2003년 7월 의정부경찰서 앞에서 스트라이커부대훈련장 진입 사건으로 구속된 학생들을 호송하던 차량을 막아 구속된 3명에게 이적표현물 취득 혐의가 적용되었는데, 「2003년 한총련 대의원대회 자료집」을 읽었다는 이유로, 특히 이 사건에서 나타났듯이 이적표현물 조항은 여전히 체포의 사유와 무관한데도 인신구속을 남용케 하는 기제로 작용하고 있음을 알 수 있습니다.

2. 법률적 측면

▶ 국가보안법 각 조항들 중에서도 특히 제2조, 제3조, 제4조, 제7조, 제10조는 민주주의의 기본 전제이자 근대 시민형법의 최고 원리인 죄형법정주의에 반하여 양심, 언론, 출판, 집회, 결사, 학문, 예술의 자유 등의 기본적 자유와 권리에 대한 침해 소지가 있고, 나아가 조항들은 이상의 제2조, 제3조, 제7조, 제10조에 대해 보완적인 성격을 가지는 조항으로서 대부분 형법 및 다른 법률에 의해 의율이 가능한 조항들로 구성되어 있습니다.

가. 국가보안법 제2조, 제3조 및 제4조 (반국가단체)

▶ 근대형법의 처벌대상은 범죄이고, 범죄란 사회적 유해성을 초래하는 반사회적 행위를 말한다. 그러나 제2조, 제3조, 제4조의 내용을 보면, 국가보안법은 '반국가단체의 구성원'이라는 이유만으로, 또 범죄행위 실행 전단계의 '예비, 음모'만 광범위하게 처벌하도록 규정하고 있어 근대형법의 '행위형법'의 원리에 반하는 심정형법입니다. 또한 형법상의 국가보안법 제4조는 개념의 광범성과 구체성을 가지지 함에도 불구하고 반국가단체의 규정 자체를 명확히 하지 않음으로써 죄형법정주의의 위배에 따른 인권침해 소지가 있는 것입니다.

나. 국가보안법 제7조 (찬양고무 등)

▶ 국가보안법 제7조는 헌법상의 언론, 출판, 학문, 예술과 관련된 표현의 자유 및 양심의 자유를 과도하게 위축시킬 염려가 있는 점, 국가안전보장이나 자유민주적 기본질서의 수호와 관계없는 경우까지 확대 적용할 만큼 불투명하고 구체성이 결여되어 현법 제37조 제2항의 한계를 넘는 제한인 점, 법집행자의 자의적 집행을 허용할 소지가 있는 점, 죄형법정주의에 위배된다는 점 등으로 인해 심각한 반인권적 조항이라고 볼 수 있습니다.

다. 국가보안법 제10조 (불고지죄)

▶ 침묵의 자유 혹은 묵비의 권리는 인간의 가장 내밀한 내심의 영역을 외부의 간섭으로부터 보호하고자 하는 인간 본연의 존엄과 가치에 대한 존중으로부터 나오는 인권입니다. 우리 헌법재판소도 이러한 입장에 따라 '양심의 자유에는 널리 사물의 시시비비나 선악과 같은 윤리적 판단에 국가가 개입해서는 안 되는 내심적 자유는 물론, 이와 같은 윤리적 판단을 국가권력에 의하여 외부로 표명하도록 강제받지 않는 자유 즉 윤리적 판단사항에 관한 침묵의 자유까지 포괄한다고 할 것이다.'(1991. 4. 1.89헌마160)고 선언한 바 있다. 따라서 이 조항은 헌법에 규정된 '양심의 자유'를 심각하게 침해하고 있는 대표적 악법 조항입니다.

마. 헌법 제6조, 가입 비준한 국제인권조약과의 관계

▶ 대한민국이 당사국인 국제인권조약, 특히 시민적, 정치적권리에관한국제규약은 헌법 제6조 제1항에 따라 자동적으로 국내법적 효력을 가집니다. 그런데 국가보안법은 동 규약 제3조, 제8조, 제19조와 단일항을 당해 수 없어 폐지되어야 하는 것입니다. 특히 유엔 자유권규약위원회는 지속적인 권고를 통하여 확인되고 있습니다.

3. 현실적 측면
가. 국가보안법 폐지 시 처벌 공백 문제

1) 형법 등 관련 법 규정에 의한 대체

▶ 국가보안법에서 보호하고자 하는 법익을 비롯한 규제행위대상은 원칙적으로 형법의 내란죄와 외환죄 그리고 공안을 해하는 죄의 장과 겹치고 있으며, 따라서 국가보안법의 처벌규정은 형법의 처벌 규정을 중복하고 있는 셈입니다.

▶ 국가보안법 제3조부터 제7조까지의 처벌규정은 대부분 형법 등 다른 법률의 처벌조항과 중복되거나 가중 처벌되는 것일 뿐이니, 특히 형법 각칙의 제3장 '내란의 죄'와 제2장 '외환의 죄'의 적용, 해석을 통해 충분히 국가보안법으로 처벌공백이 생기는 부분은 거의 없습니다. 다만, 국가보안법 제10조(불고지)의 경우에는 현행법상에서 처벌공백이 생긴다고 할 수 있으나, 이 규정은 양심의 자유를 심각하게 침해하고 있기 때문에 반드시 폐지되어야 하므로 사실상 존치하여야 할 조항은 없게 됩니다.

▶ 국가보안법을 폐지할 경우, 그동안 북한 관련 안보 범죄를 처벌할 때 이용해온 국가보안법의 '반국가단체' 관련이라는 형법 내용으로는 담아낼 수 없다는 일부의 지적이 있습니다. 하지만 법원은 북한 관련 안보 사범의 처리에 있어서, "북한은 간첩죄의 적용에 있어서 이를 국가에 준하여 취급하여야 한다"고 판결(대법원 선고 4292형상180, 71도1498, 82도3036호 등)하여 왔습니다. 즉 국가가 안보 사범에 대하여는 형법상의 간첩죄(98조)로 의율하면서 북한을 '준국가'로 취급해오고 있으므로, 이는 형법상 '외환의 죄'에 의한 규율이 가능하다고 볼 수 있을 것입니다. 따라서 북한을 추종하거나 간첩행위를 하면 형법상 간첩죄로, 그리고 국회문란, 변란을 일으키면 형법상 내란, 외환죄로 처벌되고 있는 만큼 국가보안법이 따로 필요한 것은 아닙니다.

2) 경과조치 문제

▶ 국가보안법이 폐지되는 즉시 우리 형법 제3조 제8항에 의하여 국가보안법 관련 사범에 대한 형의 집행을 면제하거나 석방하여야 하며, 이것이 국가적 혼란을 초래할 것이라는 우려가 있습니다. 하지만 이 문제는 필요시 이에 대한 대책을 제시하는 경과규정을 국가보안법 폐지법률안에 둠으로써 해결할 수 있을 것입니다. 예를 들어, 사회보호법폐지법률안(2003.12.6.) 부칙 제2조에 '피보호감호처분자 등에 대한 경과 조치' 규정을 별도로 두었습니다.

나. 국민 정서 문제

▶ 국가보안법 존치를 주장하는 일부에서는 국가보안법을 폐지할 경우, '광화문 네거리에서 '김정일 만세'를 외치거나 인공기를 흔드는 행위'를 처벌할 수 있는 마땅한 법률이 없다고 주장하기도 합니다. 위의 행위들이 국가의 기본질서를 위협할 정도로 심각하고 집단화되고 폭력성을 가질 경우에는 형법 제115조(소요), 116조(다중불해산) 등의 규정을 해하는 죄로 처벌할 수 있으며, 집회및시위에관한법률, 도로교통법, 경범죄처벌법 등으로도 의율할 수가 있을 것입니다.

▶ 북한의 대남 전략 및 법체계의 변화 없이 국가보안법을 폐지하는 것은 형평성에 맞지 않는다는 주장도 있습니다. 그러나 북한은 우리의 국가보안법과 같은 안보특별법이 없으며, 북한 헌법 제9조는 사회주의 건설의 범위를 북한지역으로 한정시키고 있습니다. 그리고, 북한 헌법이 '공화국'을 전복하려는 무장 폭동, 테러, 간첩 행위 등 '국가주권'을 반대하는 범죄와 '민족해방'에 반대하는 범죄'를 규정하고 있으나, 이들은 우리 형법의 내란, 외환 간첩죄와 기본적으로 동일한 내용입니다. 따라서 국가보안법 폐지가 북한 법체계와의 '형평성'에 맞지 않는다고 주장하는 것은 근거가 부족한 것입니다.

다. 시대적 상황의 변화와 그 대응 문제

▶ 1991년 9월 18일, 남북한 양측은 동시에 유엔에 가입하였으며, 유엔헌장 제4조에 따르면 유엔가맹국의 자격조건은 국가보안법상의 주권국가로서 유엔헌장의 의무를 수락하고 이러한 의무를 이행할 능력과 의사가 있는 것으로 되어 있습니다. 당시 북한도 '조선민주주의인민공화국'이란 이름으로 유엔에 가입함으로써 국가법적으로 공식 인정된 독립국가 지위를 가지게 되었습니다. 물론 유엔 가입 이전에도 국제관습에 비추어 보자면 북한 당국이 북한 지역에 대하여 사실상의 '통치권'을 행사하고 있었음은 부인할 수 없는 사실입니다. 즉 북한은 '한반도의 북측 지역을 부당하게 점령하고 있는 반국가단체'가 아니라 국제법적으로는 '사실상의 국가'로 보는 것이 변화된 시대적 환경과 국제법 질서에 맞는 해석이라고 볼 수 있는 것입니다.

▶ 국내적으로 보더라도 1972년 남한의 박정희 대통령과 북한의 김일성 주석이 7.4 남북공동성명을 통해 '자율, 제도, 이념의 차이를 초월하여 평화적 방법에 의한 민족 통일'을 하기로 합의한 이래, 2004년 6월까지 정치, 경제, 군사, 사회 분야에서 각종 남북한 당국자 회담이 총 468회 진행되었고, 특히 2000년 6월 15일에는 남북정상회담까지 이루어졌습니다. 이런 현실에서 북한을 여전히 반국가단체라고 주장하는 것은 논리적 모순에 빠질 수도 있습니다.

▶ 또한 현재 남한 내부에는 냉전과 반북을 전제하는 국가보안법이 존재하면서 동시에 탈냉전과 통일을 지향하는 남북기본합의서와 '남북교류협력에관한법률' 등이 존재함으로써, 완전히 모순되는 두 개의 법 가치, 체제가 병존하고 있으며, 따라서 현재 북한은 '반국가단체', '적'이면서 동시에 통일을 위한 대화와 협상의 대등한 주체인 이중적, 모순적 법적 지위가 부여되어 있는 상태로써, 분단 당시 및 냉전 체제 당시에는 그 시대적 환경과 변했다는 것을 인정해야 합니다.

결론

▶ 국가보안법 TFT의 연구, 실태조사 결과, 공청회 결과, 그리고 앞에서 기술한 바처럼 역사적, 법적, 현실적 측면에서 검토한 국가보안법에 대하여 다음과 같이 판단합니다.

▶ 먼저, 국가보안법은 그 제정과정에서부터 태생적인 문제점을 안고 있을 뿐만 아니라, 국가의 기본법인 제정된 이후에 이루어진 수차례의 개정도 국민적 합의 없이 절차적 정당성을 결한 채 이루어졌다. 따라서 국가보안법은 법률의 규범력이 부족한 법으로서 그 존재 근거가 박약한 반인권적 법률입니다. 둘째, 국가보안법은 행위형법 원칙에 저촉되며 죄형법정주의에 위배되며, 사상과 양심의 자유, 표현의 자유 등 인간의 존엄성을 해할 소지가 많은 점이 지적되고 있다. 셋째, '국가보안' 관련 사안은 형법 등 다른 형법 법규로 의율이 가능하여 국가보안법이 폐지되더라도 처벌 공백이 거의 없다고 볼 수 있다. 단 필요시, 미흡한 부분에 대하여는 형법의 관련 조문을 개정, 보완하는 방안을 강구할 수도 있을 것이다. 마지막으로, 우리나라는 국제사회의 일원으로서 국제사회의 여론과 권고를 수용할 필요가 있으며, 시대적 환경 변화에 부응하는 자세로 북한에 대한 대응책을 마련해야 한다.

▶ 국가보안법의 몇 개 조문의 개정으로는 이상에서 지적한 문제점들이 치유될 수 없고, 그 법률의 자의적 적용으로 인한 인권 침해 역사, 법 규정 자체의 인권 침해 소지로 인해 끊임없는 논란을 일으켜 온 현행 국가보안법은 '전면 폐지'하는 것이 시대적 요구라고 판단된다.

이에 국가인권위원회법 제19조 제1호의 규정에 의하여 국회의장과 법무부장관에 국가보안법의 폐지를 권고한다.

Time to reform the National Security Law

On 1 December 1998 hundreds of South Korean human rights activists marked the 50th anniversary of the National Security Law by holding a march and demonstration in central Seoul. They were protesting about the continued use of this law to arrest and imprison people for peacefully exercising their rights to freedom of expression and association. Amnesty International also believes the National Security Law must be reformed and calls on the South Korean Government to make this a priority for 1999.

Almost 400 people were arrested under the National Security Law during 1998, including students, political activists, trade unionists, publishers, religious figures and even Internet surfers. Most of these prisoners had done nothing to deserve arrest and imprisonment and were held solely for the non-violent exercise of their rights to freedom of expression and association. Some had formed study groups, distributed pamphlets or published books with left-wing political ideas; others had held discussions about North Korea or disagreed with government policies on North Korea. Some were accused of contacting North Koreans without permission.

Most of those arrested under the National Security Law during 1998 were tried within six months of arrest and either released or given a short prison sentence, but some were given heavy sentences. A small number of long-term prisoners arrested 30 to 40 years ago were still held, making them some of the world's longest-serving political prisoners. The National Security Law was adopted 50 years ago in the context of a divided Korea. Since the signing of an armistice agreement at the end of the Korean War in 1953, millions of Koreans on both sides of the divided peninsula have been separated from each other and the demilitarized zone which separates North and South Korea is one of the most heavily fortified borders in the world. South Korean officials have argued that the country needs the National Security Law to counter the military threat from North Korea. Amnesty International acknowledges South Korea's security predicament and the right of all states to maintain state security. But the National Security Law has been widely misused to detain people who posed no threat to security. South Korean governments have consistently used the law to remove people who pose a threat to established political views, to prevent people from taking part in discussions surrounding relations with North Korea and as a form of control at times of social unrest.

President Kim Dae-jung, who took office in February 1998, was himself imprisoned under the National Security Law during the 1980s and has been sympathetic to calls for reform. He has committed his government to human rights protection and has taken some positive steps over the past year, including the release of over 150 political prisoners in two prisoner amnesties. In September 1998 he told Amnesty International that "poisonous clauses" of the National Security Law would be reviewed in the near future but did not make any firm commitments.

President Kim and his Minister of Justice also told Amnesty International that the country's economic crisis and political opposition were hampering their efforts to improve human rights. 1998 was certainly a difficult year for South Korea's government as it struggled to cope with the worst economic crisis in decades. The crisis itself resulted in an erosion of many rights as unemployment soared to around two million, while the country lacks a social safety net for the jobless. The government's difficulties were compounded by unpredictable developments in North Korea, including alleged border incursions and the test-firing of a long-rang missile or satellite. Discussion on amending or abolishing the National Security Law is a delicate political issue in South Korea where powerful groups within business, political circles, the law-enforcement apparatus and the media are opposed to reforms.

In spite of these difficulties, Amnesty International believes that respect for freedom of expression and association will be important for South Korea's long-term political, economic and social development. As a former political prisoner told Amnesty International: "For South Korea to develop, we need people to be critical and to make creative proposals. It is a disgrace to arrest such people." The economic situation and political opposition should not be used to justify further abuses under the National Security Law.

Amnesty International believes that many of those opposed to prisoner releases and law reform would be persuaded in an informed and open debate on the subject and the evidence suggests that public opinion would not oppose reforms in accordance with international human rights standards. A survey carried out by Minbyun (lawyers for democracy) and the Hankyoreh daily newspaper in November 1998 revealed that over 70% of respondents favoured an amendment to the law.

Further information about the National Security Law

The National Security Law provides long prison sentences and even the death penalty for "anti-state" and "espionage" activities but these terms are not clearly defined and have often been used to imprison people unfairly. Most arrests today are under Article 7 of the law which provides up to seven years' imprisonment on vaguely-defined charges of "praising" and "benefitting" North Korea. The law also punishes those who have unauthorized contacts with North Korea or who fail to report such contacts. The majority of people arrested under the National Security Law are held for exercising their rights to freedom of expression and association.

After decades of military rule, South Korea held direct presidential elections in the late 1980s and has since developed a democratic form of government. But there is still an intolerance of left-wing or socialist views which are often regarded as being pro-North Korean. This sits uneasily with the government's new "sunshine policy" towards North Korea which actually encourages more civilian and business links with the North. The National Security Law was amended in 1991, but these amendments were not far reaching and had little practical effect on arrests. President Kim and his Minister of Justice have assured Amnesty International that the law will not be misused, but they seem unable or unwilling to prevent new arrests from taking place.

Comments by United Nations bodies

• In July 1992 the UN Human Rights Committee made the following comment after examining South Korea's initial report under the International Covenant on Civil and Political Rights (ICCPR, ratified by South Korea):
"··· the Committee recommends that the State party intensify its efforts to bring its legislation more in line with the provisions of the Covenant. To that end, a serious attempt ought to be made to phase out the National Security Law which the Committee perceives

Reason for Disobedience

National Security

Against National Security Act

불복종의 이유

국가의 안전

국가보안법 반대

as a major obstacle to the full realization of the rights enshrined in the Covenant and,
in the meantime, not to derogate from certain basic rights".

• In November 1995 the UN Special Rapporteur on the promotion and protection of the
right to freedom of opinion and expression made the following recommendation, after a
mission to South Korea:
"a) The Government of the Republic of Korea is strongly encouraged to repeal the
National Security Law and to consider other means, in accordance with the Universal
Declaration of Human Rights and the International Covenant on Civil and Political Rights,
to protect its national security.
c) All prisoners who are held for their exercise of the right to freedom of opinion and
expression should be released unconditionally. The cases of prisoners who have been
tried under previous governments should be reviewed, due account being taken of
obligations arising under the International Covenant on Civil and Political Rights…"

• In October 1998 the UN Human Rights Committee published its views on a National
Security Law case submitted under the Optional Protocol to the ICCPR.
It stated that the conviction of Park Tae-hoon in 1993 by South Korea's Supreme Court
had constituted a violation of his right to freedom of expression, in accordance with
Article 19 of the ICCPR. It called on the South Korean Government to provide a remedy to
the former prisoner and to ensure that similar violations do not occur in future.

1998 arrests under the National Security Law

The following cases are typical of those arrested in 1998 under Article 7 of the National
Security Law on charges of "praising" and "benefitting" North Korea. In February
publisher Lee Sang-kwan was arrested for publishing books about the lives of long-
term political prisoners and about women in North Korea; in April a young student called
Ha Young-joon was arrested for posting a socialist text on a computer bulletin board; a
group of youth activists were arrested in June for forming the "Anyang Democratic Youth
Federation" which was alleged to be pro-North Korean and the group's leader, Kim Jong-
bak, was sentenced to two years' imprisonment; a 78-year-old minister called Kang Hee-
nam was arrested in August for organizing a rally on behalf of Pomminyon,
a group alleged to be pro-North Korean; Catholic priest Moon Kyu-hyun was arrested
for allegedly praising North Korea when he visited the country in August, even though
his visit had been approved in advance by the government. Throughout the year student
leaders belonging to the national student union Hanchongnyon were arrested simply
for being affiliated to an organization which is alleged to support North Korea. In some
cases, students were additionally charged for violent acts during clashes with riot police.
Some prisoners arrested over the past year were sentenced to long prison terms. They
included 15 trade union and political activists arrested in July 1998 on charges of forming
an "anti-state" organization. They were given sentences of between three and 15 years'
imprisonment for establishing and joining the "Youngnam Committee" with alleged links
to North Korea and spreading North Korean ideology throughout society. Amnesty
International believes the charges are unfounded and is concerned that the 15 appear
to have been arrested principally because of their opposition to government policies
and as a means of curtailing anti-government protests. The arrests took place at the

time of mass strike action in South Korea and those arrested were actively involved in the trade union movement and opposition to government economic and social policies. They included Pang Suk-soo, an education and publicity official working for the Korean Confederation of Trade Unions; Kim Myong-ho, a regional director of the Korean Metal Workers' Federation and Lee Eun-mi, the leader of a women's association.

Long-term political prisoners

During 1998 the new government released over 150 political prisoners in two prisoner amnesties, but only on condition that they sign a "law-abiding oath". For reasons of conscience, some political prisoners refused to sign such an oath and they were not released. Those who agreed to sign and were released received a warning that certain anti-government and political activities could result in their re-imprisonment. Seventeen National Security Law prisoners held for between 28 and 40 years were not released because they refused to sign the law-abiding oath. They included Woo Yong-gak, aged 69, who has been in prison since 1958; and Hong Yong-gi, aged 69, who has been in prison for 36 years. These elderly long-term prisoners were reported to be in poor health, having suffered decades of imprisonment in poor conditions and with little access to the outside world. Other prisoners who were not released included Cho Sang-nok and Kang Yong-ju who were convicted under the National Security Law in 1978 and 1985 respectively; and Ahn Jae-ku, aged 65, who was arrested and convicted in 1994. Amnesty International has continued to call for the release of these and other long-term political prisoners. In early 1999 President Kim Dae-jung said there would be another prisoner amnesty in March 1999 but that once again prisoners would have to sign a "law-abiding oath" in order to qualify for release.

Amnesty International's recommendations to the government

• The National Security Law should either be substantially amended or abolished. Amendments to the law or any new security legislation must be in line with international human rights standards.

• All political prisoners held for the non-violent exercise of their rights to freedom of expression and association should be unconditionally released, including remaining long-term political prisoners who were not released in 1998 because they refused to sign a "law-abiding oath".

• The government should implement in full the recommendations made to it by the UN Human Rights Committee and other UN bodies with regard to the National Security Law.

Reason for Disobedience

National Security

Speak Truth to Power

북북종의 이유

국가의 안전

진실을 외쳐라

Speak Truth to Power Korea Zone Exhibition Concept

Speak Truth Through People

'Speak Truth to Power' human rights photo gallery Korea hall is composed of major democracy movements, democracy defenders, and human rights incidents marking turning points in modern democracy in Korea since 1948. Lee So-sun, Jang Joon-ha, Moon Ik-hwan, Yoon Yi-sang, Jung Kyung-mo, Seo Seung, Hwang In-cheol, Kim Joo-yeol, Park Jong-cheol, Lee Han-yeol, George Ogle, James Sinnott, Dongil Corporation, comfort women, Inhyukdang, Yugahyup, families of suspicious death victims, Maehyang-ri, Daechu-ri, etc.

These are those who have fought head on against the distorted realities of Korea disfigured by division, dictatorship, and third-world country paradoxes. They hungered for truth in the 1960s, 1970s, and 1980s in the blind areas of human rights and democracy in Korea, roared against illegitimate power, and extended sympathy and help to female workers and the underprivileged minorities when their rights were trampled upon.

In the face of murder and fierce harm by the draconian power, they stood by the poor powerless in prison, in court, at the embassies, at Myeong Dong Catholic Cathedral, on the streets of Youido, in factories, at overseas, and oftentimes in an open field fighting with bare hands in makeshift tents in icy-cold winter. Their beautiful names cannot and will not be forgotten.

We want to witness the truth and appreciate the depth of pioneer spirits through the people who fought a barehanded fight against illicit power and through the flash of eyes and gestures of human rights defenders in photos. This will enable us to bear witness to the shameful modern history of Korea dotted with human rights violations and abuse of power and rectify it.

"진실을 외쳐라" 인권사진전 한국편은 1948년 정부 수립 이후 한국현대사의 분수령이 된 민주화운동 과정에서 큰 발자취를 남긴 인물들과 인권문제와 관련한 주요 사건으로 구성하였습니다.

이소선(전태일), 장준하, 송건호, 문익환, 윤이상, 정경모, 서승, 황인철, 김주열, 박종철, 이한열, 조지오글, 제임스 시노트, 동일방직, 종군위안부, 인혁당, 유가협, 의문사 가족들, 그리고 매향리와 대추리……

분단과 독재와 제3세계 모순이 착종되어 있는 대한민국의 현실을 온몸으로 부딪쳐 살아간 사람들의 면면입니다. 그들은 6, 7, 80년대 인권과 민주주의가 동시에 실종된 한국사회의 사각지대에서 어린 몸둥어와 다친 마음들을 보듬어 가려진 진실을 갈구했고, 때론 부당한 권력을 향해 포효했으며, 어린 여공들의 가혹한 노동현실과 사회적 소수자들의 처지를 아파했던 동시대의 선구자들이었습니다.

권력에 의해 살해당하거나 내몰리면서도 힘없고 가난한 이들의 곁을 지키며 감옥에서, 법정에서, 대사관에서, 명동성당에서, 여의도 노상에서, 공장에서, 해외에서, 때론 광야에서 몸싸움과 혹한의 천막농성으로 맞섰던 아름다운 사람들의 이름이며 결코 잊혀지지 않을 사건들의 이름입니다.

우리는 고난과 투쟁의 현장에서 만났던 사람들을 통해, 사진으로 기록된 인권운동가들의 눈빛과 몸짓을 통해, 그 진심의 크기를 가늠하고 가려진 사건의 진실을 새삼 확인하고자 합니다. 그렇게 함으로서 인권의 실종과 유린으로 점철된 대한민국 오욕의 현대사를 온전히 증언하고, 올바르게 복원하는 증좌가 되겠기 때문입니다.

Sp
Tr
to
Po

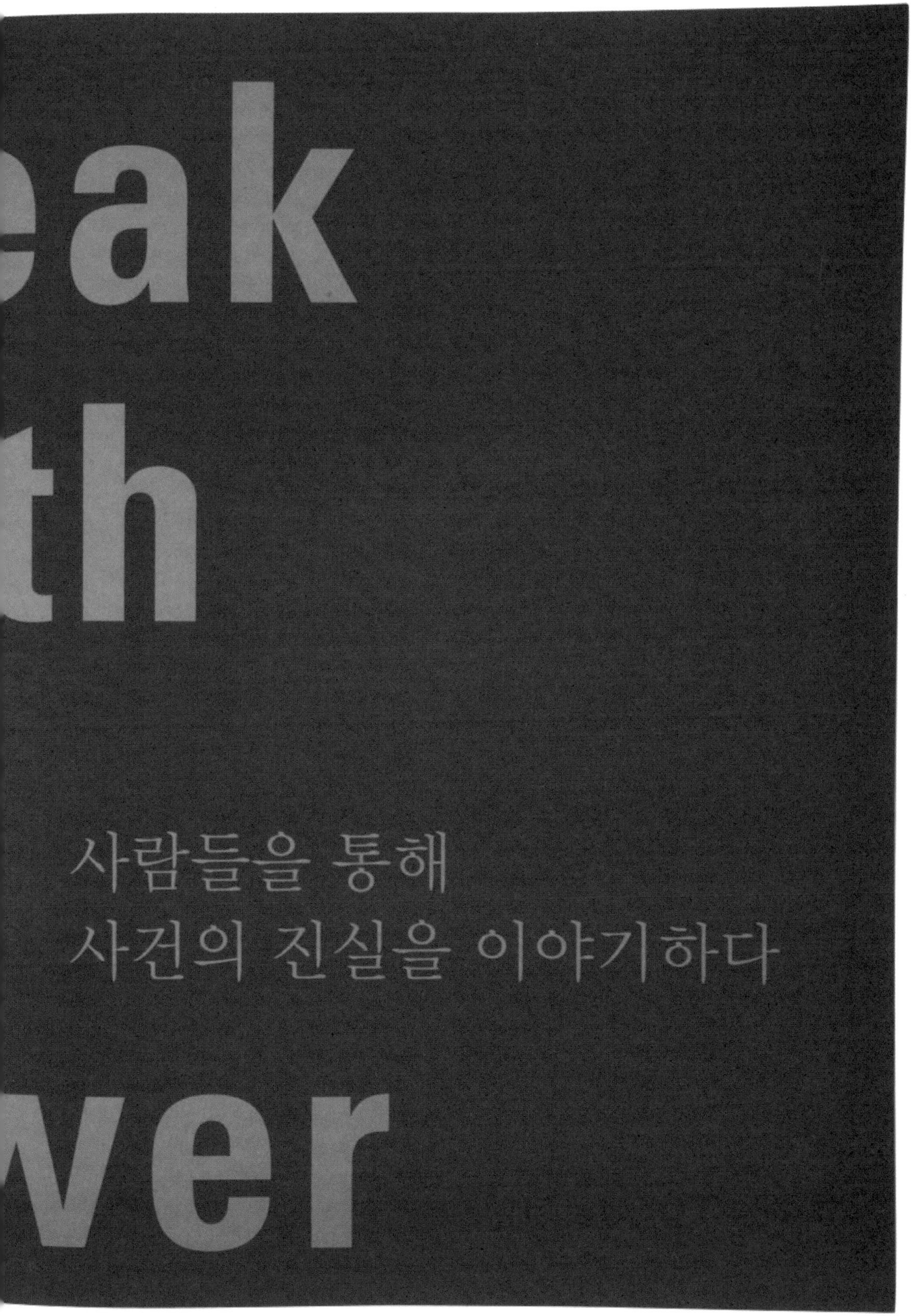

eak
th
ver

사람들을 통해
사건의 진실을 이야기하다

진실을 외쳐라
Speak Truth to Power,
Book, 2006

진실을 외쳐라
Speak Truth to Power,
Book, 2006

Reason for Disobedience

National Security

Speak Truth to Power

불복종의 이유

국가의 안전

진실을 외쳐라

나를 버리고 나를 죽이고 가마 –
내 죽음을 헛되이 말라

전태일과 이소선 / 청계피복노동운동
Chun Tae-il & Lee So-sun/his mother's Chunggye Textile Workers' Union as Labor Movement

Do not waste my death

나는 통일을 보았네

문익환 / 통일운동
Moon Ik-hwan/ Movement for Reunification of Korea

I have witnessed reunification

Moon Ik-hwan and Reunification Movements

진실을 외쳐라
Speak Truth to Power,
Book, 2006

The system of resident cards in Korea results from the unique situation of the Korean peninsula, the division of South and North Korea. This system violates human rights severely by compelling civilians to have individual numbers and forcing the stamping of ten fingerprints, which is the normal procedure for criminals in western society. In the latest years, the private information on South Korean citizens is computerized nationwide and thus executive agencies and even the private sector are able to access this information. It is another face of the 'Big Brother' in 1984', George Orwell's famous science fiction novel which was subsequently made into the well known movie of the same name. However, the argument of the South Korean Government is that such a system is necessary because of the division of Korea into north and south. This has persuaded people to accept this system without question. In this work, I would like to raise the problems of this system of resident cards, which internalizes both Fascism and a surveillance system. To overcome the contradictions of this system, which amounts to the control of people by an unseen authority, would be the first step towards the genuine restoration of human rights.

현대사회는 정보의 사회이다. 정보는 경계가 없고 소유가 자유롭다. 그렇기때문에 누가 어떻게 활용하는가에 따라 많은 사람을 이롭게 할 수도 있고 막대한 위험과 피해를 안길 수도 있는 것이다. 대한민국 헌법 제 17조는 모든 국민은 사생활의 비밀과 자유를 침해 받지 아니 한다. 라고 밝히고 있지만 개인 신상의 정보는 국가가 주인이고 사생활이 언제 침해 받을지 모르는 상태이다.

연출 / 편집 이마리오 Lee Mario/ 기획 이현정 Lee Hyun-Jung
조연출 홍문정 Hong Moon-Jeong/ 촬영 공미연 Kong Mi-Yeun/ 음악 최보영 Choi Bo-Young
C.G. 두드림 Do, Dream/ 권혁구 Kwon Hyeok-Gul/ 번역 이선민 Lee Sun-Min
제작 서울영상집단 Seoul Visual Collective/ 제작지원 영화진흥위원회 Korea Film Commission
제작후원 고성범/ 김경필/ 김기영/ 김상희/ 김수철/ 김윤현/ 김용석/ 김정필/ 권광현/ 류성욱/ 박동완/ 박미희/ 박진규/ 박현주/
백진행/ 신명완/ 신종규/ 심난숙/ 이광종/ 이상윤/ 이은영/ 이학영/ 전상임/ 전춘녀/ 정도순/ 정수연/
자수진/ 자숙경/ 최익동/ 한양혁/ 강릉씨네마매고/ 강원대학교 영화동아리 시계

idcard2001.wo.to

Prove that you're not a spy –
Resident ID cards that make individual
tracking possible

The current resident registration system in Korea dates back to the period of Japanese colonial rule. During the Pacific War in 1942, in line with its colonial policy, Japan enforced an imperial decree on temporary residence in Joseon to facilitate provision of workforce and war supplies. Prior to this act, Japan had already put in place a control mechanism across its occupied territories of Manchuria to decapitate the partisan troops' fight for independence against the Japanese armies. This was none other than a "national pocketbook" that stratified the people by race, and became known today as the onset of fingerprinting and the resident registration system.

However, such Japanese colonial schemes were not abolished even after Japanese occupation ended.

In January of 1962, the very following year of the May 16 military coup, the Supreme Council for National Reconstruction (Chairman Chung-Hee Park) enacted a temporary residence law based on the Japanese imperial decree imposed during the Joseon Dynasty. Then later in May of the same year, the temporary residence law was annulled and a new resident registration act was formulated. All citizens of the Republic of Korea were now obligated to register their personal information, such as address and place of legal domicile, and notify any changes of residential address (moving out/in).

In 1968, at a time when the nation was endangered by armed North Korean infiltrators, an amendment of the Establishment of Homeland Reverse Forces Act to strengthen the reserve troops was implemented in the name of national security and against the dissenting opposition political party. The First Amendment of the Resident Registration Act was also carried out at the same time, and by year-end, resident ID cards with individual numbers were issued to approximately 15 million people.

Issuance of resident ID cards became mandatory by the Second Amendment of the Act in 1970. The Third Amendment, (reasons being) likewise for higher security status and preparation for an all-out war, made it the binding duty of residents over 17 years of age to receive and possess resident ID cards; and a relevant penalty provision was added to the Fourth Amendment.

By the Fifth Amendment, under the New Military regime in 1980, all citizens were obligated to have resident ID cards. From this point onwards, people started to carry their ID cards with them (like a holy ancestral tablet) wherever they went, as it became a matter of course to be questioned as a suspicious person by any patrol officer.

◄
주민등록증을 찢어라
Rip It Up, Catalog, 2001

It is obvious injustice that the state controls private information. The key control mechanism used by the big brother is finger printing. AGI Society produced posters and PR materials for Seoul Visual Collective's documentary movie, Rip It Up. The movie pointing out the underlying issues of finger printing was originally scheduled to be broadcast by KBS, the public broadcasting company, but rejected because the movie director, Mario Lee, refused to remove some of the scenes as demanded by the broadcasting company. However, the director's solo demonstration and legal suit as well as civil organizations' outcry led to the eventual telecast of the movie.

수많은 개인 정보가 국가에 의해 관리되는 것은 명백한 불의다.
보이지 않는 국가 권력에 의한 개인 통제의 핵심 기제인(지문날인 제도를 통한) 주민등록제도의 근원적인 문제점을 제기하고자 서울영상집단이 만든 다큐멘터리영화 〈주민등록증을 찢어라〉의 포스터 작업과 홍보를 진행하였다.
한편 이 영화는 공영방송인 KBS를 통해 방영 계획 되었다가 부분적인 삭제를 요구받고 이에 불복하자 방영불가 통보를 받았었다. 이후 감독인 이마리오 감독의 1인 시위와 소송제기, 시민단체의 항의 끝에 방영되는 진통을 겪었다.

주민등록증을 찢어라
Rip It Up, Poster, 2001

간첩이 아니라는 걸 증명해 봐

통제 일상화 가능케 한 '주민등록증'

주민등록번호가 없는 세상을 상상할 수 없을 만큼 이제 주민등록증은 우리 생활의 일부가 돼버렸다. 한국인은 누구나 출생신고와 동시에 주민등록번호를 부여받고, 때가 되면 동사무소에 제 발로 찾아가 지문까지 찍어주며 주민등록증을 발급받는 것이 일상화돼 있다.

그러나 따지고 보면 이같은 현상은 오직 냉전을 호흡하며 살아온 우리에게만 익숙한 풍경이다. 다른 나라에서는 찾아보기 힘든 '대한민국형 주민등록제도'는 냉전시대 국민 통제와 감시의 사명을 부여받고 이 땅에 태어났다. 그리고 그것은 냉전을 자양분으로 지금까지 계속 확대·강화돼 왔다.

군사독재정부와 함께 탄생한 주민등록제도. 현행 주민등록제도의 시작은 일본강점기까지 거슬러 올라간다. 태평양전쟁 당시인 1942년 일본은 인력과 전쟁물자의 원활한 공급을 위해 강력한 식민지 통제 정책인 '조선기류령'을 시행했다.

이에 앞서 일본은 만주 점령지역에서 항일 빨치산 독립투쟁을 무력화하기 위해 강력한 국민통제제도를 이미 실시하고 있었다. 그 수단이 바로 국민들을 인종별로 계층화한 '국민수장제도'였다. 이 제도는 주민등록제도와 지문날인의 시초가 되었다. 그런데 일본의 식민지 통치수단 중 하나이던 이 제도들은 식민지배가 끝나고 나서도 사라지지 않았다. 오히려 만주에서 일본군 장교로 복무했던 박정희가 5·16쿠데타로 군사독재정권을 세운 후 국민통제의 수단으로 되살아났다.

5·16쿠데타가 발생한 바로 다음해인 1962년 1월, 국가재건최고회의(의장 박정희)는 조선 기류령을 모태로 한 '기류법'을 제정하였고 그 해 5월에는 기류법을 폐지하고 모든 대한민국 국민에게 기본인적 사항과 주소, 본적을 등록하고 이동 시 퇴거와 전입신고를 의무화한 주민등록법을 제정했다.

성공회대 한홍구 교수(한국현대사)는 "전국 단위의 주민등록제도는 국가가 국민들의 정보를 자세하게 파악한다는 점에서 그만큼 국민에 대한 통제가 강화되었다는 것을 의미하는 것"이라며 "주민등록제도의 도입은 병영국가로 들어가는 상징적인 조치로 볼 수 있다"고 말했다. 한 교수는 "50년대 많았던 병역기피자가 주민등록제도 실시 후인 70년대 초에는 거의 없어졌다"며 "그만큼 주민등록제도는 국가동원체제와 통제에 핵심적이었다"고 덧붙였다.

반공태세 강화하려 주민등록증 도입, 주민등록 1번은 박정희

이후 주민등록법은 반공태세와 국가안보태세를 강화한다는 명목으로 계속 확대·강화되는 방향으로 개정되었다. 무장공비침투사건으로 국가의 위기론이 대두되었던 1968년에는 더욱 강화된 주민등록제도가 만들어졌다. 주민등록법 1차 개정으로 주민등록증이 도입되었던 것이다. 당시 공화당은 야당의 반대를 뿌리치고 국가안보라는 이유를 앞세워 예비군 전력을 더욱 강화하는 향토예비군설치법 개정안과 함께 주민등록법 개정안을 통과시켰다. 1차 개정안의 시행으로 1968년 말까지 발급대상자 1500만여 명에게 각각 고유한 주민등록번호가 적힌 주민등록증이 발급되었다. 당시 대통령이었던 박정희에게는 1101xx-100001, 그의 부인에게는 1101xx-200002가 주민등록번호로 부여되었다. 1970년 2차 개정 때는 주민등록증 발급을 아예 의무화했다. 개정 사유는 '치안상 필요한 특별한 경우에 주민등록증을 제시하도록 함으로써 간첩이나 불순분자를 용이하게 식별, 색출하여 반공태세를 강화하기 위하여'였다. 또 이때부터 개정안에 명시되지는 않았지만 지문날인제도도 시행된다.

2차 개정안으로 국가 신분증인 주민등록증과 국가에 등록된 지문으로 자신의 존재를 증명하지 않으면 누구든지 간첩이나 불순분자로 낙인찍히게 되는 사회적 조건이 마련된 셈이다. 역시 '안보태세를 강화하고 총력전 태세의 기반을 확립하기 위해(개정이유) 만든 3차 개정안에 따라 17세 이상의 모든 주민이 의무적으로 주민등록증을 받게 되었고, 1977년 4차 개정안에는 주민등록증을 받지 않은 사람에 대한 처벌규정이 마련되었다. 신군부가 들어선 1980년 5차 개정 때에는 주민등록증을 받은 모든 국민에게 주민등록증 소지 의무를 부과하기에 이른다. 이때부터 사람들은 불심검문을 당연하게 생각하고 주민등록증을 신주단지처럼 주머니 속에 지니게 되었다.

주민등록제도의 역할은 감시와 통제의 일상화

한홍구 교수는 "주민등록제도는 국가통제제도에 기꺼이 편입되어가는 과정이자 반공규율화 과정으로, 국가의 관리와 통제를 당연한 것으로 내면화하게 하는 역할을 했다"고 평가했다. 언제 어디서나 국가에 대해 자신의 존재가 문제없음을 증명해야 하는 사회 분위기 속에서 감시와 통제는 일상적인 것이 되어갔다. 이 때문에 주민등록제도는 역사적으로 친미와 반공을 생존기반으로 삼은 군사독재정권의 권위주의와 국가주의 형성에 크게 기여했다. 국가보안법과 1961년 제정된

반공법으로 인해 일체의 저항 움직임이 용공으로 내몰리는 상황에서 주민등록제도는 간첩을 색출하기보다 저항운동을 억압하는 데 더 큰 역할을 했기 때문이다. 대전대 권혁범 교수(정치외교)는 "주민등록 제도는 한국사회의 국가주의의 망영이자 잔재"라며 "국가는 북한이라는 적이 없었더라도 주민등록제의 필요성을 강조했을 것"이라고 말했다. 주민등록제도가 국가의 안보가 아니라 정권의 안보를 위해 존재했음을 엿볼 수 있는 대목이다. 권 교수는 "우리는 국가의 감시와 관리를 내면화한 채, 사생활보호라는 헌법이 보장한 권리마저 자발적으로 포기하고 있다"며 "주민등록제도는 근대적 의미의 시민 사회형성에도 걸림돌이 되고 있다"고 지적했다.

주민등록제도의 변천사

1931년 일본의 만주국 국민수장제도 시행
1942년 조선기류령 제정
1962년 기류법과 주민등록법 제정
1968년 1차 개정으로 주민등록증 도입
　　　 6자리 주민등록번호 부여
1970년 2차 개정으로 전 국민
　　　 지문날인제도 도입
1975년 3차 개정으로 13자리 주민등록번호
　　　 채택/주민등록증 의무발급
1977년 4차 개정으로 주민등록증 미발급시
　　　 처벌규정
1980년 주민등록증 소지의무조항 삽입/
　　　 주민등록증 발급연령 만 17세로 하향
1997년 주민등록법에 지문날인
　　　 근거규정 삽입
1999년 전자주민카드제도 도입 계획 무산/
　　　 주민등록증에 지문수록 근거규정
　　　 삽입

2003/07/18 이승훈

The Battle of Visions,
Book, 2005

불복종의 이유

국가의 안전

불복종 오브 비전

Cast a critical eye on constructions of the "self" and their relationship to a collective.

The Battle of Visions,
Book, 2005

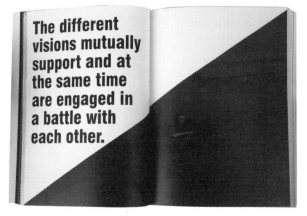

The different
visions mutually
support and at
the same time
are engaged in
a battle with
each other.

Minjung Art is
loud,
communicative,
radical and
politically
involved.

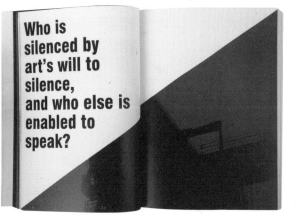

Who is
silenced by
art's will to
silence,
and who else is
enabled to
speak?

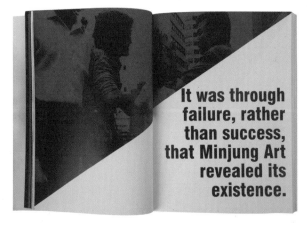

It was through
failure, rather
than success,
that Minjung Art
revealed its
existence.

Everything visual
is
currency.

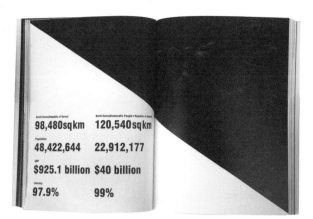

South Korea(Republic of Korea)	North Korea(Democratic People's Republic of Korea)
98,480sq km	120,540sq km
Population	
48,422,644	22,912,177
GDP	
$925.1 billion	$40 billion
Literacy	
97.9%	99%

78 ideological books are no longer blacklisted by the government.

How would you say who killed them?

The Battle of Visions, Book, 2005

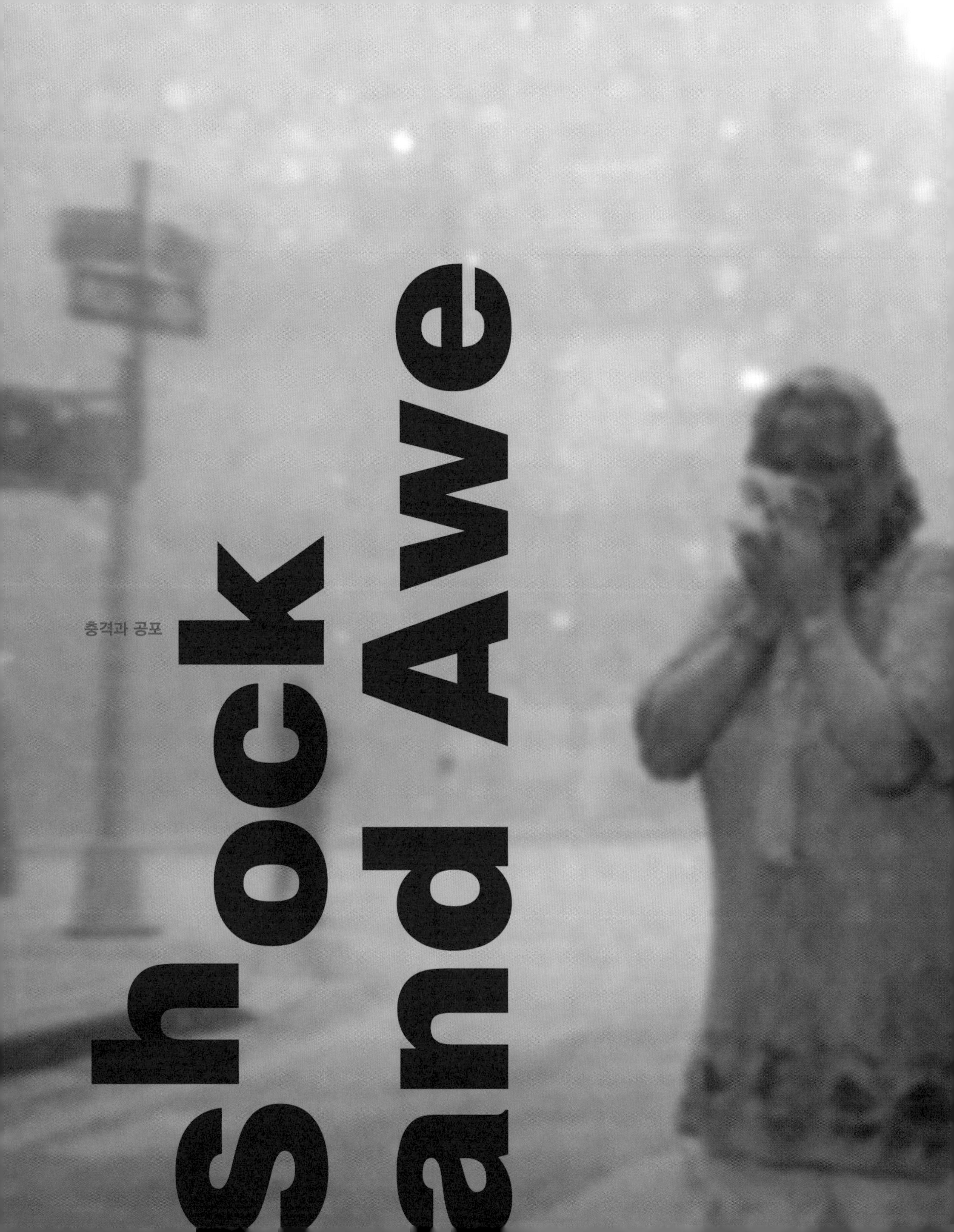

Shock
ock
and Awe

충격과 공포

One reason that all of us were so shocked and upset and terrified by what happened in New York and Washington on September 11 is that we saw these victims up close, again and again. We saw the piles of rubble and people leaping out of windows. And we saw the faces of the people who were racing from the disaster. One of the things that occurred to me, after I had gotten over my initial reaction of shock and horror at what had been done, was that other scenes of horror have taken place in other parts of the world and they just never meant very much to us.

– Howard Zinn

우리가 지난 9월 11일 뉴욕과 워싱턴에서 일어난 사건에 그토록 충격을 받은 이유 중의 하나는 이 사건의 희생자들을 눈앞에서 계속 반복적으로 봤기 때문입니다. 우리는 파편조각들을 봤고, 창문에서 뛰어내리는 사람들을 봤습니다. 그리고 이 재앙을 피해 도망치는 사람들이 얼굴을 봤습니다. 저도 처음에는 무슨 일이 벌어졌는지 알고 나서 충격과 공포를 느꼈습니다. 그런데 곧바로 전 세계의 또 다른 곳에서도 벌어지고 있는 무시무시한 장면들이 떠올랐습니다. 그렇지만 다른 곳에서 벌어지고 있는 일들은 사람들에게 별 의미가 없습니다.

– 하워드 진

101

War is Like a Movie

Movies project the world. The 9/11 terrorist attacks and the ensuing collapse of the World Trade Center broadcast live by CNN revealed the stark fact that the US, the utopia come true, is being wrecked by American supremacy and exploitation. Now they are headed for the desert. On March 20, 2003, they start the war, "RELOADED" to perfect the flaw of their system. The code name of the operation in the MATRIX is "SHOCK AND AWE."

영화같은 전쟁

영화는 세상을 상영하고 있었다. 2001년 9월 11일 미국에 가해진 기습공격과 CNN을 통해 실시간으로 중계된 세계무역센터의 붕괴 과정은 성취된 유토피아로서의 미국이 자본주의 패권과 착취에 의해 붕괴되어가는 적나라한 모습을 드러냈다. 그리하여 이제 그들은 사막으로 인도되었다. 2003년 3월 20일 미국은 그들의 시스템의 문제를 완벽히 하고자 재장전(RELOADED)하여 출격한다. 매트릭스 시스템의 작전명은 '충격과 공포' 이다.

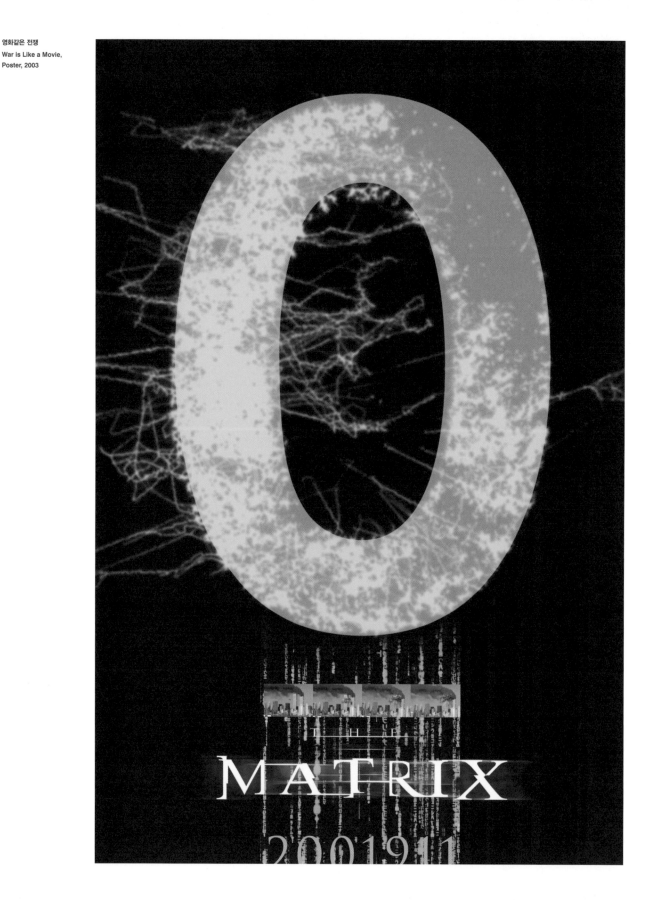

영화같은 전쟁
War is Like a Movie,
Poster, 2003

Reason for Disobedience

Shock and Awe

War is Like a Movie

불복종의 이유

충격과 공포

영화같은 전쟁

MATRIX
RELOADED

2003320

SHOCK AND AWE

Reason for Disobedience

Shock and Awe

분산의 다이어그램
혹은
냉전에서 살아남기

박해천

1. 〈새〉 또는 히치콕적 편집

샌프란시스코 근처의 작은 마을. 주유소 앞에 정차한 낡은 유선형 자동차에서 한 남자가 내린다. 주유탱크에서 새어나온 기름이 바닥을 흥건히 적시고 있다. 하지만 그 사실을 모르는 남자는 담배에 불을 붙인 후, 성냥개비를 바닥에 던진다. 순식간에 거세게 치솟은 불길, 그 불길은 남자를 삼키고 주유소 전체로 번져 나간다. 1963년에 제작된 알프레드 히치콕Alfred Hitchcock의 〈새Birds〉는 건너편 식당에서 주유소를 바라보는 주인공의 시선을 경유해 이 일련의 사건들을 긴박하게 보여준다. 그리고 이어지는 장면에서 카메라는 점점 뒤로 물러서면서 창공 위로 빠르게 상승해 해안가에 자리 잡은 마을의 전경을 보여준다. 주유소 화재 현장에서 벗어난 관객들은 한 숨을 돌리고, 중립적인 관찰자의 시점처럼 보이는 이 시선에 순순히 동일시한다. 그러나 안도의 순간도 잠시. 카메라의 프레임 안으로 주유소를 습격하려는 새들이 하나 둘씩 등장하기 시작한다. 그리고 마침내 한 무리의 새떼가 화면으로 몰려들 때쯤, 우리는 뒤늦게 카메라의 시선이 새의 시선으로 전이되었음을 깨닫게 된다.

슬라보예 지젝은 이 시퀀스를 일컬어 히치콕적인 편집의 대표적 사례라고 지적한다. 아마도 일반적인 영화였다면, 철저히 교차 편집의 논리에 따라 주유소의 화재와 새떼의 공격이라는 두 개의 사건을 번갈아 보여주고 그로부터 대위법적인 긴장을 유도해 내려고 했을 것이다. 또는 실험적인 사례로 찰스 임스Charles Eames와 레이 임스Ray Eames의 1968년 작 〈파워 오브 텐Power of Ten〉을 떠올려 볼 수도 있다. 여기에서 임스 부부는 시선의 동일성을 유지하면서, 공원의 피크닉 풍경에서 거대 우주로 이어지는 10여 분짜리 무한–수직 상승의 조감 시퀀스를 펼쳐 보인 바 있다.[1] 하지만 히치콕은 시선의 불연속적인 이중화를 통해 이런 식의 접근에서 벗어난다.[2]

이 글에서 우리는 〈새〉의 불연속적인 편집을 알레고리로 삼아, 미소 냉전의 대결 구도 내부에서 시선의 병참학적 배치가 독특한 시각장의 질서를 구축하고 분산의 다이어그램을 파생시키는 과정을 살펴볼 것이다. 아마도 이 과정의 한편에서는 다양한 군사적 시각 기계가 사이버네틱스, 인지과학, 인공지능 연구 등에 힘입어 공세적으로 진화할 것이고, 다른 한편에서는 그에 대한 방어 기제로서 분산의 다이어그램이 도시 계획, 네트워크 설계, 인간 인지, 컴퓨터 인터페이스의 이질적인 차원을 관통하며 변주될 것이다. 〈새〉의 시퀀스에 빗대어, 이 글의 내용을 요약하자면 다음과 같다. 먼저 1950년대 풍요의 시대를 구가하던 미국 대도시의 평화로운 일상이 파노라마처럼 펼쳐진다. 지면 위에서 이 전경을 보여주던 카메라의 시선은 갑자기 수직으로 상승해 대도시를 조감한다. 그리고 마치 기다리고 있었다는 듯이 프레임에 등장하기 시작하는 핵무기를 탑재한 적 폭격기 편대. 우리는 이제 폭격기의 시선으로 대도시를 바라본다. 그리고 그 시선이 지면에 가닿을 무렵, 노버트 위너Nobert Wiener의 '커뮤니케이션을 통한 방어'와 같은 탈중심화된 도시 계획들이 꿈틀거린다. 하지만 폭격기의 시선은 그리 오래 가지 못한다. 그것은 군비 경쟁의 압력 속에서 발작적으로 몸을 뒤틀며 대기권 바깥을 향해 빠른 속도로 상승하기 때문이다. 그리하여 폭격기의 시선은 궤도 이동 중인 소련 인공위성의 컴퓨터 비전으로 변신한다. 여기에서 우리가 이 자동화된 시선을 경유해 보게 되는 것은, 폴 배런의 분산 네트워크와 크리스토퍼 알렉산더의 세미라티스이다. 한편 막대한 양의 시각 정보를 가공하던 인공위성의 시선은 어느 순간부터 네트워크 말단부의 터미널들을 예의 주시하게 되는데, 거기에서 분산의 다이어그램이 인터랙션의 연쇄 반응을 통해 인간과 컴퓨터 양 편으로 증식하기 때문이다.

그러면 먼저 라즐로 모홀리–나기의 죽음에서 이야기를 시작하자.

2. 패턴을 판독하는 시선

1946년 11월 24일, 모홀리–나기가 백혈병으로 숨졌다. 신대륙에 바우하우스의 이상을 실현해 보이려던 야심찬 시도는 끝내 물거품으로 돌아갔다. 나치를 피해 미국으로 망명한 일군의 유럽 디자이너와 예술가들의 주도 하에 1938년 10월, 시카고에 개교한 뉴 바우하우스는 미국 컨테이너 회사의 회장, 월터 팹케의 지원으로 명맥을 유지했으나, 모홀리–나기의 죽음과 함께 문을 닫고 말았다. 하지만 그의 죽음은 또 다른 시작을 알리는 신호이기도 했다. 기오르기 케페스는 뉴바우하우스의 실험적인 교육의 성과를 집대성한 〈시선의 언어〉로 유명세를 치르기

1
베아트리츠 꼴로미나, 윤원화 역, "이미지에 포위되다: 임스 부부의 멀티미디어 건축", 〈디자인 앤솔러지〉, 박해천 외 편집 (서울: 시공아트, 2004), pp.60–81.

2
지젝에 따르면 히치콕적 편집이 노리는 효과는 명백하다. 그것은 카메라에 포획된 시공간에 히스테리컬한 균열의 지점들을 교묘히 진열하는 것이다. 슬라보예 지젝, 김소연 역, 〈삐딱하게 보기〉 (서울: 시각과 언어, 1995),pp.194–195.

3
Gyorgy Kepes, 〈Language of Vision〉 (New York: Dover, 1995), p.221.
본래 이 책은 1944년에 출판되었다.

4
Gyorgy Kepes, "Introduction", 〈The Visual Arts Today〉, ed. Gyorgy Kepes (Middletown, Connecticut: Wesleyan University Press, 1960), p.10.

5
Gyorgy Kepes, "Introduction", p.9.

6
Judith Wechsler, "Gyorgy Kepes," 〈The MIT Years: 1945–1977〉, (Cambridge: MIT Press, 1978), p.10.

도 했지만, 모홀리-나기의 그림자에 가려 언제나 이인자의 자리에 만족해야 했다. 모홀리-나기가 죽자, 케페스는 MIT의 건축 및 플래닝 학부의 교수로 자리를 옮겨 시각 디자인 프로그램을 맡는다. 그리고 유럽 모더니즘 특유의 시각중심주의 노선을 좀 더 급진적인 형식으로 갱신할 기회를 얻게 된다.

40년대 중반까지만 하더라도, 케페스는 예술적 전통으로부터 상대적으로 자유롭고 카메라를 비롯한 새로운 시각 장치들을 가장 적극적으로 활용할 수 있다는 점에서 광고를 가장 선진적인 시각 문화의 형식으로 간주했다. 그가 보기에 광고는 "거리의 포스터, 그림 잡지, 그림책, 용기 상표, 윈도우 디스플레이, 그리고 수많은 다른 기존의, 혹은 잠재적인 시각적 공공성의 형식들"을 횡단할 뿐만 아니라, 포토몽타주와 같은 역동적인 도상학의 실험을 통해 "가장 이질적인 요소들, 문자, 그림, 사진, 추상 형태들"을 조직화한다. 그리고 "사회적으로 유용한 메시지를 전달"하는데 그치지 않고, 더 나아가 "가시적인 사물의 표면을 넘어서, 보는 행위에 내재한 필수적인 규범들로 사람들의 눈과 마음을 훈련시키며, 통합적인 삶에 필요한 가치들을 깨닫도록 돕는다."[3]

그러나 케페스가 간과한 것도 있었다. 광고란 무엇보다 감각적 소비 양태를 규율하는 자본의 시각적 표현 형식이기도 했다. 실제로 전후 풍요의 시대를 구가하던 1950년대의 광고는 케페스의 기대와는 달리 소비주의의 첨병으로 대활약을 펼쳤다. 케페스의 관점에서 보자면, 그것은 시각 문화의 무질서만을 가중시켜, 인간의 시선을 무감각하게 만들 뿐이었다. 이와 더불어 새로운 시선의 실험을 모색해야 할 시각 예술조차도 추상표현주의의 이상 열기에 휩싸여 있었다. 이런 상황에 대한 케페스의 일차적인 반응은 극도로 방어적인 자세를 취하는 것이었다. 그는 세기의 중반을 거치면서 예술과 디자인이 더 이상 모더니티의 혼돈과 맞대면하지 못하고 잔뜩 겁을 먹은 채 꽁무니를 빼려고 한다고 다음과 같이 비판한다.

"미국의 제일 도시가 펼쳐 보이는 아름답고 투명한 구조(그 자체로 현대 건축의 가장 순수한 사유의 상징이며, 동시에 중세 투스카니의 토레torre처럼 부와 권력의 과장된 상징이기도 한)는, 현대적 재료와 테크닉의 완벽한 제어, 그리고 새로운 건축 공간의 아름다움에 대한 궁극적 정복을 웅변하는 주변 환경과 어울려, 상처 입고 산산조각난 인간의 이미지를 전시한다. 그 건물의 사무실과 복도에는 회화와 조각 작품들이 그것들을 창조한 황혼기의 영혼들과 딱 맞아 떨어지는 분위기로 모습을 드러낸다. 그 표면은 진부하며 쇠약함에 찌들고 부식되어 있고 남루하다. 그리고 붓놀림에는 궁지에 빠진 사람이 지닐 법한 나약하고 감상적인 잔인함이 묻어난다.[4]"

케페스는 산업화를 적극적으로 수용한 제1세대 모더니스트들이 "너무 낙관적이었고, 지나치게 자기 확신에 차있었다"고 진단한다. 모더니티에 내포된 시선의 문제는 "그들이 이해한 것보다 훨씬 더 거대"했다. 따라서 궁지에 몰린 모더니즘이 파산 선고를 피하기 위해 해결해야할 과제는, "혼돈에서 질서가 부상"할 수 있도록 미학적 문제의 '규모'를 바꾸는 것이었다.[5]

이런 방향 설정에서 도약대 구실을 해준 것은 다름 아닌 전폭기의 시선이었다.

케페스가 책임 편집을 맡았던 〈비전+밸류〉 시리즈에 강박적으로 모습을 드러내곤 했던 이 시선은, 그가 1942년 시카고 디자인 학교에서 군부의 지원을 받아 진행했던 도시 위장술 연구의 경험과도 밀접하게 연관되어 있었다. 이미 7년 전, 그는 파리 주변을 비행하면서, 거대 규모의 도시 이미지에 주목한 바 있었다. 이후 그는 위장술 연구를 진행하면서, 여러 차례 시카고의 도심 일대를 비행할 기회를 갖게 되었다. 그리고 도시의 조명 패턴에 주목하고 적의 폭격에 대비하기 위한 혁신적인 제안을 내놓았다. 그것은, 야간 등화관제로 어둠이 짙게 깔려 있을 시카고를 대신해, 적기 조종사에게 혼돈을 주기 위해 미시건 호수 위에 시카고의 거리 모양과 흡사한 케이블을 띄우고 그 위에 조명 장치를 부착하는 것이었다. 달리 말하자면, 호수의 수면을 스크린으로 삼아 실제 도시를 복제해 가상 도시를 만드는 것이었다. 이와 같은 위장술 연구는 케페스에게 "환경 예술의 가능성을 상상할 수 있는 독특한 기회"를 제공했다.[6]

사실 케페스의 위장술 연구는 제 2차 세계 대전 당시 등장했던 새로운 유형의 시선 분석가들의 연구와 겹쳐지는 것이었다. 사회과학자, 인문학자, 외교관, 수학자, 자연과학자 출신의 이 분석가들은 아군 정찰기가 찍어온 사진들을 판독하며 정보의 조각들을 하나로 짜맞추면서, 전략 폭격을 위해 적국의 주요 도시에 대한 초상화를 정교하는 그리는 작업을 도맡았다. 이들의 시선이 '파괴의 기능주의'라는 관점에서 창공에서 독일과 일본의 도시를 바라보는 것이었던 반면, 케페스의 시선은 다분히 방어적 입장을 견지하면서 미국의 도시를 조망하는 것이었다. 전쟁의 상황은 공격뿐만 아니라 방어의 견지에서도 도시를 바라보도록 만들었던 것이다.[7]

케페스는 바로 이 시선에 의지해 창공에서 수직으로 거대 도시의 경관을 응시하고 거기에서 패턴의 움직임을 발

맨하튼 항공 사진과 V-2 로켓에서 찍은 항공 사진

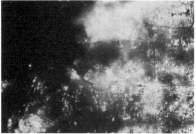

제 2차 세계대전 중의 대공포 사격(위)과
일본 토야마의 야간 공습(아래)

견하려고 시도한다. 실제로 그는 1954년부터 1958년까지 시카고 시절부터 절친한 친구로 지내온 도시 계획가 케빈 린치와 함께, 록펠러 재단의 후원을 받아 '도시의 지각 형태'에 대한 공동 연구 프로젝트를 진행한다. 그 연구 결과로 출판된 린치의 〈도시의 이미지〉에 따르면, "현대적 삶의 공간적 조직화, 운동의 속도, 새로운 건설의 속도와 규모" 등으로 인해 이미지의 상상력을 촉발하는 거대 규모의 도시 환경의 구축이 필수적이다. 그러나 이때의 환경은 더 이상 투시도적인 시선과 조우하여 투명하고 가시적인 질서를 전시하지 않는다. 왜냐면, "그것은 복잡한 패턴, 전체로서 온전하고 지속적인, 그리고 뒤엉킨 채로 움직이는 패턴"으로 존재할 것이기 때문이다.[8]

여기에서 주목해봐야 할 점은 이때의 패턴이 사이버네틱스로부터 유래된 개념이라는 것이다. MIT로 자리를 옮긴 후 케페스는 노버트 위너가 주도하는 세미나 모임에 참석하면서, 사이버네틱스의 개념들과 친숙해 졌고, 새로운 과학의 언어로 기존의 입장을 갱신할 수 있는 기회를 잡게 되었다. 먼저 케페스가 행한 사이버네틱스로의 전회를 이해하려면, 〈시선의 언어〉의 이론적 토대를 살펴볼 필요가 있다. 거기에서 케페스는 주체와 대상의 정태적 관계, 그리고 그로부터 유래한 투시도적 시선에서 탈피하기 위해, 시선의 생리적 메커니즘에 주목한다. 눈의 신경 근육 구조는 외부의 광학적 에너지에 반응하면서 신경계가 수용할 수 있도록 물리적 신호로 변환한다. 달리 말하자면, 우리가 무언가를 볼 때, 그 행위는 눈의 운동에 의해 색상, 명암, 채도, 질감, 위치, 형태, 방향, 공간, 크기 등의 차이를 측정하고 판단하는 생리적 과정으로 구성되는 것이다. 문제는 눈의 운동이 '주의attention'라는 신경 에너지에 의해 제약을 받는다는 점이다. 따라서 이 에너지의 효율적 사용이 필수적이다. 시선의 언어라는 개념이 등장하는 것은 바로 이 지점이다. 케페스에게 시선의 언어는 문자 언어보다 더 보편적인 '은유의 체계'이며, 시공간적 사건을 2차원의 표면 위로 분절시키는 광학적 미디어이다. 이 미디어가 온전히 작동한다면, 우리는 주의 에너지의 불필요한 소모 없이 "경험이 제공할 수 있는 지각의 포화상태까지 공간적 관계를 유도해 내는 운동의 구조를 추출"할 수 있다.[9]

케페스는 이러한 관점을 근간에 두고, 이미지를 지각하는 행위를 마음이 조직화되는 방식인 동시에 세계의 조직화에 참여하는 방식으로 정의한다. 즉 인간 정신의 조직화와 외부 세계의 조직화, 이 양자는 상호 침투하는 "통합의 역동적 과정"에 놓여 있으며, 시선은 "독특하게 분절되는 에너지 교류의 장"으로, 이 통합 과정의 중추 역할을 담당하는 것이다.[10] 이 관점에 따르면, 이 두 가지 조직화는 잠정적으로 구분될 뿐이다. 물론 시선이라는 감각의 통로가 경계선상에 존재하긴 하지만, 그것은 다만 에너지의 변환이 이뤄지는 장소일 뿐이다. 따라서 이 두 과정은 전체적으로 조직화의 연속적인 흐름 위에 놓여있다.

케페스가 이런 개념화를 감행할 수 있었던 것은 생물학적 시스템 이론과 게슈탈트 심리학의 엄호 사격 덕분이었다. 이 두 이론은 각각의 분야에서 공히 '자기조직화'의 개념을 서로 다른 방식으로 전유하고 있었다. 본래 이 개념은 순환적 인과성이라는 새로운 관점을 모색하려던 칸트의 이론적 산물이었으나, 1930년대에 생물학적 시스템 이론과 게슈탈트 심리학에 의해 부활했다. 루드비히 폰 버틀란피는 1933년에 유기체 진화의 핵심적 특성으로 자기조직화를 정의했고, 게슈탈트 심리학자들은 인간 지각의 심리적 차원이 구성되는 방식으로 이 개념을 원용했다. 즉 자기조직화는 유기적 시스템의 발생 원리인 동시에 지각의 구성 원리로서의 위상을 점유했던 셈이다. 그런데 이 자기조직화의 개념은 1940년대 후반 이후, 유기체와 같은 방식으로 작동하는 새로운 전쟁기계의 개발을 위해 등장한 사이버네틱스 이론가들에 의해 재수용되었다.[11]

바로 이런 연속성 덕분에 케페스는 별 마찰 없이 사이버네틱스의 개념들을 빠른 속도로 수용할 수 있었다. 이에 따라 이 신생 학문 분야는 생물학적 시스템 이론과 게슈탈트 심리학을 대신해 케페스의 이론에서 주춧돌의 구실을 떠맡게 되었다. 아니, 좀 더 정확하게 말하자면, 케페스에게 생물학적 시스템 이론과 게슈탈트 심리학은 사이버네틱스에 와서 비로소 통합된 것으로 인식되었을 수도 있다. 패턴에 대한 케페스의 적극적인 수용은 바로 이런 이론적 전회를 반영한 것이었다. 그렇다면, 사이버네틱스에서 말하는 패턴이란 무엇인가? 위너는 동료인 아트로 로젠블루스Arturo Rosenblueth와의 공동 연구를 진행하면서, 1930년대 신경 생리학자 발터 캐넌Walter B. Cannon이 정초한 항상성의 개념을 주목한다. 캐넌에 따르면, 항상성homeostasis이란 흥분과 혼돈 상태에 빠진 신체의 특정 기능이 원래의 균형 상태로 회귀하려는 속성을 의미했다. 이미 이 개념은 지그프리트 기디온Siegfried Giedion과 같은 모더니즘 디자인의 이론가들에게 '시각적 균형'이라는 개념으로 변용되어 사용된 바 있었다. 그런데 위너는 이 개념을 정보 이론의 언어로 번안한다. 그에게 항상성이란, 커뮤니케이션의 피드백 과정에서 잡음을 여과해내고 하나의 패턴으로 메시지를 정련하는 유기체의 속성을 의미한다. 그래서 "우리의 개인적 정체성의 근간은 항상성에 의해 유지되는 패턴"이며, 우리는 "메시지로 전송되는 패턴"을 통해 스스로를 조직화할 수 있다.

이와 같은 맥락에서 케페스는 패턴에 대한 지각이 "끊임없이 요동치며 새롭게 부상하는 경계들에 대한 시각적 인식"이라고 정의한다. 그리고 이와 함께 인간 주체에 대한 사이버네틱스의 독특한 관점도 수용한다. 위너에 따르면, "유기체의 물리적 기능과 새로운 커뮤니케이션 기계의 작동, 이 둘 모두는 피드백을 통해 엔트로피를 제어하려고 시도한다는 점에서 매우 유사하다." 따라서 인간의 피드백 과정을 적절하게 모사할 수 있다면, 인간과 같은 방식으로 사고하는 커뮤니케이션 기계의 발명도 충분히 가능하다. 이러한 위너의 주장은 유기체와 비유기체, 인간과 기계의 전통적인 경계를 무력화한다는 점에서 매우 급진적인 것이었다. 케페스는 이러한 관점을 적극적으로 수용하면서 다음과 같이 말한다.

"손을 뻗어 사과를 잡으려할 때, 우리는 움직이면서 계속 현재 자신의 위치에 대한 신호를 우리 자신에게 보낸다. 마치 궤도 미사일과 유사하게, 우리는 목표 지점을 찾아가면서 지속적으로 실수를 보정한다."[12]

케페스의 관점에서 보자면, 인간의 행위는 근본적으로 궤도 미사일의 작동과 다르지 않다. 양자 모두는 피드백 메커니즘을 갖춘 자기-조절 시스템self-regulation system이기 때문이다. 좀 더 세련된 표현으로 정리되긴 했지만, 이러한 입장은 〈시선의 언어〉에서 개진되었던 기존의 관점에서 크게 벗어난 것은 아니었다. 앞서 언급했듯이, 케페스는 이미 자기조직화의 개념을 전유하면서 주체와 대상 간의 경계를 와해시킨 바 있었기 때문이다. 물론 분명한 차이도 존재했다. 그것은 시선에 관한 케페스의 개념이 열역학적 차원의 조직화에서 정보론적 차원의 조직화로 옮겨간다는 것이었다. 그리고 그 결과로 궤도 미사일이 전폭기의 자리를 차지하게 되었다.

이와 같이 1950년대에 걸쳐 케페스는 사이버네틱스를 활주로로 삼아 대도시 상공을 마음껏 비행할 수 있었다. 하지만 이는 그리 오래 가지 못했다. 먼저 위기의 신호를 보내온 것은 사이버네틱스였다. 마시 컨퍼런스를 개최하면서 상가를 갱신하던 사이버네틱스는 1960년대에 접어들면서 더 이상 앞으로 나가지 못했다.
그 원인 중 하나는 사이버네틱스의 이론적 기반 중 하나였던 행동주의적 접근에 있었다. 사이버네틱스는 이 관점에 의지해 인간을 자기조직화 시스템으로 정의하긴 했지만, 정작 그 내부의 과정이나 피드백의 메커니즘 자체는 블랙박스로 남겨 두고 있었다. 바로 이런 이유로 패턴의 중요성이 과장되기도 했는데, 왜냐면 그것은 자극과 반응 사이, 또는 입력과 출력 사이에 존재하는 블랙박스화된 피드백 메커니즘을 추론할 수 있는 거의 유일한 실증적 근거였기 때문이다.[13] 결국 사이버네틱스는 1960년대 초반에 등장한 허버트 사이먼Herbert Simon과 앨런 뉴웰Allen Newell의 인지과학, 그 뒤를 이은 마빈 민스키Marvin Minsky와 세이모어 페퍼트Seymour Papert의 인공지능 연구에 밀려나기 시작했다. 인공지능의 개발을 놓고 벌이던 두 진영 간의 다툼에서 결국 군부는 재정 지원을 통해 후자의 손을 들어주었다. 이에 따라 자기조직화의 시스템은 물리적 상징 시스템으로, 정보의 패턴은 상징의 인지적 처리로 대체되기 시작했다.[14] 이런 상황 변화는 케페스의 시각 이론에도 치명상을 가했다. 자기조직화의 개념적 프레임을 정교화할 수 있는 중요한 이론적 보급로가 사라진 것이나 다름없었기 때문이다. 결국 케페스에게 남겨진 것은 기존의 노선을 재천명하는 것뿐이었다.

흥미로운 것은, 이렇게 케페스의 시각 이론이 더 이상 진전되지 못하는 상황에서, 그가 주목했던 기술적 시각 장치들이 인공지능과 컴퓨터 연구에 힘입어, 준-자율성을 갖춘 시각 기계로 변모하기 시작했다는 점이다. 시각 기계의 발전 속도가 인간 시선의 진화 속도를 앞질렀던 것이다. 1960년대 이전까지만 하더라도, 군사 테크놀로지의 측면에서 가장 주목을 받았던 시각 기계는 SAGE 시스템의 레이더 장비였고, 실제로 이 장비의 개발은 인간-컴퓨터의 배치에 있어 인공지능과 인터랙션이라는 새로운 테크놀로지의 계열을 지층화했다. 하지만 1957년에 소련이 최초의 인공위성, 스푸트니크호를 쏘아올리자, 레이더의 소극적 기능에 대한 회의는 심화되었다. 레이더

7
Peter Galison, "War against the Center", Grey Room, no.4 (Summer, 2001), pp.28-31.

8
Kevin Lynch, 〈Image of the City〉 (Cambridge : MIT Press, 1960), p.119.

9
Gyorgy Kepes, 〈Language of Vision〉, p.52.

10
Gyorgy Kepes, 〈Language of Vision〉, p.15-16.

11
Evelyn Fox Keller, "Marrying the Premodern to the postmodern : Computers and Organisms After WWII", 〈Prefiguring Cyberculture〉, ed. Darren Tofts et al (Cambridge : MIT Press, 20002), pp.57-58. 지각심리학에서 자기조직화의 원리가 적용되는 방식은 루돌프 아른하임의 저술들, 특히 〈예술과 엔트로피〉를 참고할 것.

12
Gyorgy Kepes, 〈The New Landscape in Art and Science〉 (Chicago: Paul Theobald, 1956), p.328.

13
위너는 〈행동, 목적, 그리고 목적론Behavior, Purpose and Teleology〉이라는 유명한 논문에서 다음과 같이 말한다. "연구를 위해 주변 환경으로부터 상대적으로 추상화된 특정 대상이 주어진다면, 행동주의적 접근은 그 대상의 '내재적 조직화'는 고려하지 않고 단지 그 대상의 출력값, 그리고 그 출력값이 입력값과 맺고 있는 관계에 대한 연구로 진행된다." Arturo Rosenblueth, Norbert Wiener and Julian Bigelow, 'Behavior, purpose and teleology', Philosophy of Science, 10(January 1943), p.18. 케페스의 시각이론 이외에도 행동주의 심리학은 전후 미국의 건축과 디자인 이론에 상당한 영향을 미쳤다. 이에 대해선 다음을 참고할 것. Peter Rowe, Design Thinking (Cambridge: MIT Press, 1987), pp.41-46.

14
Evelyn Fox Keller, "Marrying the Premodern to the Postmodern: Computers and Organisms After WWII", pp.61-62.

는 말 그대로 적의 기습 공격을 감지하는 방어적 용도로만 쓰일 뿐이었다. 물론 표면적으로 보자면, 인공위성의 카메라는 제 1차 세계대전 이후 비행기에 탑재되었던 카메라의 연장선상에 놓여 있었다. 하지만 그것은 영공의 정의가 더이상 힘을 쓰지 못하는 우주 상공에 머물며 아무런 장애물 없이 실시간으로 적의 군사적 요충지를 응시할 수 있었다. 상황이 이러하니, 레이더의 방어적 용도란 시각 기계로서의 무능력에 다름아니었다. 이제 필요한 것은 불침번이 아니라 척후병이었으며, 적의 습격에 대비해 감시 초소를 지키며 하늘만 바라보는 시각 기계가 아니라, 적진 깊숙이 침투해 적의 동태를 살피면서 아군의 대륙간 탄도 미사일을 인도해줄 시각 기계였다.

결국 미국도 1960년 8월 10일에 디스커버러라는 이름의 최초의 전략 정찰 위성을 성공적으로 궤도 위로 쏘아 올린다. 이 위성이 촬영한 소련 군사 기지에 대한 사진 이미지는 냉전 전략 계획의 수립에 핵심적인 역할을 했음은 물론이다. 실제로 디스커버러는 대기권 바깥에서 지표면을 훑어가며 사진을 찍을 수 있었다. 디스커버러에 장착된 카메라의 성능도 매우 뛰어나, 숙련된 사진판독가라면 사진에서 실제 크기 36인치 정도의 대상도 식별해낼 수 있었다. 하지만 이런 고해상도의 이미지에도 불구하고 문제가 전혀 없는 것은 아니었다. 그것은 판독에 대한 것이었다. 일반적으로 사진 판독가는 사진에 나타난 대상들의 크기와 모양, 그 대상과 주변 대상들에 의해 만들어진 패턴, 그리고 빛의 그림자, 톤, 음영을 육안으로 판독했다. 그러나 이런 방식에는 기술적인 문제들이 상존했고, 따라서 군부 내부의 주도권 다툼으로 인해 자의적인 해석이 덧붙여지기도 했다.[15]

그렇다면 판독의 정확성과 객관성은 어떻게 확보될 수 있는가? 1961년에 세워진 국립사진해석센터National Photographic Interpretation Center는 이 문제의 해결을 위해 디지털 컴퓨터를 활용한 이미지 처리·분석의 방법을 제안했다. 기존의 판독 방식이 진공청소기처럼 지표면의 모든 시각적 정보를 빨아들이는 인공위성의 시선에는 더 이상 적합하지 않다고 판단한 것이었다. 패턴 인식pattern recognition에서 분화된 컴퓨터 비전이라는 연구 분야는 이러한 요구에 부응해, 사진 이미지를 검색하고 유의미한 정보를 추출하는 자동화된 필터의 개발에 돌입했다. 본래 '패턴 인식'은 군사적인 목적을 위한 정보 분석에 디지털 컴퓨터를 활용할 수 있는 방안을 모색하려는 목적으로 창안되었다. 특히 그것은 특정한 네트워크에서 유통되는 정보들 중에서 특정한 패턴을 자동으로 검색하고 확인하는 작업과 관련된 것으로, 이를테면 노버트 위너의 조교로 일하던 올리버 셀프리지Oliver Selfridge가 링컨연구소와 랜드연구소에서 개발한 필기 문자 판독을 위한 판데모니움 모델은, 패턴 인식 프로그램의 대표적인 사례였다.[16] 이후 패턴 인식은 인공위성의 개발을 계기로, 점차 언어적 정보의 차원에서 시각적 정보의 차원으로 확장되었고 컴퓨터 비전이라는 새로운 분야로 분화되었다.

MIT의 링컨 연구소의 대학원생이었던 로렌스 G. 로버츠Lawrence G. Roberts가 1963년에 발표한 〈삼차원 입방체의 기계 인식Machine Recognition of Three-dimensional Solids〉라는 논문은 이 분야의 시작을 알리는 것이었다.[17] 로버츠가 이 논문에서 제안한 프로그램은 크게 두 가지 전제에서 출발했다. 첫 번째 전제는 프로그램이 인식할 수 있는 세계란 근본적으로 다면체들로 구성된 경관이라는 것이었다. 복잡한 형태의 대상들까지 다루기에는 당시 테크놀로지의 수준으로는 한계가 있었기 때문이었다. 두번째 전제는 프로그램은 전적으로 투시도법의 원리에 따라 2차원의 장면 이미지로부터 그것을 구성하고 있는 3차원의 대상들을 추출해낸다. 이 두 가지 전제에 근간을 둔 프로그램은 다음과 같은 순서로 작동되었다.

▲ 프로그램은 기억 장치에 가능한 수의 다면체 모델들을 저장한다. 달리 말해 일종의 라이브러리라고 할 수 있는 데이터베이스를 갖고 있는 것이다.
▲ 프로그램은 카메라의 단안 렌즈에 포착된 투시도적 이미지를 라인 드로잉의 형태로 입력받는다.
▲ 프로그램은 이 이미지로부터 불완전하게나마 3차원의 장면을 재구성한다.
▲ 프로그램은 라이브러리의 다면체 모델들—이른바 후보 모델candidate model을 검색해, 그 장면의 대상과 비교한다. 이때 선택된 모델은 비교를 위해 축소, 확대, 회전될 수 있고, 필요에 따라서는 다른 모델과 합성될 수도 있다.
▲ 라인 드로잉의 대상과 후보 모델이 잘 맞아 떨어지면, 그 대상은 후보 모델로 대체된다.[18]

로버츠에게 있어서 바로 이런 대체의 순간은 그의 프로그램이 이미지 속의 대상을 인식하는 순간이었다. 그리고 그러한 과정을 거쳐 아날로그 이미지는 곧바로 디지털 데이터로 치환된다. 적국 상공을 정찰하며 지리적 데이터를 스캔하고 정보의 패턴을 포착하는 인공위성의 컴퓨터 비전. 이 시선은 비록 패턴의 추출 원리를 투시도법에 의존하긴 했지만, 인공지능을 갖춘 시각기계의 출현을 알리는 것이었다.

3. 탈중심화된 도시 계획과 분산 네트워크

1950년대 전폭기의 위압적인 시선과 1960년대 인공위성의 컴퓨터 비전. 이 양자는 케페스의 위장술 연구에서 암시하듯이, 외부를 향하는 동시에 내부로 향한 것이기도 했다. 우리가 적을 바라보는 시선으로 적 역시 우리를 응시할 것이므로, 적에 대한 시선은 바로 우리를 되돌아보는 시선이기도 하다. 철의 장막을 경계로, 냉전의 이데올로기적 경쟁이 이전투구의 갈등으로 점철된 폐쇄계closed world를 구축했다면, 군비 경쟁은 시선과 응시가 교차하는 이중구속의 거울상 관계로 그 폐쇄계의 시각적 질서를 마름질했다.[19] 또한 히로시마와 나가사키의 원폭 피해 상황에 대한 심층적인 연구와 함께, 적의 표적이 될 것이 분명한 대도시의 방어를 위한 대비책들도 양산되었다. 여기에서 분산의 다이어그램이 동원되기 시작했다.

먼저, 핵무기를 탑재한 소련 전폭기라는 1950년대의 공포. 이에 대응하려던 대표적인 사례 중 하나는 노버트 위너가 제안한 "커뮤니케이션을−통한−방어" 계획이었다. 1950년에 사이버네틱스 선언문인 〈인간 존재의 인간적 사용 The Human Use of Human Beings〉을 완성한 위너는 그해 10월 18일자 〈라이프Life〉지에 MIT 동료 교수인 정치학자 칼 도이치Karl Deutsch와 과학사가 지오르지오 디 산틸라나Giorgio de Santillana와 함께 특집 기사를 기고한다. 그 기사의 제목은 "미국의 도시들은 어떻게 원자 전쟁에 대비할 수 있는가"였다. 이 기사는 미국의 도시에 원자폭탄이 투하되는 상황을 전제하고, 대도시 주민의 피해를 최소화할 수 있는 방법은 무엇인지를 도시 계획의 차원에서 묻고 있었다.[20]

위너가 보기에 포스트−히로시마 시대의 도시계획은 원자폭탄의 물리적인 파괴력뿐만 아니라, 교통시스템과 통신 네트워크의 붕괴가 가져올 대혼란의 패닉 상태를 대비해야만 했다. 이를 위해 위너는 도시 외곽 지역에 '생명 벨트life belt'로 명명된 외곽순환 도로망을 건설하는 계획을 세운다. 마치 띠를 두르듯이 교통과 통신의 기반 시설 네트워크로 도시 주변을 둘러싸는 것이었다. 이 네트워크의 기본 개념은 핵폭발 전후 무정부의 혼란 상태에 빠져들 교통과 통신의 상황을 제어하는 것이었다. 특히 도심의 인구밀집 지역에 핵공격이 가해진 경우, 주변의 생존자들이 몇 시간 이내에 외곽의 안전지대로 대피할 수 있도록 도시 설계가 이뤄져야 한다는 것이 위너의 생각이었다.

이를 위해 위너는 기존의 도시 개념을 업그레이드한다. 앞서 살펴본 모더니스트의 시선으로 보자면, 도시는 주거와 교통의 중앙 집중적인 시스템이었다. 하지만 이 경우 시스템의 제어 통제실의 역할을 하는 도시의 중심부가 핵폭발로 파괴되면, 아무런 대책도 강구할 수 없는 치명적인 결함을 지니고 있었다. 위너는 이런 상황의 위험성을 '인간 신체 내부의 통신 단절'과 비교한다. 비유하자면, 중앙집중적 모델의 도시는 핵공격과 동시에 즉각 뇌사 상태에 빠져들고 마는 것이다. 그는 도시가 이런 상황에 대비하려면, '커뮤니케이션 차원의 거대한 유기적 조직체'로 이해되어야 한다고 주장한다. 그러니까 도시는 단순히 주거와 교통의 시스템일 뿐만 아니라, 인간의 신경망과 유사한 형태의 복합적 시스템, 즉 인간 신경망의 유비적 확장물이 되어야하는 것이다. 위너는 마치 하나의 뉴런이 다른 뉴런들과 천여 개의 시냅스로 연결되는 것과 마찬가지로, 도시가 매우 다층적이고 풍부한 잉여의 교통로와 통신망을 구축한다면, 통신 두절과 교통 마비의 파국적 상황에도 능동적으로 대처할 수 있을 것이라고 판단했다.

물론 핵전쟁에 대비한 도시 계획을 제기한 이가 위너 혼자만은 아니었다. 많은 과학자와 건축가들이 다양한 형

15
이를테면 당시까지 미 공군 정보부는 정찰기가 수집한 사진의 판독을 근거로, 소련이 500기 이상의 탄도미사일을 보유하고 있을 것이라고 추정했다. 하지만 이는 오판이었다. 실제로 소련의 대륙간 탄도 미사일, SS6은 괴물처럼 덩치가 크고 무거워 이동이 어려웠고, 이에 따라 매우 거대한 지지대와 안전장치가 필요했으며, 이동에도 기차나 매우 넓은 도로가 필수적이었다. 디스커버러는 소련 전역에 걸쳐 철도 시설과 주요 고속도로를 염탐했지만, 아무것도 발견할 수 없었다. 그럼에도 공군의 분석가들은 '증거'가 발견되고 있다는 이야기를 반복했다. 중세의 탑, 농촌의 사일로, 크림전쟁 기념관 등이 미사일이 숨겨진 곳으로 언급되었다. 하지만 이후에 밝혀진 바에 따르면, 실제로 당시 소련이 보유한 미사일은 4기에 불과했다. 이에 대해선 다음을 참조할 것. Manuel De Landa, 〈War in the Age of Intelligent Machines〉 (NewYork: Zone Books, 1991), pp.198−200.

16
Branden Hookway, 〈Pandemonium: The Rise of Predatory Locales in the Postwar World 〉 (Princeton : Princeton Architectural Press, 1999), pp.25−27.

17
Lev Manovich, "Modern Surveillance Machines: Perspective, Radar, 3D Computer Graphics, and Computer Vision", 〈CTRL [SPACE] : Rhetorics of Surveillance from Bentham to Big Brother〉, ed. Thomas T. Levin (Cambridge : MIT Press, 2002), pp.390−392.

18
Lawrence G. Robert, "Machine Recognition of Three−dimensional Solids", http://www.packet.cc/files/mach−per−3D−solids.html (2005년 1월 13일 확인).

19
게임이론과 냉전의 관계에 대해서는 다음의 책을 참조할 것. 윌리엄 파운드스톤, 박우석 역, 〈죄수의 딜레마〉 (서울 : 양문, 2004).

20
위너의 도시 계획에 대한 내용은 다음을 참조했다. Robert Kargon and Arthur Molella, "The City as Communications Net: Norbert Wiener, the Atomic Bomb, and Urban Dispersal", Technology and Culture, vol. 45, no.4, (2004), pp. 764−777, 그리고 Reinhold Martin, 〈The Organizational Complex : Architecture, Media, and Corporate Space〉 (Cambridge : MIT Press, 2003), pp.28−41.

태의 탈중심화된 도시 계획들을 속속 제안했다. 맨해튼 프로젝트에 참여했던 물리학자 랄프 E. 랩Ralph E. Lapp 의 도시 X 다이어그램이나, 바우하우스 교수 출신의 도시 계획가 루드비히 힐버자이머Ludwig Hilberseimer의 탈 중심화 계획이 그 대표적인 사례였다. 위너가 폭발 이후의 상황에 대한 대처 방안을 고심했다면, 랩과 힐버자이 머는 핵폭발의 직접적인 파괴 효과를 디자인의 핵심 요소로 고려했다. 실제로 핵폭탄의 폭발은 백만분의 일초 동안 일어나며 그 지속 시간은 이백 만 분의 일초에 불과했다. 문제는 그 짧은 시간 동안 일어난 폭발이 막대한 에너지를 방출해, 수백만도 고온의 열폭풍을 유발한다는 것이었다. 일반적으로 탈중심화의 도시계획은 이 열폭 풍의 피해를 최소화하려고 시도했다. 원자폭탄이 지표면에서 폭발할 경우 폭풍 효과에 의해 반경 1~5km이내의 목조건물, 300m이내의 콘크리트건물, 150~220m이내의 지하 구조물이 완전히 파괴된다는 식의 예측 자료를 근 거로 삼아, 주요 시설이나 주거 지역을 분산시키는 다핵 도시의 청사진을 그려 나가는 것이었다.[21]

물론 이런 계획들은 냉전의 불안과 원폭의 공포라는 50년대적 시대 분위기를 고스란히 반영하는 것이었다. 이 를테면 르 꼬르뷔제의 현대 도시는 시각적 차원의 투명성을 추구했던 반면, 노버트 위너의 신경망 도시는 커 뮤니케이션 차원의 투명성을 선취하려고 했다. 하지만 이 두 가지 투명성은 완전히 다른 색채를 띠고 있었다. 전자의 투명성이 모더니티의 유토피아적 전망 속에서 중앙 집중적인 통제의 시선으로 도시의 인터페이스를 구성하려고 했다면, 후자의 투명성은 그러한 전망이 고갈된 상황에서 출발했다. 모더니티의 도구적 합리성이 세계대전의 대량 학살을 거쳐 핵전쟁이라는 파국에 도달하려는 순간, 커뮤니케이션의 투명성은 그로부터 벗어 나기 위한 몸부림의 산물로 잉태되었다. 인류의 파멸을 막기 위해 파괴의 시나리오에 근거해 탈중심화의 다이 어그램을 그려야만 하는 기이한 아이러니, 그것은 전쟁 전의 모더니스트들이 미처 상상하지 못했던 모더니티 의 또 다른 얼굴이었다.

그러나 미·소간의 가속화된 군비 경쟁의 압력은 이 기이한 아이러니조차도 빠르게 증발시켜 버렸다. 대륙간 탄 도 미사일의 개발로 인해 SAGE 프로젝트가 수포로 돌아갔던 것처럼, 위너의 '커뮤니케이션을—통한—방어'나 탈 중심화된 도시계획 역시 그와 같은 운명을 반복했다. 1952년 미국은 수소 폭탄의 개발에 돌입했고 소련도 그 뒤 를 따랐다. 1954년, 마셜 군도의 비키니 산호섬에서 브라보라는 작전명으로 진행된 수소폭탄 실험이 성공하자, 이제 숨을 곳이 완전히 사라져 버렸다. 뉴욕 같은 대도시를 단숨에 날려 버릴 수 있는 새로운 무기의 등장은 도 시계획의 차원에서 핵공격에 대비하려던 시도에 종지부를 찍었다.

이렇게 냉전의 공포가 극에 달한 상황에서, 핵전쟁으로 인해 인류의 종말을 직접 목격할 수 있으리라는 사실에 매혹된 이들도 나타났다. 일부 과학자들도 이 대열에 동참했다. 이를테면 인공지능의 열렬한 주창자 중 한명이 었으며 SAGE 프로젝트에도 참여했던 에드워드 프레드킨Edward Fredkin이 대표적인 사례였는데, 그는 민간 기 업을 세워 군산 복합체의 프로젝트에 참여해 많은 돈을 모으면서, 정세 변화에 따라 핵전쟁에 대한 자신만의 대 비책을 정기적으로 수정했다. 결국 그는 캐러비안 해의 섬을 구입해 요새처럼 무장했다.[22] 혼자라도 살아남아 핵 전쟁 이후의 세계를 목격해야겠다는 강박이 그에겐 생의 동력이나 다름없었다. 스탠리 큐브릭의 농담처럼, 그는 근심을 멈추고 폭탄을 사랑하는 법을 깨닫게 되었던 것이었다.

하지만 이것으로 끝난 것이 아니었다. 앞서 살펴보았듯이 1950년대 후반부터 시작된 인공위성과 컴퓨터 비전의 연이은 출현은 적군이 군사 지리적 정보뿐만 아니라 민간인의 일거수일투족까지 감시할 수 있는 새로운 가능성 을 가져왔다. 아군의 지리적 데이터를 스캐닝하고 그 데이터에서 정보를 추출하는 인공위성의 컴퓨터 비전, 그 들도 우리처럼 이 시선을 통해 군사 지리적 정보와 동태를 꿰뚫고 있다면 그에 대한 대비책은 무엇인가? 위너의 도시계획에서만 하더라도 '탈중심화'라는 거친 모습으로 나타났던 분산의 다이어그램이 패턴을 판독하려는 시선 의 대응물로서 본격적으로 등장하는 것도 이 시점이다.

로버츠가 컴퓨터 비전에 대한 논문을 발표한 1963년으로부터 한 해 뒤, 랜드연구소의 연구원, 폴 배런은 커뮤니 케이션 네트워크에 관한 보고서를 발표한다. 이전까지 휴즈 항공사의 시스템 그룹에서 전기 엔지니어로 근무한 바 있던 배런은 이 보고서에서 "전쟁이 지구의 종말을 가져올 것이라는 절망적인 체념" 대신에, "잠재적인 파괴 를 최소화하기 위한 방안"을 모색해야 한다고 역설하면서, 전쟁 후 홀로코스트의 생존자들이 빠른 시간 내에 재 건할 수 있는 커뮤니케이션 네트워크로 분산 네트워크를 지목한다.[23] 먼저 배런은 당시 주목받던 그래프 이론에 기대어 자신의 입장을 개진한다. 그래프 이론에 따르면, 네트워크는 결절점node과 변edge으로 구성되는데, 여 기에서 결절점들 간의 관계는 공간적 방향성에 따라, 그리고 그 관계에 대한 정량적인 측정치에 따라 변으로 표현된다. 따라서 어떤 대상을 추상하느냐에 따라, 결절점과 변은 자동차와 고속도로, 통신장비의 회선, 행위지와 행위 등 거의 모든 것을 재현할 수 있었다. 배런이 주목한 대목은, 결절점들이 동일하게 제시되더라도 그것들을 연결하는 변에 따라 서로 다른 위상학을 지닌 네트워크가 구축될 수 있다는 점이었다. 배런은 그래프 이론의 매개를 거쳐 세 가지 유형의 네트워크를 제시한다 : 중심화된 네트워크, 탈중심화된 네트워크, 분산 네트워크. 그에 따르면 중심화된 네트워크란 가장 단순한 형태의 네트워크이다. 이 네트워크는 단 하나의 허브만을 지니며, 개별 결절점들은 허브와의 위계적인 관계 속에서 존재한다. 철저하게 중심과 주변의 하향식 논리에 따라 작동하는 이 네트워크에서 개별 결절점들은 다른 결절점들과 직접 연결되지 못하며, 허브의 통제 하에서만 연결될 수 있다. 이를테면, SAGE 시스템은 중심화된 네트워크의 핵심적 사례라고 할 수 있다. 국경 주변에 위치한 레이더 지역 본부는 영공의 정보를 스캔하는 결절점으로 기능하면서, 중앙 통제 본부라는 단일한 허브를 중심으로 하여 방사放射 상의 형태로 배치되었다.

탈중심화된 네트워크는 중심화된 네트워크의 복합체를 의미한다. 중심화된 네트워크에서 중심 허브는 단 하나에 불과했던 반면, 이 네트워크에선 복수의 허브가 존재한다. 이 허브들은 자체의 결절점들을 보유하는데, 이 결절점이 다른 허브에 속하는 결절점과 연결되려면 각각의 허브를 거쳐야만 한다. 여기에서 개별 허브들은 나름의 영토를 보장받는 반면, 다른 허브에 속하는 결절점의 통제에 관여할 수 없다. 따라서 탈중심화된 네트워크에서 중심화된 네트워크가 지닌 허브에 대한 결절점의 종속성은 고스란히 유지되는 반면, 허브들 간에는 수평적 관계가 맺어지는 것이다.

중심화된 네트워크와 탈중심화된 네트워크는 각각 허브와 결절점의 위계적 관계에 바탕을 둔 까닭에, 적의 공격에 취약할 수밖에 없었다. 피터 갤리슨의 표현을 빌리자면, 중심화된 네트워크는 "폭격 기획자에겐 꿈인 반면, 폭격의 희생자에게는 악몽"이나 다름없었다. 허브라는 단 하나의 목표물만 제대로 제거된다면, 네트워크 전체가 제 구실을 못하게 되기 때문이었다. 탈중심화된 네트워크의 상황은 이보다 나았지만, 핵 공습의 대비책으로는 만족스럽지 못했다. 이에 대한 대안으로 배런이 제시하는 것이 바로 세번째 유형의 네트워크인 분산 네트워크였다. 그것은 허브와 결절점이라는 구분 자체가 존재하지 않았다는 점에서 기존의 두 유형과는 급진적으로 달랐다. 분산 네트워크에서 개별 단위들은 마치 준-자율성을 지닌 대리체처럼 기능하면서, 허브의 중개 없이 독자적으로 다른 단위와 연결된다. 따라서 네트워크는 중심이나 위계를 지니지 않으며, 상황의 추이에 따라 변형되는 결절점들 간의 연결, 즉 변만이 존재할 뿐이다.[24]

한편, 흥미롭게도 배런이 분산 네트워크를 제안한 바로 다음 해, 디자인 이론가 크리스토퍼 알렉산더는 〈도시는 나무가 아니다〉라는 제목의 중요한 논문을 발표했다. 이 논문에서 알렉산더는 디자인 문제를 구성하는 개별 요소들이 나무 도식으로 고정되는 것이 아니라, 역동성을 띤 중첩의 분산적 관계를 통해서만 포착될 수 있는 것이라고 주장한다. 불과 1년 전만 하더라도 알렉산더는 시스템 과학[25]의 기법을 활용해 디자인의 과학화를 성취될 수 있다고 굳게 믿고 있었다. 그 정점은 1964년에 케페스의 추천으로 출판된 그의 〈형태의 통합에 대한 소고 Notes on the Synthesis of Form〉이었다. 박사학위 논문을 출판한 이 책에서 알렉산더는 디자인 문제가 아무리 복잡하더라도 일련의 위계적 질서를 지닌 구성 요소들로 분해될 수 있다고 전제하면서, 디자인 프로세스가 분석과 종합이라는 두 단계로 구성된 선형적 모델로 정의될 수 있다고 주장한다. 이 모델에 따르면 디자이너는 분석의 단계에서는 요구사항을 명세화하면서 문제의 요소들을 논리적으로 정의하고, 종합의 단계에서는 다양한 요구사항들을 조합하여 최적의 해결안을 도출하는 것이었다. 당시의 다른 방법론자들과 마찬가지로 알렉산더의 목표는 사실상 메인프레임 컴퓨터를 활용해 디자인 프로세스를 일련의 알고리즘으로 자동화하려는 것이었다.[26]

알렉산더는 책을 출판한 바로 그 해에 자신의 방법을 실천에 옮길 기회를 잡았다. 샌프란시스코 베이 지역 고속교통 시스템San Francisco Bay Area Rapid Transit system이 새로 건설될 지하철 구간 계획의 책임자로 그를 초빙한 것이었다. 알렉산더는 이 프로젝트를 맡으면서 지하철의 기능과 관련된 390여 개의 디자인 문제를 추출하지만, 이내 자신의 방법이 교통 시스템에 내재한 우발적 요인을 완벽하게 제어할 수 없다는 결론에 도달했다.[27] 이 쓰라린 실패의 경험은 자기비판의 밑거름이 되었다. 그는 〈도시는 나무가 아니다〉에서 모더니즘 디자인의 실질적인 결과인 대단위 도시 계획에 내재한 사유의 구조를 문제 삼는다. 그는 파올레 솔레리의 메사 시티 기획, 겐조 탕케의 도쿄 계획, 루치오 코스타의 브라질리아 계획, 르 코르뷔제의 도시 계획 등을 언급하면서, 이 사례

21
이렇게 과학자들과 건축가들이 탈중심화된 도시에 골몰하는 동안, 평범한 시민들은 유행처럼 지하실을 지하 벙커로 개조하고 비상식량을 쌓아두었다. 대량생산된 핵전쟁 대비용 키트 패키지가 불티나게 팔렸고, 개인에 따라 독특한 대비책을 개발하기도 했다. Tom Vanderbilt, 《Survival City : Adventures Among The Ruins of Atomic America》, (Princeton : Princeton Architectural Press, 2002), pp.97–139.

22
David W. Noble, 《The Religion of Technology : The Divinity of Man and the Spirit of Invention》 (New York : Penguin, 1999), pp.148–149.

23
폴 배런의 분산 네트워크에 대해선 다음을 참고했다. Alexander R. Galloway, 《Protocol : How Control Exists after Decentralization》 (Cambridge : MIT Press, 2004) pp.28–53.

24
이런 이유로 인해 분산 네트워크에서는 프로토콜(protocol)이 중요한 역할을 띠게 된다. 그것은 결절점 간의 연결을 가능케 하는 시스템 내부의 최소한 기술적 규준들을 의미한다.

25
시스템 과학은 본래 오퍼레이션 리서치에서 출발했다. 오퍼레이션 리서치는 제2차 세계대전 당시 레이더망의 배치, 물자수송의 운영, 잠수함 수색 활동 경로, 효과적인 공격을 위한 비행 편성, 적기의 공격을 방어하기 위한 함대 편성과 같이 군사 전략과 병참학의 문제들을 해결하기 위한 창안된 분야였다. 이후 이 분야는 SAGE 프로젝트나 아틀라스 프로젝트와 같은 거대 군사 프로젝트를 통해 성장을 거듭하면서, 시스템 엔지니어링과 시스템 분석과 같은 관련 분야를 잉태했고 이른바 '시스템 과학'으로 진화할 수 있었다. OR이 기존의 군사 시스템을 분석하고 그 운영을 최적화하는 것이었다면, 시스템 엔지니어링은 거대 군사 시스템의 개발 프로젝트를 운영·관리하는데 필요한 문제 해결의 도구와 기법들을 제공하는 것이었다. 여기에서 시스템 엔지니어링의 연구 대상은 시스템의 설계·제작과 관련된 기술적인 문제뿐만 아니라 대규모의 연구인원이 참여하는 개발 프로젝트의 운영·관리에 대한 문제까지 포함하는 것이었다. 한편 시스템 분석은 미래의 프로젝트를 위한 대안적 제안을 평가하는 수단을 제공하는 것이었다. 이에 대해선 Thomas P. Hughes, 《Rescuing Prometheus : Four Monumental Projects That Changed the Modern World》 (New York: Vintage Books, 1998), p.142.

How U.S. Cities Can Prepare for Atomic War

M.I.T. PROFESSORS SUGGEST A BOLD PLAN TO PREVENT PANIC AND LIMIT DESTRUCTION

LIFE BELTS AROUND CITIES WOULD PROVIDE

A PLACE FOR BOMBED-OUT REFUGEES TO GO

위너와 MIT의 동료 교수들의 도시 설계안을 소개하는 1950년 10월 18일자 〈라이프Life〉지의 "미국의 도시들은 어떻게 원자 전쟁에 대비할 수 있는가"라는 제목의 기사.

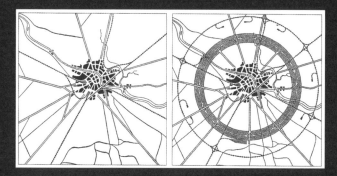

노버트 위너의 '커뮤니케이션을-통한-방어'계획. 왼쪽 지도는 기존 도시,
오른쪽 지도는 위너의 제안에 따라 재구성된 도시이다.

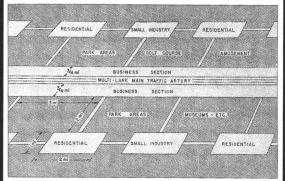

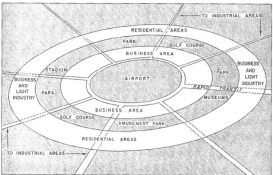

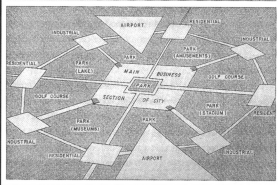

랄프 랩의 도시 X 다이어그램.

들에 깊숙이 침투해 있는 나무 도식의 사고방식을 끄집어낸다. 그에 따르면, 집합론의 관점에서 나무 도식은 다음과 같이 정의된다. "집합들의 특정 모임이 나무의 형식을 취하는 것은, 그 모임에 속하는 임의의 두 집합 중 한 집합이 다른 집합에 완전히 포함되거나, 아니면 그 두 집합이 서로 완전히 분리될 때, 오직 그때뿐이다." 나무 도식은 디자인 문제의 요소들을 배타적으로 구획하여 위계적으로 배열한다. 따라서 하위 요소는 그것을 포함하는 상위 집합의 매개를 거치지 않고서는 다른 하위 요소와 연결될 수 없다. 즉 하위 요소는 상위 집합이라는 허브를 제외하면 고립된 섬과 같은 상태인 것이다.

알렉산더에 따르면, 20세기에 디자이너의 주도 하에 계획된 인공 도시들의 상당수가 나무 도식에 근간을 두고 있었는데, 이는 디자이너, 건축가, 도시 설계자가 자신들의 편의를 위해, 그리고 사고의 한계로 인해 도시의 복잡성을 지나치게 단순화한 결과였다. 그렇다면 결과는? 알렉산더가 보기에, 나무 도식에 골격을 의탁한 도시는 군대 병영에나 적용될 법한 엄격하고 강제적인 규율discipline을 거주민들에게 강요함으로써, 풍요로운 일상의 패턴들이 만들어질 수 있는 가능성을 차단한다.

"나무 도식의 측면에서 도시를 고려한다면, 우리는 오로지 디자이너나 설계자, 행정관료나 개발업자에게만 이익을 안겨줄 뿐인 개념적 단순화를 위해 생기 넘치게 살아 숨쉬는 도시의 인간성과 충만함을 희생시키게 된다. 나무 도식이 이전에 존재했던 세미라티스semilattice를 대체하기 위해 적용될 때마다 도시는 자신의 부분 부분을 찢어가면서 분열을 향해 한 걸음 더 나아가게 된다.[28]"

알렉산더는 나무 도식의 대안으로 세미라티스를 제안하면서, 다음과 같이 정의한다. "집합들의 특정 모임이 세미라티스의 형식을 취하는 것은 서로 중첩되는 두 집합들이 그 모임에 속하고, 그리고 두 집합 모두에 공통된 요소들의 집합 또한 그 모임에 속할 때뿐이다." 나무 도식의 경우, 하위 집합 간의 관계가 배타적인 반면, 세미라티스의 경우, 하위 집합 간의 관계가 마치 그물망처럼 복잡하게 겹쳐져 있다. 놀랍게도 세미라티스는 오랜 시간동안 디자이너의 개입 없이 자연 발생적으로 생성된 '자연도시'에서 쉽게 발견된다. 이는 나무 도식의 인공 도시와는 큰 대조를 이룬다.

"구조의 단순성으로서 나무 도식은 질서정연함에 대한 도발적인 충동이나, 벽난로 앞에 놓인 촛대가 완벽하게 곧게 서 있기를, 그리고 완벽하게 중심에 대칭이 되길 요구하는 질서에 비유될 수 있다. 이에 반해 세미라티스 구조는 복합적인 조직망fabric의 구조이다. 그것은 살아있는 대상들이 만들어내는 구조이면서 또한 위대한 회화와 교향곡이 성취해낸 구조인 것이다.[29]"

혼돈으로부터 질서를 부상시키는 것은 디자이너가 부여한 인위적인 위계의 질서가 아니라, 요소들 간의 자연 발생적인 중첩의 관계이다. 따라서 디자이너가 현대 도시가 안고 있는 실질적인 문제를 해결하기 위해 주목해야 할 것은 바로 이 관계이다. 만일 그렇지 않을 경우, 디자이너의 역할은 도시에 내재한 세미라티스의 요소들을 임

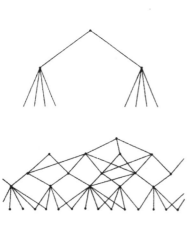

크리스토퍼 알렉산더의 나무 도식과 세미라티스

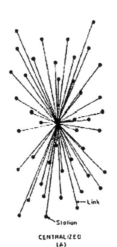

CENTRALIZED
(A)

DECENTRALIZED
(B)

DISTRIBUTED
(C)

의적으로 발췌해 특정한 관점에 따라 재편집하는 것에 그치고 만다.

다시 배런의 논의로 옮겨와 보자. 그의 구분법을 적용한다면, 가장 단순한 형태의 나무 도식은 중심화된 네트워크이며, 좀 더 복잡한 형태의 나무 도식은 탈중심화된 네트워크라고 할 수 있다. 그리고 세미라티스는 사실상 분산 네트워크와 유사하다고 할 수 있다. 물론 분명한 차이도 있다. 배런의 관점이 적의 핵공격에도 지속적으로 유지 가능한 커뮤니케이션 시스템을 구축하기 위한 방안으로 제안되었던 반면, 알렉산더는 도시의 구성 요소들을 나무 도식으로 포획하려는 시스템 과학의 방법에서 탈피하기 위한 방편으로 제안했던 것이다. 이런 차이에도 불구하고 양자 모두는 위계적인 사유의 구조에서 탈피하면서 군사 전략적 상상력이 디자인의 층위로 이월되는 과정을 보여주었다. 전략 공습·방어의 기획, 수행, 분석이라는 프로세스 속에서, 패턴을 판독하려는 시도와 패턴을 은폐하려는 시도, 그리고 패턴을 파괴하려는 시도와 패턴을 유지하려는 시도가 반복되면서, 파괴의 테크놀로지와 구축의 담론은 더이상 구분되지 않았다. 오히려 디자인 담론은 군사 전략적 상상력을 경유해서만이 제 자신의 자리를 찾아갈 수 있었다. 바로 그런 의미에서 알렉산더의 세미라티스는 분산 네트워크라는 파괴의 기능주의가 디자인 담론의 거울에 투사된 모습이기도 했다.

4. 코다: 분산 인지

도시계획과 네트워크 설계 같이 거대 규모의 층위에 개입하던 분산의 다이어그램이 시선과 응시의 군사적 그리드를 경유해 작동했다면, 이후에는 그 그리드를 우회해 민간 영역으로 유입되면서 인간 인지의 모델링과 컴퓨터 인터페이스의 시뮬레이션과 같은 미시적 차원으로도 증식해 간다. 이 사건들의 연쇄 반응에서 기폭제의 역할을 한 것은 소련 스푸트니크호의 발사 성공이었다. 소련에 뒤쳐진 과학기술을 따라잡기 위해 기존의 주입식 교육과는 다른 방식의 교수법의 필요성이 급박하게 제기되면서, 미국 교육계는 개혁의 소용돌이에 휘말리게 된다. 이 과정에서 중요한 역할을 하는 교육 이론가가 제롬 브루너Jerome Bruner이다. 본래 브루너는 조지 A. 밀러George A Miller와 함께, 심리학의 인지혁명을 성취했다고 평가되는 하버드 대학의 인지연구센터의 창립 멤버였다. 이 연구소는 언어학, 정보이론, 컴퓨터 모델링, 시뮬레이션 등 당시 새롭게 떠오르던 지적 원천들의 배경으로, 정보처리기계로서의 두뇌라는 은유를 등에 업고, 행동주의 심리학과 구분되는 인지 심리학을 체계화하고 있었다. 이들에 따르면, 정신의 내적 과정은 행동주의의 자극-반응 모델이 제시한 블랙박스에 구겨 넣기엔 너무 복잡한 것이었다.[30] 제롬 브루너는 1960년대 전반에 걸쳐 장 피아제Jean Piaget의 영향을 받으며 인지발달 이론과 교수법에 관심을 기울이면서, 과학 교육 개혁에 핵심 브레인 역할을 했다.

여기에서 주목해야 할 것은 무엇보다도 브루너의 이론이 지닌 독특한 면모였다. 브루너에 따르면 인간은 경험을 통해 인지의 표상 양식들을 구축해 가는데, 이 표상 양식들은 단일한 체계로 통합되지 않고, 인간이 대면하는 대상에 따라 각각 상이한 방식으로 작동한다. 브루너는 어린이의 인지 발달 과정에서 중추적인 역할을 하는 세 가지 표상 양식, 행위적enactive, 도상적iconic, 상징적symbolic 표상 양식에 주목한다. 여기에서 행위적 표상은 어린이가 운동 감각을 통해 외부 자극에 반응하는 차원으로, '반응 학습이나 숙달 형식'에서 비롯되는 것이며, 도상적 표상은 이미지들을 활용해 시각을 중심으로 감각적 질료를 체계화하는 차원으로, 감각 지각과 긴밀한 연관을 맺는다. 그리고 상징적 표상은 구문법과 의미론으로 정교화된 언어로 세계를 이해하는 차원이다.

이 세 가지 표상 양식은 일종의 미디어로서 어린이로 하여금 자극과 반응 사이에서 인지의 자율적 역량을 증대시키고 주어진 문제를 해결할 수 있도록 돕는다. 그리고 일정한 순서에 따라 차례대로 어린이의 인지 과정에서 부상하고 지배적인 자리를 점유한다. 그러나 이들 간의 관계는 상징적 표상이 하위의 표상들을 흡수하고 통합하는 위계적인 관계가 아니다. 즉 어린이들은 행위적 표상에서 도상적 표상을 거쳐 상징적 표상에 도달하지만, 그 과정은 단지 터널의 통과 과정 또는 자리바꿈의 과정에 가깝다.[31] 비록 상징적 표상이 언어적 구조화를 통해 현실을 변형할 수 있는 힘을 지니고 있긴 하지만, 표상들 간의 관계는 서로 이전투구를 벌이는 대등한 관계라고 할 수 있다. 바로 이런 관계 덕분에, 일정한 발달 단계에 도달한 어린이는 상황에 따라 자유자재로 특정한 표상을 문제해결의 미디어로 활용한다. 이를테면 어떤 어린이들은 충분히 성숙한 상징적 표상의 역량을 지니고 있더라도, 언어적 상징을 완전히 무시한 채, 자신의 선택에 따라 도상적 표상의 차원에서 대상의 외관에 집착할 수 있다.

26
케페스는 루돌프 아른하임의 부탁으로 알렉산더의 책을 리뷰했으며, MIT 출판부에 이 책의 출판을 추천했다. 이에 대해선 다음을 참고할 것. Reinhold Martin, "Complexities", Journal of Architecture, Vol 3 ,Autumn (1998). pp.194-195. 크리스토퍼 알렉산더가 주도적인 역할을 한 디자인 방법론 운동에 대해선 다음의 논문을 참고할 것. 박해천, "디자인 방법론의 역사적 맥락에 관한 연구 : 사이보그 과학과의 관계를 중심으로", 디자인학 연구, vol.19, no.5, pp.105-118.

27
Joan Ockman, 〈Architecture Culture:1943-1968〉 (New York : Rizzoli, 1993), p.379.

28
Christopher Alexander, "A City is Not a Tree", 〈Design After Modernism〉, John Thackara (ed.) (London : Thames and Hudson, 1987), p.84.

29
Christopher Alexander, "A City is Not a Tree", p.74.

30
Paul N. Edwards, 〈The Closed World : Computers and the Politics of Discourse in Cold War America〉 (Cambridge: MIT Press, 1997), pp.233-235.

비유하자면 개별 유형의 표상은 인지 과정상에서 마치 자율적인 인공지능 에이전트처럼 작동하는 것이다.

브루너의 독특한 인지 모델은 1960년대 후반 앨런 케이가 객체지향적 프로그래밍 언어의 인터페이스 환경을 설계하는데 중요한 역할을 한다. 1960년대 릭라이더J.C.R Licklider가 인간-컴퓨터의 공생을 내세우고, 더글러스 엥겔바트Douglas Engelbart가 마우스를 개발하긴 했지만, 이후 인간-컴퓨터 인터페이스의 개발은 정체 상태에 빠져 있었다. 전쟁 중에 전투기 조종석, 대공포 사격조준기, 레이더 스크린, 이 세 유형의 기계 인터페이스를 주로 연구하던 보수적인 연구자들은 인간공학이라는 새로운 이름으로 기존의 행동주의적 접근법을 개편하면서 오퍼레이터의 굴레에 인간 사용자를 가둬두려고 했고,[32] 릭라이더나 엥겔바트 같이 새로운 인터랙션을 개발하려던 연구자들조차 행동주의 모델의 대안으로 기껏해야 사피어-워프의 가설 정도에 의지할 수 밖에 없었다.

이런 상황에서 케이는 객체-지향적 프로그래밍 언어object-oriented programming language라는 새로운 개념의 제안을 통해 돌파구를 마련한다. 당시 주류를 이루던 베이직, 포트란, 알골, APL 같은 프로그래밍 언어는 일반적으로 절차적 프로그래밍 언어procedural programing language로 불리는 것이다. 이 언어의 경우, 일반적으로 메인 프로그램의 세부 연산은 그 프로그램에 부속된 각각의 서브루틴을 통해 진행되고 탑-다운 방식의 위계적 논리에 따라 조직화된다. 메인 프로그램이 특정 서브루틴-함수를 불러내면, 그 서브루틴이 다양한 데이터 변수들을 연산한 뒤, 그 결과를 상위 프로그램으로 돌려보내는 식이다. 이에 반해, 케이가 제안하는 객체 지향적 프로그램에는 나름의 방식으로 데이터의 연산 알고리듬을 정의하는 객체들만이 존재한다. 이 객체들은 플로우차트나 나무tree 구조 같은 선형적 절차나 위계적 질서를 거치지 않고, 상호간의 커뮤니케이션을 통해 수평적인 네트워크를 구성해 특정 프로그램을 시뮬레이션한다.[33] 이때 객체들 간의 커뮤니케이션은 전적으로 사용자와의 인터랙션을 통해 이뤄지는데, 앨런 케이는 이 인터랙션의 형식을 디자인하기 위해 바로 브루너의 인지 모델을 동원한다. 케이는 다음과 같이 말한다.

"[브루너의 제안에 따르면, 인용자 주] 우리의 정신계mentalium는 마치 다양한 특성을 지닌 서로 다른 멘탈리티들로 구성된 것처럼 보인다. 각각의 멘탈리티들은 서로 다른 방식으로 기능하고, 서로 다른 방식으로 추론하며, 종종 서로 마찰을 일으키기도 한다."[34]

이런 측면에서 보자면, 사실상 브루너의 인간을 대화의 상대로 상정하는 이상, 스크린 표면의 발화는 단일한 표상 양식에 귀속될 수 없다. 브루너의 인지 모델은, 복수의 표상 양식, 복수의 멘탈리티, 복수의 알고리즘이 다양한 경로를 거쳐 순차적으로 부상하고 끊임없이 음모를 꾸미며 충돌하는 혼돈의 상태 그 자체이다. 따라서 그 혼돈의 상태와 대화해야 하는 컴퓨터의 인터페이스 역시 그에 상응하는 복수의 표상 양식, 복수의 멘탈리티, 복수의 알고리즘을 갖춰야 한다.[35] 케이는 이러한 노선을 채택함으로써, 인터랙션에 대한 기존 접근법들을 극복하면서, 객체지향적 프로그래밍 언어의 환경으로 그래픽 유저 인터페이스를 발명할 수 있었다. 그리하여 케이는 "이미지를 통해 행위함으로써 상징을 창출한다"는 가이드라인을 제안하고, 다음과 같은 도표로 그래픽 유저 인터페이스의 기본 골격을 제시한다.[36]

그렇다면 그래픽유저인터페이스는 사용자의 인지 과정에 어떠한 영향을 미치는가? 이 질문에 대한 일차적인 대답은, 브루너의 인지모델에 내포되어 있듯이, 인터페이스 상에서 스크린을 응시하는 시선이 언제나 마우스를 제어하는 촉감적 행위와 짝을 이루면서 임무를 수행한다는 것이다. 하지만 거기에 그치는 것은 아니다. 사용자는 스크린 창에 독특한 표상 형식으로 출몰하는 디지털 코드의 객체들을 직접 제어하기 위해, 상황에 따라 특정한 인지모델을 선택해 반응해야 한다. 브루너의 모델에 따르면, 인간 사용자는 중첩 윈도우와 마우스와의 인터랙션을 거듭하면서, 움직이는 것(행위적 표상)과 보는 것(시각적 표상)과 사유하는 것(상징적 표상)을 즉각적으로 번갈아가면서 혹은 동시에 행하게 된다. 즉 그는 더이상 스크린을 바라보는 탈신체화된 시선의 관찰자가 아니라, 눈과 손과 두뇌의 역동적 관계가 창출해 내는 탈중심화된 인지의 행위자가 되는 것이다.[37]

이후, 폴 배런의 분산 네트워크를 원형으로 삼는 인터넷이 확산되고, 그래픽 유저 인터페이스가 인간-컴퓨터 인터랙션의 형식으로 보편화되기 시작하자, 우리는 브루너의 인지 모델이 좀 더 급진적인 형태로 변모하는 것을 목도하게 된다. 분산인지가 바로 그것이다. 이 개념에 따르면, 가장 고도화된 인간의 인지 활동은 외부 환경과의 인터랙션을 통해 발생한다. 달리 말하자면, 인간의 문제 해결 과정은 우리가 신체라고 부르는 피부 주머니, 다시 말해 피부와 골격의 요새 내부에서만 진행되지 않는다. 일반적으로 생물학적 두뇌는 데카르트적 의식의 극장으로, 그리고 정신적·신체적 문제를 총괄적으로 제어하는 중앙집중적 프로그램의 처소로 간주되곤 하지만, 분산

인지의 관점에서 보면 이는 잘못된 것이다. 왜냐하면 이 관점은 두뇌의 중요성을 부정하지는 않지만, 그렇다고 해서 그것이 사유와 판단에 관한 독점권을 보유하고 있다고 보지도 않기 때문이다. 오히려 분산인지의 입장에서 보자면, 인간의 의사 결정은 신체 내부에서 분화된 이질적인 인지 엔진들이 특정한 외부의 인터페이스와 접속해 독특한 질서로 결합하면서 개별적인 업무를 수행한 결과이다. 즉 인간의 인지란, 인간의 두뇌, 신체적 운동—감각, 외부의 미디어 인터페이스 등의 개별 단위들이 상황에 따라 서로 연결되고 조정되는 과정의 산물인 것이다.[38] 특히 여기에서 인터페이스는 중요한 역할을 하는데, 인지 엔진들의 분산적인 조직화를 촉발할 뿐만 아니라, 그 과정 속에서 외부와의 채널화된 관계를 체현하기 때문이다.

이 개념을 쉽게 설명하기 위해 두 가지 유형의 디자인 문제 해결 과정을 상정해보는 것도 가능하다. 첫 번째 유형의 디자이너는 일단 자신의 머리속에서 아이디어를 구상한 후에 3D 모델링 소프트웨어로 해결안을 시각화하는 반면, 두 번째 유형의 디자이너는 소프트웨어와의 신체적인 인터랙션을 통해 즉각적으로 조형적 문제 해결에 나선다. 물론 실무에서 이 두 가지 유형을 명쾌하게 분리하기는 어렵지만 위 논의의 맥락에서 보자면, 후자의 유형이 분산 인지의 개념에 더 가깝다고 할 수 있다. 주판이 없는 상황에서도 손끝으로 가상의 주판알을 튕기면서 복잡한 사칙연산을 능숙하게 푸는 초등학생의 모습이 예시하듯이, 후자의 경우 디자이너의 인지와 인터페이스의 물질적 차원 간의 경계는 매우 모호해 진다.[39]

아마도 여기까지가 우리가 〈새〉의 한 시퀀스를 길잡이로 삼아, 냉전의 이상 기후를 염탐하면서 그려볼 수 있는 분산의 연대기의 끝자락일 것이다. 목표 지점의 패턴을 찾으려는 적 폭격기와 인공위성의 시선에서, 분산 네트워크와 세미라티스를 거쳐, 컴퓨터 인터페이스와 그 대응물로서의 분산인지 모델에 이르기까지. 그런데, 잠깐. 이 글은 분산과 관련된 다양한 사건들을 병렬적 서사의 형식으로 응결시켰다. 그런데, 이것이 과연 적절한 것일까? 혹시 이 사건들이야말로 분산적 서사의 형식을 빌려 기술되어야 하는 것은 아닐까? 끊임없이 갈라지고 다시 이어지는 미로 속을 헤매다가, 편집증적 발작을 일으키며 음모론의 함정에 빠질 위험이 상존한다고 하더라도 말이다.

31
제롬 브루너, 김인식 외 역, 〈수업 이론 입문〉, (서울 : 배영사, 1991)

32
Branden Hookway, "Cockpit", (Cold War, Hot Houses), ed. Ann Marie Brennan and Jeannie Kim (Princeton : Princeton Architectural Press, 2004), pp.22–54.

33
절차적 프로그래밍 언어와 객체-지향적 프로그래밍 언어의 차이에 대해선 다음을 참조하시오. Wolfgang Hagen, "The Style of Source Codes", 〈New Media, Old Media〉, ed. Wendy Hui Kyong Chun and Thomas Keenan (New York : Routledge, 2005).

34
Alan Kay, "User Interface: A Personal View", 〈The Art of Human-Computer Interface Design〉, Brenda Laurel (ed.) (New York: Addison-Wesley, 1990), p.194.

35
Alan Kay, "A Personal Computer for Children of All Ages", Proceedings of the ACM National Conference (1972), p.9–10.

36
Alan Kay, "User Interface : A Personal View", p.197.

37
그래픽 유저 인터페이스의 발명 과정 전반에 대해선 다음의 논문을 참고할 것. 박해천, "은유의 건축술 : 앨런 케이의 그래픽유저인터페이스", 현대미술사연구, 제 18집, 2005, pp.73–106.

38
Andy Clark, 〈Being There : Putting Brain, Body and World Together Again〉 (Cambridge: MIT Press, 1997), pp.53–69.

39
한편 브루너의 인지모델, 케이의 인터페이스, 분산 인지 사이에 순환적 인과성의 관계를 설정해 보는 것도 충분히 가능해 보인다. 달리 말하자면, 탈중심화된 인지 모델이 그래픽유저인터페이스의 청사진으로 사용되고, 사용자는 시행착오를 거쳐 그 인터페이스에 적응해 객체 지향적인 방식으로 과업을 수행하며, 그리하여 이런 현상을 포착한 인지과학자가 좀 더 급진적인 형태의 인지 모델을 제안하고 이를 근거로 또 다른 인터페이스를 설계하게 되는 일련의 과정을 그려볼 수 있다는 것이다. 만일 이 과정에서 인지 모델과 인터페이스 간의 피드백이 더욱 빠른 속도로 가속화된다면, 종국에는 분산의 극한이라고 할 만한 들뢰즈와 가타리의 '기관 없는 신체'와도 조우할 수 있게 되지 않을까?

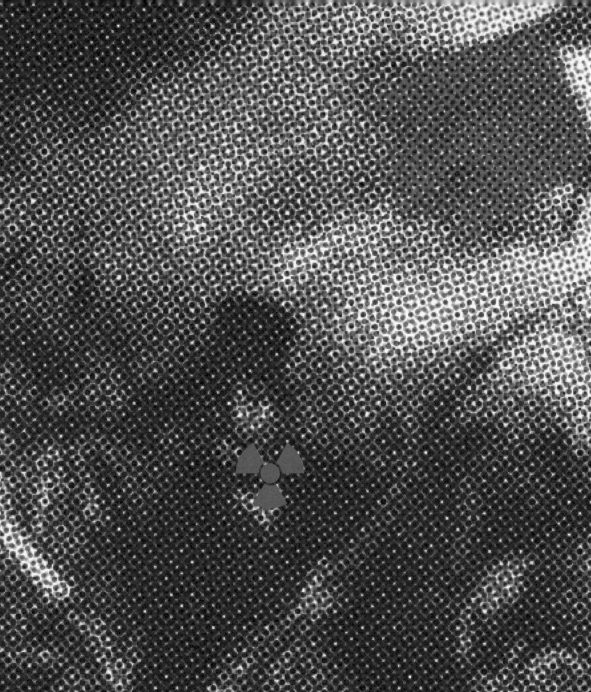

핵 프로젝트 1 – 원자력발전소
The Nuclear Power Plant Project - The ground cloud, Photography, 2003

제2차 세계대전 후 동·서양 진영으로 나뉘어진 냉전의 시대가 시작 되었다. 양 진영은 군비 경쟁을 시작했고 우라늄의 공급이 중요한 문제로 대두 되었다. 미국 내 포코너 근처에 있는 곳이 최대의 매장지로 발견되었고, 그 중에서도 나바호 보호구역은 가장 풍부한 우라늄 매장지임이 알려졌다. 1940년대부터 개발이 시작된 우라늄 광산개발은 1950년대부터 본격적으로 개발되어 1980년대까지 이어졌다. 이 기간 동안 약 1만5천명의 광부들이 우라늄 광산에서 일했고 이중 30%의 광부와 제분업자가 원주민이었다. 우라늄 채석에는 반드시 보호장구와 환기시설이 되어 있어야 했지만 미국 정부와 광산회사는 어떠한 경고나 시설 마련을 하지 않았다. 대 공황이후 경제적으로 더욱더 열악해진 원주민 사회에서는 일자리가 생긴 것만으로 마냥 좋아했다. 거의 모든 가족에는 우라늄 광산에서 일하는 남자들이 있었다. 원주민들의 증언에도 나와 있듯 원주민 광부들은 작업하는 우라늄 광산에서 아무런 경고도 없이 방치되었음을 알 수 있었다.

티모시비날리는 전직 우라늄 광부였다.

그는 아리조나 코브의 커 멕지 광산에서 일했다. 1993년 의회청문회에서 밝힌 증언에 따르면 "작업조건은 참혹했습니다. 조사관들은 환기시설을 둘러보았습니다. 검사관들이 조사하지 않으면 환기시설은 그냥 방치되었고 심지어 이따금씩 작동되지 않기도했습니다. 폭발 후의 자욱한 연기 속에서 버팀목도 없는 공간에 바로 들어가 광석을 채취하곤 했습니다. 언제 천정이 붕괴될지 모른다는 불안이 늘 있었습니다. 감독관은 언제나 백인이었고 드물게 광산 안으로 들어왔습니다. 나는 그것에 대해 불평했고 우리가 조합을 만들어 우리의 권리를 갖자고 말했다가 해고 당했습니다. 나와 같이 일했던 친구들은 이제 암이나 다른 병으로 모두 죽었습니다. 살아남은 사람들은 서류를 만들어 소송을 제기했고 몇몇은 여전히 기다리고 있습니다. …우라늄 광산에서 일한 사람들은 1950년대부터 죽기 시작했습니다. 우리는 전통의식으로 남자들을 살리려 애썼습니다. 전통적인 치료법도 썼고 어떤 이는 원주민 교회에서 치료했습니다. 하지만 그들은 점점 죽어갔습니다.

그들은 건장했던 보통 남자들이었습니다."

보호장비 등을 지급받지 못한 원주민은 방사능에 노출되었고, 1960년이후부터 사람들이 죽어가기 시작했다. 우라늄 피해자 모임에 가서 만난 얼Earl이라는 원주민은 지금 48세인데 우라늄 광부였던 아버지Herbert D Yazzie와 함께

An era of cold war started after the World War II between the West and the East. The two sides started arms race, which made uranium supply a critical issue. An area near Four Corners of the U.S., especially Navajo Reservation, turned out to be the richest in uranium in the nation. Uranium mine development started in the 1940s and went into full swing in the 1950s, which continued until the 1980s. During this period, approximately 15,000 miners worked in uranium mines and 30% of the miners and millers were Native Americans. While protective facility and ventilation are absolute requirements for uranium mining, neither the U.S. government nor the mining company issued any warning or prepared protective facility. As the community of the Native Americans had been in dire economic situation after the Great Depression, it welcomed job opportunities with open arms. In almost all family, there was at least one man working aturanium mine. Testimonies of the Native Americansshow that miners were left to themselves without a single word of warning when they worked in the uranium mines.

Timothy Hugh Benally, who also a uranium miner, in February 1993 recalled the conditions of the Kerr-McGee mines in the Cove area of Red Valley. From his office, He spoke of those days:
he working conditions were terrible. Inspectors looked at the vent[ventilation fans]. When they weren't inspected, they were left alone. Sometimes the machines [for ventilation] didn't work…They told the minors to go in and get the ore shortly after the explosions when the smoke was thick and the timbers were not in place. There was always the danger of ceiling coming down them.
he foremen were Anglos [white men] and rarely went into the mines. I complained about that. I said if we were represented by a union, we'd get our rights. I was fired again. I left it… The people I worked with are now all dead from cancer or other causes… A lot [of those living] have file claims, and some are still waiting. It's kinda sad to see people come and file claims and their

핵 프로젝트 2 – 우라늄과 미국 원주민
Uranium and Native Americans, Victim's of
Cold War, Photography 2005~2007

어렸을 때부터 광산에 살았다고 한다. 그는 광산 부근의 웅덩이에서 헤엄치며 놀았다고 한다. 그 결과 때문일까. 지금 얼의 가족 중 아프지 않은 사람이 없다. 할아버지, 아버지, 아들, 딸 등 아플 때마다 병원에 가지만 그것은 일시적인 치료일 뿐 자신들은 죽는 순간까지 아플 것 같다고 말한다.

튜바Tuba City시 근처의 한 원주민 마을은 우라늄 침출수로 인해 많은 마을 사람들이 암에 걸렸다. 광산 종사자의 경우, 가장 많이 나타나는 증상은 폐암이며, 어떤 병인지 알 수 없는 병들도 여럿 있다고 한다. 현재 당장 시급한 것은 폐광의 폐쇄이다. 나바호지역에만 약 1천1백여개의 우라늄 광산이 있다. 이 크고 작은 광산은 Dog Hole 이라고 불리며, 아직 폐쇄되지 않은 광산근처의 웅덩이 물을 지금은 동물들이 마시고 있다.

내가 들린 애리조나주 코브Cove의 한 마을에는 남편들이 모두 죽어 미망인과 아이 몇명 만이 삶을 이어나가고 있었다.

세상엔 용서가 가능한 일과 그렇지 않은 일이 있다. 이 일은 용서가 가능할까? 그렇다면 누구를 용서해야할까? 냉전의 피해자라고 이들은 스스로를 위로한다. 이 같은 상황이지만 미국 정부는 여전히 바뀔 조짐을 보이지 않고 있다. 2005년도에 보호구역 안에서 이루어질 새로운 우라늄 광산개발계획을 미국정부와 의회는 통과시키고 말았다. 피해자 모임에 가면 미망인들이 한없이 울며 하소연 한다. 그 곳에서 만난 원주민 청년 필 해리슨Phil Harrison은 나바호 우라늄 피해가족을 위해 평생 일하기로 다짐한 사람이다. 아버지가 우라늄 광부였고 폐암으로 사망했다. 이후 수많은 피해자가 속출하고 있음에도 불구하고 원주민들은 아무런 대책없이 하소연만 할 수 밖에 없었다. 그는 누군가 이 문제를 해결해야 한다고 생각했다. 스스로 발로 뛰며 알아보면서 현재는 방사능노출 보상 운동과 관련된 업무를 보는 사무실ReCa Field Office; Radiation Exposure Compensation Act을 운영하고 있다. 그는 이 사무실에서 미국정부의 정책과 그것이 무엇을 의미하는지 설명하며 그리고 법적 조건 등에 관한 자료를 찾고 정리하며, 그 결과를 원주민 지역마다 다니면서 알린다. 이 일 때문에 보호구역 안에서 지난 4년간 이동한 거리가 20만 마일(32만km)에 이른다고 한다.

1994년 윌리엄 클린턴 대통령취임 이후 인간 방사능 실험 조사 위원회가 결성되었다. 그들이 뉴멕시코에 왔을 때, 여러 숨겨진 진실과 증언들이 비밀테잎Red Tape에 기록되기 시작했다.

보호구역내 부족정부 정책은 더이상의 우라늄 광산은 없을 것이라고 말한다. 그러나 원주민 사회와 연방 정부와의 갈등은 계속 깊어지고 있다. 현재 원주민 부족 정부는 국제 방사능 관련 위원회에 이 사실을 알리는 등 이 문제를

claims are held up for various reasons. We filed some test cases and saw how they are processed. We 'll see what happens.

The people who worked in the mines started dying in the 1950s. We tried traditional ceremonies to cure the husbands. We tried traditional remedies, and some tried the Native American Church. They gradually went down. They were usually heavyset men, and when they died they were skin and born.

The Native Americanswho did not receive any protective gear were exposed to uranium radiation, which led to a series of deaths since the 1950s.

I met Earl at an association of uranium exposure victims. He is now 48 years old. He said that he lived in a mining village with his father (Herbert D Yazzie), who was a uranium miner.He told me he used to swim and play in puddles or pools near the mine. Probably because of that, he said, all the members of his family suffer from sickness of some sort. His grandfather, father, son and daughter – while all of them go to hospital for temporary treatment, he thinks that they will suffer from pain until the day they die.

Many people in a village near Tuba City contracted with cancer due to contamination by subsurface water from uranium. For miners, the most commonly contracted disease is lung cancer,along with many other sicknesses that are difficult to identify. What is urgent now is reclaiming abandoned mine lands. In Navajo alone, there are about 1,100 uranium mines. These mines which are of various sizes used to be called 'dog holes' in the past and animals still drink water from puddles scattered around the mines not reclaimed yet.

Ina village in Cove, Arizona, there were only a couple of children and widows left, because all their husbands passed away. While some things in life are forgivable, others are not. Can this be forgiven? Then,who should be the ones to be forgiven? These people try to console themselves, by saying that they are simple victims of the cold war. Regarding the situation, the U.S. does not show any signsof change. In 2005, the U.S. government and the Congress passed an act to allow new uranium mine development within the Reservation. Gatherings of victims

국제적인 이슈로 부각시키고자 노력 중이다. 그러나 미약한 정치적 힘 때문에 아직도 갈 길이 멀다고 한다. 현재 보호구역내 병원에선 이들 피해자들과의 인터뷰를 진행하고 있는데, 정부의 특별관리 대상이다. 나바호 구역안의 병원에서는 우라늄 광부, 가족만을 치료하고 상담하는 의사들이 있다. 이들은 이들과의 모든 진료 기록, 경과 등을 자세하게 기록한다. 이것은 앞으로 미 정부 내에서 기밀 해제 전까지는 일절 밖으로 알려지지 않을 것이다. 민감한 사안이므로 특별 관리 대상인 것이다.

핵 프로젝트 2 – 우라늄과 미국 원주민
Uranium and Native Americans, Victim's of Cold War, Photography 2005~2007

are always filled with constant weeps and moaning of the widows. Phil Harrison, a young Navajo I met there, is committed to dedicate his whole life to fight for Navajo victims' families. His father was a uranium miner and died of lung cancer. Though new victims have constantly appeared since his father's death, the Navajos just immersed in sorrow and did not take any action. He decided that someone should try to resolve the problem. He rolled up his sleeves and gathered information. Now he runs ReCa Field Office; Radiation Exposure Compensation Act. In this office, he collects and organizes the policies of the U.S. government, their implications, and legal terms, and then, communicates the details to the Navajos, traveling to various villages in the Reservation. This led him to travel over 200,000 miles (320,000 kilometers) within the Reservation over the past 4 years. After inauguration of William Clinton as President of the U.S. in 1994, Committee on Human Radiation Experiments was established. When the victims came to New Mexico, the truths and testimonies started to be recorded in Red Tape.

Tribal government policy in the Reservation states that there will no more uranium mine. However, the rift between Navajo community and the federal government has been deepening. Currently, the tribal government has been striving to raise this as an international issue, by releasing the information to international committees related to radiation. However, it seems that there is a long way to go, as their political power is weak. Even at this moment, the victims in hospitals in the Reservation are being interviewed. They are under special 'care' of the government. In the hospitals in Navajo Reservation, there are doctors dedicated to treatment of uranium miners and their families. They meticulously record all the details of diagnosis and progress. The details will never be released until they are declassified by the U.S. government in the future. Itis a subject of special care, as it is a highly sensitive issue.

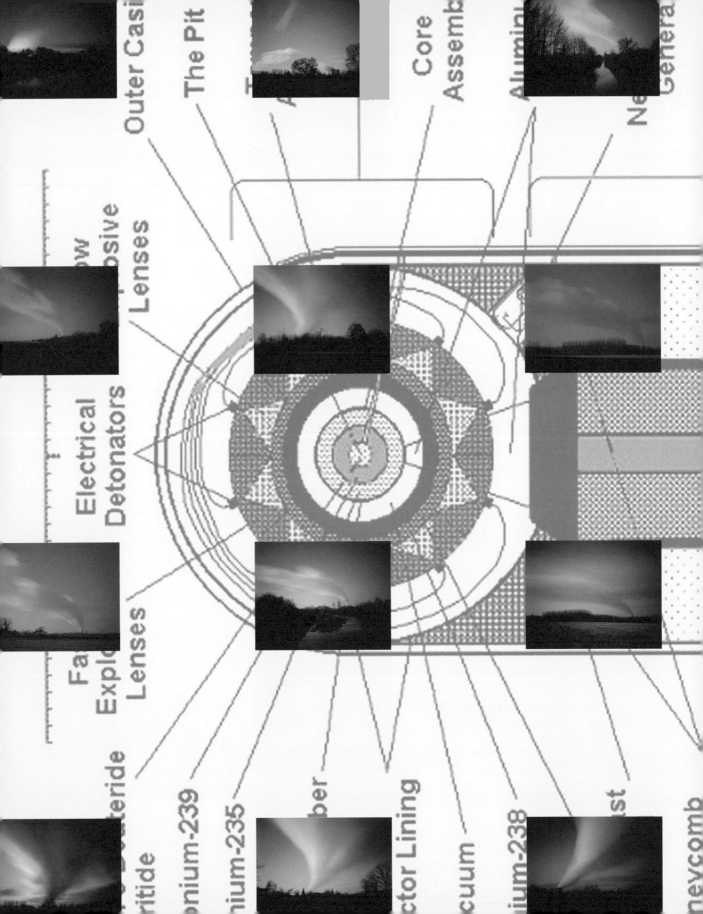

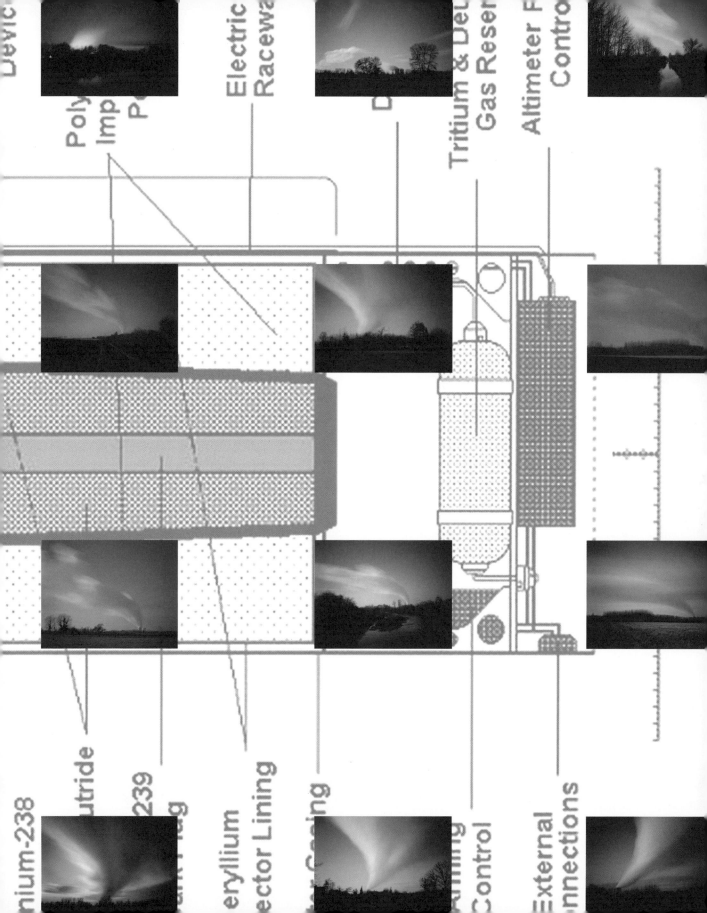

Making Atomic Bomb

The history of atomic bomb coincides with the history of quantum mechanics. In the early 1930s, as the possibility of nuclear weapons was raised, scientists dove into research as if to say the Nobel Prize was the highest honor that a scientist could pursue. In the field of physical chemistry where scientific discoveries often find military application, scientists are seldom blamed for the eventual use or abuse of their discoveries. After all, no matter how great a scientist is, he has no influence on the state's utilization of what is inside Pandora's Box. Perhaps, North Korean nuclear scientists find their place somewhere on this graphic that represents the history of nuclear research and development.

원자폭탄 만들기

원자폭탄개발사는 양자력학사와 완전히 겹친다. 1930년대 초에는 핵병기의 가능성이 거론돼, 과학자들은 바야흐로 노벨상을 받는 것이 최고의 영예라고 말하려는 듯 연구에 몰두했다. 군사이용과 완전히 독립하는 것이 어려운 물리화학분야에서는 연구 성과가 어떻게 이용되어도 연구자에게 비난이 미치는 경우는 거의 없다. 결국 아무리 우수한 과학자라고 하더라도 일단 열린 판도라 상자의 내용에 흥미를 가진 국가권력에 대해서는 말할 방법이 없는 것이다. 핵개발의 과정과 과학자들의 연구과정을 보여주는 이 정보 그래픽의 끝부분 어디쯤에 북한의 핵과학자들이 자리하는 건지도 모르겠다.

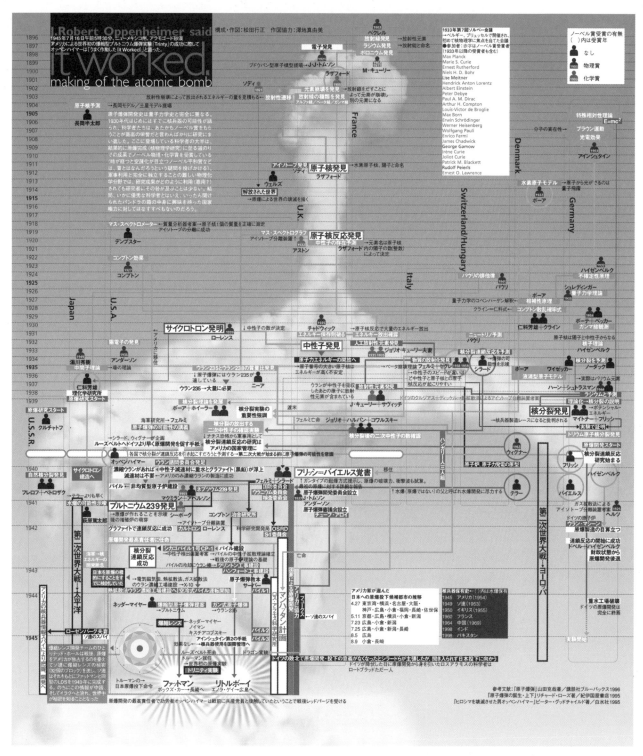

Yukimusa Matzdu, Making of the atomic bomb

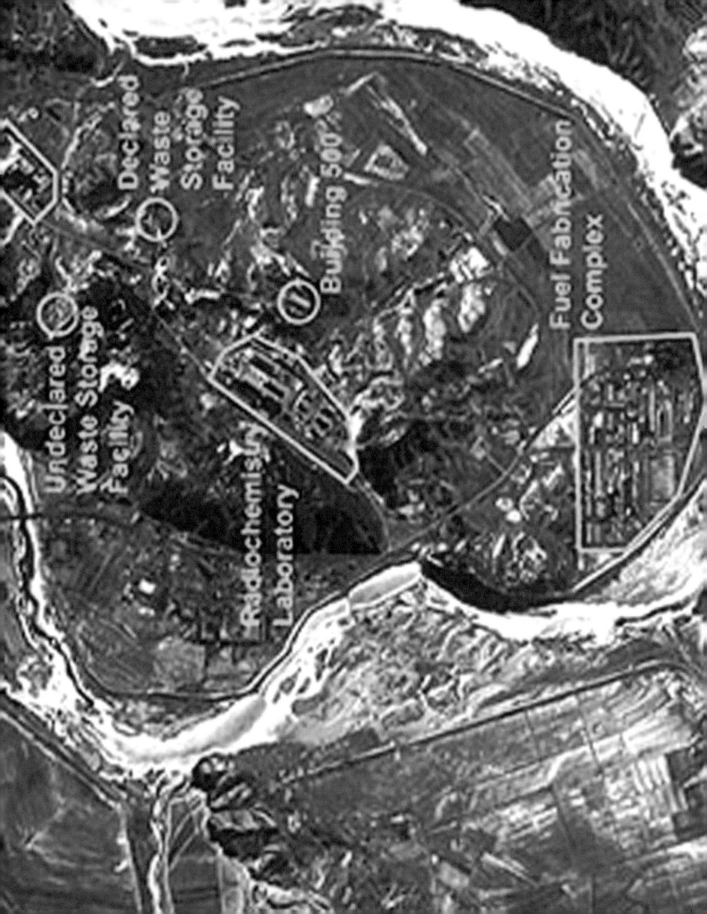

Power Stock Chart : 일간차트-종합주가지수[U001][1995/12/16 - 2006/10/4]

MA(종가, 5) —MA(종가, 10) —MA(종가, 20) —MA(종가, 60) —MA(종가,120) —MA(종가,200) —

2005. 2. 11
핵보유선언

거래량 MA 20 —MA 60 —

2004/8 9   10   11   12   2005/1   2   3   4   5   6

[c] 2006 Daishin Securities Co., Ltd.

2002년 2차 북핵위기 이후 일지

북핵 사태와 6자회담

북한이 31일 베이징에서 열린 중국.미국과의 비공식회담에서 6자회담에 복귀하기로 전격 합의했다.
2002년 10월 제임스 켈리 미국 특사의 방북을 계기로 불거진 제2차 북핵위기 이후 주요 과정을 일지로 정리했다.

2002
▲10월 3일
제임스 켈리 특사 등 미국 대표단 8명 북한
방문
▲10월 17일
미, "북한 핵무기 개발계획 추진" 발표
▲10월 23일
남북 제8차 장관급회담 공동보도문에서 "핵
문제를 비롯한 모든 문제를 대화의 방법으로
해결하도록 적극 협력하기로 한다"고 명시
▲10월 25일
북, 외무성 대변인 담화 통해 북─미간
불가침조약 체결 제의
▲11월 15일
한반도에너지개발기구(KEDO) 집행이사회,
12월분부터 북 · 미 기본합의문에 따른 대북
중유 지원 중단 결정
▲12월 12일
북, 핵동결 해제 선언
▲12월 21일
북, 핵시설 봉인과 감시카메라 제거 등
핵동결 해제조치 개시
▲12월 31일
부시 미 대통령, 북핵 문제 외교적 방법으로
평화적 해결 천명

2003
▲1월 6일
국제원자력기구(IAEA) 특별이사회, 북한의
핵동결 해제 원상회복 촉구 결의안 채택
▲1월 10일
북, 정부성명 통해 핵무기비확산조약(NPT)
탈퇴 선언
▲2월 12일
IAEA 특별이사회, 북핵문제 안보리 보고
결의안 채택
▲4월 23~25일
북.미.중, 베이징에서 3자회담 개최
▲8월 27~29일
제1차 6자회담 베이징에서 개최
▲10월 2일
북, 폐연료봉 재처리 완료 및 핵억제력 강화
방향으로 용도 변경 가능성 경고
▲10월 20일
부시 대통령, 다자틀 내 대북 안전보장 제의
▲10월 25일
북 "부시 '불가침 담보' 발언 고려 용의 있다"
▲11월 21일

KEDO, 대북 경수로사업 12월 1일부터 1년
동안 중단 결정
▲12월 9일
북, '1단계 동시일괄타결' 제의

2004
▲2월 25~28일
제2차 6자회담 베이징에서 개최
▲4월 7~8일
한.미.일 3자협의, '북한의 완전하고 검증
가능하며 돌이킬 수 없는 핵폐기(CVID)'
재확인
▲5월 22일
북 · 일 정상회담 평양서 개최
▲6월 23~26일
제3차 6자회담(베이징)
▲7월 24일
북 "미국이 3차회담에서 내놓은 제안은
리비아식 선(先) 핵포기 방식이어서 논의
가치 없다. 미 보상 참가가 핵문제 해결
열쇠"

2005
▲2월 10일
북, 핵무기 보유 선언
▲3월 2일
북, 조선중앙통신 통해 '부시2기 정부가
성의를 보이고 행동해 6자회담이 개최될 수
있는 조건과 명분을 마련할 경우 언제든지
6자회담에 나 가겠다'는 요지의 외무성
비망록 발표
▲3월 31일
북 "6자회담은 군축회담 돼야"
▲5월 11일
북, 영변 5MW 원자로에서 폐연료봉 8천개
인출 완료 발표
▲6월 21~24일
남북장관급회담. 핵문제를 대화의 방법으로
평화적으로 해결하기 위한 실질적 조치를
취해 나가기로 합의
▲9월 13~19일
2단계 제4차 6자회담.
북의 '모든 핵무기와 현존 핵계획 포기' 등
6개항 공동성명 채택
▲11월 9~11일
1단계 제5차 6자회담
'공약 대 공약' '행동 대 행동' 원칙에 따라
공동성명 이행 등의 의장성명 채택

▲12월
정부, 북미 양측의 대결 구도를 완화하기
위해 제주도서 6자회담 수석대표들간 비공식
회담 제의. 북측 거부로 무산

2006
▲1월 18일
북.미.중 6자회담 수석대표 베이징서 회동 북,
"선(先) 금융제재 해제" 요구
美측 기존 입장 고수
▲3월 7일
북미, 금융문제 논의 위한 '실무적 접촉'.
북, 위폐문제 해결을 위한 정보교류와
합동협의기구 설치를 제안 했지만
미, "불법행위는 협상대상이 아니다"고 거부
▲6월 1일
북 외무성, 미국측 6자회담 수석대표를
초청했으나 미측 거부.
▲7월 5일
북, 미사일 발사.
▲7월 16일
UN 안보리 결의 1695호 만장일치로 통과.
북측은 즉각 거부
▲7월 28일
아세안지역안보포럼(ARF) 계기로
한.미.중.러.일 등 6자회담 참가 5개국에 호주,
뉴질랜드, 캐나다, 인도네시아, 말레이시아
등이 참여한 '10자 외교장관 회동' 개최
▲8월 1일
ARF, 북한 미사일발사에 대한 국제사회 우려
담은 의장성명 채택
▲8월 18일
미 ABC방송, 정보당국을 인용해 북한의
지하핵실험 준비설 제기
▲9월 9일
중국 등 세계 24개 금융기관 대북 거래 중단
▲10월 3일
북한, 핵실험 계획 발표
▲10월 6일
유엔 안보리, 북한 핵실험 포기촉구 의장성명
발표
▲10월 9일
북한, 핵실험 실시
▲10월 15일
유엔 안보리 헌장 7조 의거 대북한 제재결의
가결

출처: 연합뉴스

North Korea Nuclear Program Chronology

This Chronology of the North Korean Nuclear Program begins in 1989 with the end of the Cold War and the decline of the USSR as the main economic ally of North Korea. The Chronology mainly addresses the conflict between the United States and North Korea, while including the influences of the other members of the Six-Party Talks, China, Russia, South Korea, and Japan.

1989: Soviet control of communist governments throughout Europe begins to weaken and the Cold War comes to a close. As the USSR's power declines, North Korea loses the security guarantees and economic support that had sustained it for 45 years.
Through satellite photos, the U.S. learns of new construction at a nuclear complex near the North Korean town of Yongbyon. U.S. intelligence analysts suspect that North Korea, which had signed the Nuclear Nonproliferation Treaty (NPT) in 1985 but had not yet allowed inspections of its nuclear facilities, is in the early stages of building an atomic bomb.[1] In response, the U.S. pursues a strategy in which North Korea's full compliance with the NPT would lead to progress on other diplomatic issues, such as the normalization of relations.

1991: The U.S. withdrew its last nuclear weapons from South Korea in December 1991, though U.S. affirmation of this action was not clear, resulting in rumors persisting that nuclear weapons remained in South Korea.[2] The U.S. had deployed nuclear weapons in South Korea since January 1958, peaking in number at some 950 warheads in 1967.[3]

1992: In May, for the first time, North Korea allows a team from the International Atomic Energy Agency (IAEA), then headed by Hans Blix, to visit the facility at Yongbyon. Blix and the U.S. suspect that North Korea is secretly using its five-megawatt reactor and reprocessing facility at Yongbyon to turn spent fuel into weapons-grade plutonium. Before leaving, Blix arranges for fully equipped inspection teams to follow.
The inspections do not go well. Over the next several months, the North Koreans repeatedly block inspectors from visiting two of Yongbyon's suspected nuclear waste sites and IAEA inspectors find evidence that the country is not revealing the full extent of its plutonium production. In an interview on The Daily Show with Jon Stewart, former Secretary of State James Baker let it slip that North Korea "... had a rudimentary nuclear weapon way back in the days when I was secretary of state, but now this is a more advanced one evidently." He was Secretary of State between 1989 and 1992.

1993: In March, North Korea threatens to withdraw from the NPT. Facing heavy domestic pressure from Republicans who oppose negotiations with North Korea, President Bill Clinton appoints Robert Gallucci to start a new round of negotiations. After 89 days, North Korea announces it has suspended its withdrawal. (The NPT requires three months notice before a country can withdraw.)
In December, IAEA Director-General Blix announces that the agency can no longer provide "any meaningful assurances" that North Korea is not producing nuclear weapons.

12 October, 1994: the United States and North Korea signed the "Agreed Framework": North Korea agreed to freeze its plutonium production program in exchange for fuel oil, economic cooperation, and the construction of two modern light-water nuclear power plants. Eventually, North Korea's existing nuclear facilities were to be dismantled, and the spent reactor fuel taken out of the country.

31 August, 1998: North Korea launched a modified Taepodong-1 missile in a launch attempt of its Kwangmy ngs ngsatellite. US Military analysts suspect satellite launch is a ruse for the testing of an ICBM. [5] This missile flew over Japan causing the Japanese government to retract 1 billion in aid for two civilian light-water reactors. [6] [7]

2002
7 August, 2002: "First Concrete" pouring at the construction site of the light-water nuclear power plants being built by the Korean Peninsula Energy Development Organization under the 1994 Agreed Framework. Construction of both reactors was many years behind the agreement's target completion date of 2003.

3-5 October, 2002: On a visit to the North Korean capital Pyongyang, US Assistant Secretary of State James Kelly presses the North on suspicions that it is continuing to pursue a nuclear energy and missiles programme. Mr Kelly says he has evidence of a secret uranium-enriching programme carried out in defiance of the 1994 Agreed Framework. Under this deal, North Korea agreed to forsake nuclear ambitions in return for the construction of two safer light water nuclear power reactors and oil shipments from the US.

16 October, 2002: The US announces that North Korea admitted in their talks to a secret nuclear arms programme.

14 November, 2002: US President George W Bush declares November oil shipments to the North will be the last if the North does not agree to put a halt to its weapons ambitions.
18 November: Confusion clouds a statement by North Korea in which it initially appears to acknowledge having nuclear weapons. A key Korean phrase understood to mean the North does have nuclear weapons could have been mistaken for the phrase "entitled to have", Seoul says.

2003
10 January, 2003: North Korea announces it will withdraw from the Nuclear Non-Proliferation Treaty.[9]

23 April, 2003: Talks begin in Beijing between the US and North Korea, hosted by China. The talks are led by the US Assistant Secretary of State for East Asian affairs, James Kelly, and the deputy director general of North Korea's American Affairs Bureau, Li Gun.

25 April, 2003: Talks end amid mutual recrimination, after the US says North Korea had made its first admission that it possessed nuclear weapons.

27-29 August, 2003: Six-nation talks in Beijing on North Korea's nuclear programme. The meeting fails to bridge the gap between Washington and Pyongyang. Delegates agree to meet again.

2 October, 2003: North Korea announces publicly it has reprocessed the spent fuel rods.

9 December, 2003: North Korea offers to "freeze" its nuclear programme in return for a list of concessions from the US. It says that unless Washington agrees, it will not take part in further talks. The US rejects North Korea's offer. President George W Bush says Pyongyang must dismantle the programme altogether.

2004
23 June, 2004: Third round of six nation talks held in Beijing, with the US making a new offer to allow North Korea fuel aid if it freezes then dismantles its nuclear programmes.

2005
10 February, 2005: North Korea says it is suspending its participation in the talks over its nuclear programme for an "indefinite period", blaming the Bush administration's intention to "antagonise, isolate and stifle it at any cost". The statement also repeats North Korea's assertion to have built nuclear weapons for self-defence.

11 May, 2005: North Korea says it has completed extraction of spent fuel rods from Yongbyon, as part of plans to "increase its nuclear arsenal".

13 September, 2005: Talks resume. North Korea requests the building of the light-water reactors promised in the Agreed Framework, but the U.S. refuses, prompting warnings of a "standoff" between the parties.

2006
5 July, 2006: North Korea test-fires a seventh missile, despite international condemnation of its earlier launches.

6 July, 2006: North Korea announces it would continue to launch missiles, as well as "stronger steps", if international countries were to apply additional pressure as a result of the latest missile launches, claiming it to be their sovereign right to carry out these tests. A US television network also reports that they have quoted intelligence sources in saying that North Korea is readying another Taepodong-2 long-range missile for launch.

3 October, 2006: North Korea announces plans to test a nuclear weapon in the future, blaming "hostile US policy." [12] Their full text can be read here [13]

6 October, 2006: The United Nations Security Council issues a statement declaring, "The Security Council urges the DPRK not to undertake such a test and to refrain from any action that might aggravate tension, to work on the resolution of non-proliferation concerns and to facilitate a peaceful and comprehensive solution through political and diplomatic efforts. Later in the day, there are unconfirmed reports of the North Korean government successfully testing a nuclear bomb."

9 October, 2006: North Korea announces that it has performed its first-ever nuclear weapon test. The country's official Korean Central News Agency said the test was performed successfully and there was no radioactive leakage from the site. South Korea's Yonhap news agency said the test was conducted at 10:36 a.m. (1:36 a.m. GMT) in Hwaderi near Kilju city, citing defense officials. The USGS detected an earthquake with a preliminary estimated magnitude of 4.2 at 41.311°N, 129.114°E [16]. The USGS coordinate indicates that the location in much north of Hwaderi, near the upper stream of Oran-chon, 17km NNW of Punggye-Yok, according to analysts reports.

14 October, 2006: The United Nations Security Council passed U.N. Resolution 1718, imposing sanctions on North Korea for its announced nuclear test on 9 October 2006 that include largely symbolic steps to hit the North Korea's nuclear and missile programs, a reiteration of financial sanctions that were already in place, as well as keeping luxury goods away from its leaders, for example French wines and spirits or jet skis. However, the sanctions do not have the full support of China and Russia. [18] The resolution was pushed in large part by the administration of George W. Bush, whose party at the time was engaged in an important mid-term election.

18 December, 2006: The six-party talks resume in what is known as the fifth round, second phase. After a week of negotiations, the parties managed to reaffirm the September 19th declaration, as well as reiterate their parties' stances. For more information, see six-party talks.

2007
19 March, 2007: The sixth round of six-party talks commences in Beijing.
25 June: North Korea announces resolution of the banking dispute regarding US$25 million in DPRK assets in Macua's Banco Delta Asia.[26]

14 July, 2007: North Korea announces it is shutting down the Yongbyon reactor after receiving 6,200 tons in South Korean fuel oil aid.

17 July, 2007: A 10-person team of IAEA inspectors confirms that North Korea has shutdown its Yongbyon reactor, a step IAEA Director Mohamed ElBaradei said was "a good step in the right direction". On the same day, a second shipment of 7,500 tons of oil aid was dispatched from South Korea for the North Korea city of Nampo, part of the 50,000 tons North Korea is due to receive in exchange for shutting down the reactor, according to the February 13 agreement.

일본 헌법 9조 개정 반대 신문광고 시리즈

스즈키 히토시는 일본 헌법 9조 개정을 반대하는 신문 광고를 5년 전부터 매년 자원봉사로 디자인하여 도쿄신문,
아사히신문 등에 게재하고 있다. 최근 일본 정치권이 헌법 개정 움직임에 박차를 가하고 있는 가운데, 일본 국민의
62%가 일본의 '전쟁포기'를 규정한 헌법 9조 개정에 대해 반대하고 있는 것으로 나타났다. 그러나 한편에서는
헌법 9조를 개정하여 일본의 자위권을 명시하고, 일본이 다국적군 등 유엔에 의한 집단안전보장활동에도
참가해야 한다고 주장하고 있다.

일본의 현행 헌법은 집단적 자위권을 금지하고 있다. 집단적 자위권이란 자국과 밀접한 관계가 있는 국가가
제3국의 무력공격을 받았을 경우 자국이 직접 공격을 받지 않더라도 제 3국에 대해 무력행사를 할 수 있는
권리이다. 즉, 헌법 9조를 개정하면 일본의 자위대가 스스로 무력을 행사할 수 있게 된다.

일본헌법 9조 개정반대 신문광고 시리즈
Hitoshi Suzuki, The series of newspaper advertising that the against
to revise of article nine of the Japanese Constitution, 2004

Let Wonsan Bombing Be Past-
Can a nuclear fist beat a nuclear bomb?

The hands of the clock were pointing five after five.

"Get that bastard. That bastard is a communist. We must not let him see the daylight again."
"Because of red bastards like you, Kim Jong-il is building nuclear bombs. You got that?"

Their punches were severe. The old men upset about nuclear bombs bombarded the man with their nuclear punches in the face. The man in his 40s was knocked down instantly. The policemen held the old men back and dragged the unconscious man to a nearby ATM booth.

One of the old men spat and said "Asshole. He is just like Roh Moo-hyun."

The old men were wearing military uniforms. Their faces were stern with the determination that they wouldn't hesitate to sacrifice their lives for their country. As the fate of the country is on the line, their ages were only numbers.

While it should waste no time to root out the rogue communist government in the North, the Roh government is actively abetting it let alone sitting idle. The Roh government should not be condoned. It couldn't be. For the fate of the homeland is at stake. The veterans were marching by the Myung-dong Cathedral, burning a fire of patriotism in their hearts.

It was at this point of juncture when the 40 million Koreans should be cheering for the patriotic parade, the man in his 40s complained of the noise. It was almost sacrilegious. He had to pay for it and he did. The man in his 40s may not know about nuclear bombs but he became to know all too well about nuclear fists....

Woonsan Bombing is an old practice in the military that a senior soldier lynches junior soldier by making them to stand on their head and feet with their face down and hands on their back.

시계침은 5시 5분을 가리키고 있었다.

"저 새끼 잡아! 저런 빨갱이 같은 새끼, 저런 새끼는 아주 죽여놔야 해."
"너 같은 새끼 때문에 김정일이가 핵폭탄을 만드는 거야, 알어?"
주먹질은 매서웠다. 핵폭탄에 분노한 노인들의 주름진 손은 핵주먹이 되어
사내의 얼굴에 날아들었다. 40대 중년남성이 나가떨어진 것은 순식간이었다.
주변에 있던 경찰들이 겨우 노인들을 말리고, 널부러진 사내를 은행 365코너로
끌고 갔다.
누군가 침을 뱉었다. "에라이, 노무현 같은 놈아."
노인들은 군복을 입고 있었다. 조국이 부른다면 언제라도 이 한 목숨 불살라
자유대한을 지키리라는 결연한 의지가 얼굴에서 뚝뚝 묻어났다. 나라의 운명이
백척간두에 선 이 마당에 나이가 무슨 걸림돌인가, 나이는 숫자에 불과하다고
노인들은 과시하고 있었다.
당장이라도 김정일 정권을 무너뜨려야 할 판에, 수수방관을 넘어 빨갱이들을
적극 돕고 있는 노무현 정권은 아무리 좋게 보려고 해도, 그럴 수가 없었다.
조국의 운명이 걸린 문제에 어찌 양보가 있을 수 있단 말인가.
우국지정을 가슴에 불태우며, 역전의 용사들은 명동 앞을 행진하고 있었다.
이런 판에, 이런 엄숙하고 장엄한 행렬을 위해 4천만 동포가 박수치고 응원해야
할 판에, 길가에 서있던 40대 남자는 불평을 해댔다. 한마디로 시끄럽다는
거였다. 불온한 것이었다. 그 불평은. 해서 쓴 맛을 보았다, 40대 남자는.
핵폭탄에 대해서는 잘 모르지만, 핵주먹에 대해서는 확실히 알게 되었다.
가슴에 금배지를 단 어떤 여자가 있다고 한다. 그녀는 피감기관인 군부대에서
골프를 치면서 이 나라의 안보를 연구한 끝에 "북한이 AN-2기에 핵폭탄을
싣고 골프장에 착륙할 가능성이 있다"는 결론을 끄집어냈다.
그래서였을까? 그녀는 해병대 사령관에게 원산상륙작전을 주문했다.
최선의 방어가 공격이라는 손자병법의 한 구절을 주워들었던 듯하다.

원산……

원산에서 태어나지는 않았지만, 내게도 원산에 관한 쓰린 기억이 있다.

원산의 성한 나무 한 그루 남기지 않았다던, 반세기 전 원산폭격의 영광은
어찌나 자랑찬 것이었던지, 두고두고 남녘에서도 재현되었다. 나를 포함한
이 땅의 머스마들은 시도때도 없이 원산폭격에 시달린, 아픈 추억을 품고
자랐다.

원산을 불바다로 만들었던 반세기 전의 그것이었건, 내 어린 날의 그것이었건,
이제 원산폭격은 옛 추억으로 충분하다. 핵폭탄을 제거하기 위해 핵주먹이
필요했다면, 우리는 진즉 타이슨을 초빙했을 것이다.

반세기 전 미군은 원산폭격으로 김일성을 제거하였나? 오늘날엔 그것으로
김정일을 제거할 수 있다고 생각하는가, 이라크 침공으로 죽은 건
사담 후세인인가 이라크의 아이들인가, 9.11 테러로 죽은 건 조지 W 부시인가.
민간인인가.

김일성은 천수를 누렸고, 사담 후세인과 조지 W 부시는 두 눈 부릅뜨고 살아
있다. 이렇듯 전쟁의 명분과 결과는 늘 따로 놀았다. 하지만 이상할 게 없다.
전쟁이란 게 원래 그런 것이다. 그래서 혐오스러운 것이다. 빈대 잡으려다
초가삼간 태워 없앤 일을 반복, 또 반복한 것이, 전쟁의 역사였다.

그래서 지겨운 것이다, 전쟁은.

손자의 병법은, 싸우지 않고 적을 굴복시키는 것이야말로 최선의 병법이라
말하고 있다. 제발이지, 한반도에서 핵을 제거하자, 전쟁 말고 다른 방법으로.

10분이 흘렀다.

시계침은 2006년 10월 13일 오후 5시 15분을, 아무 일 없었다는 듯 흘러가고
있었다. 다행히 40대 남자는 이내 정신을 차렸다.

이제는, 이 나라가 정신을 차릴 때다.

돌이운다, 평택 미군기지 확장 이전 반대
Wailing Fields, Photography, 2006

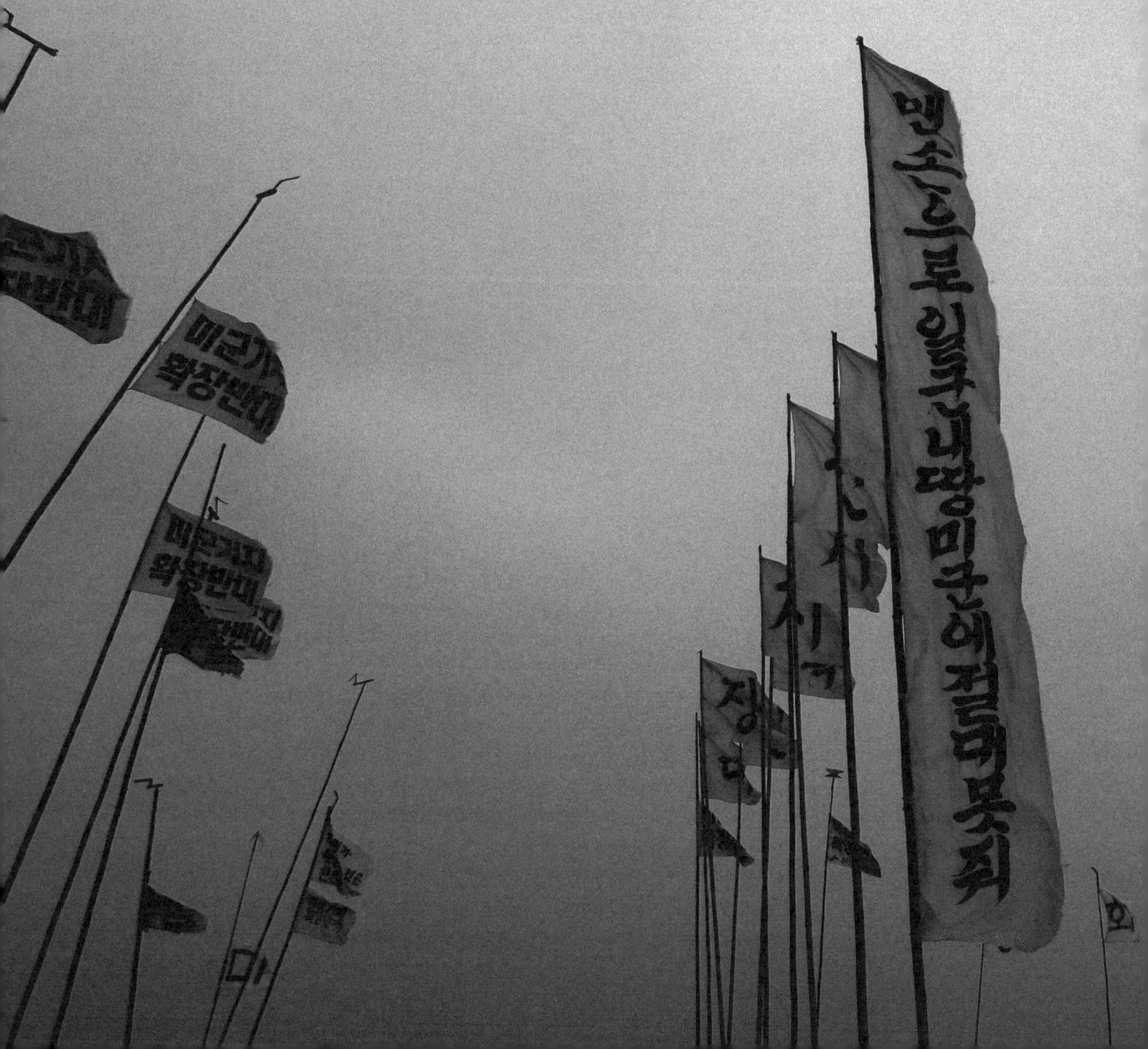

Operation
Hwangsaewool at Dawn

여명의 황새울 작전

We are all human with 36°C warm blood coursing through our body.
우리 모두, 찌르면 36°C의 피를 흘리는 사람이 아닌가.

Reason for Disobedience

operation Hwangsaewool at Dawn

From the Yongsan Military Base to a Cultural Ecological Park

불복종의 이유

여명의 황새울 작전

용산미군기지를 문화생태 공원으로

서울의 심장부가 미군기지?
The Yongsan Military Base of Seoul, Poster, 2000

'용산공화국', '용산 합중국'이란 이름으로 한국의 수도 중심에 자리 잡았던 용산미군기지는 8.15광복 이후부터
줄곧 서울의 한가운데에 304만 6,000㎡의 구멍을 만들어왔다. 미군당국이 '더 유에스 용산 콤파운드'라고 부르는
용산은 고려시대 몽고군이 병참기지로 사용한 이래 오랜 세월동안 외세의 지배를 받으면서 서울시민의 자유로운
접근이 배제되어 온 오욕의 역사를 지니고 있다. 용산미군기지는 시민단체, 지역주민의 줄기찬 요구와 주한미군의
전략계획 수정과 맞물려 이전하게 되었지만 최소한의 절차와 합의없이 평택으로 이전을 강행하였다. 2004년 7월
미래한미동맹정책구상회의에서 논의한대로라면 2008년 12월 31일까지 용산기지는 경기도 평택시 대추리 지역으로
이전이 완료된다. 결국 잘못 끼워진 단추는 제2, 제3의 문제를 발생시켰다.

From the Yongsan Military Base to a Cultural Ecological Park

Jointly with the People's Solidarity for Cultural Action, AGI Society launched a campaign for the relocation of the U.S. Yongsan military compound. Dating back to Korea's independence from the Japanese colonial rule, the U.S. military base, dubbed the "Republic of Yongsan" or the "United States of Yongsan" has been an area of extraterritoriality measured at 3,046,000 ㎡, located at the center of Seoul. Denying Korean citizens' free access, it represents Korea's disgraceful history of foreign dominance since it was first used by Mongol soldiers' as a supply base in Goryeo Dynasty. The persistent demands for its relocation by NGOs and residents coincided with the new USFK concept of strategic flexibility, resulting in the Future of Alliance's Policy Initiative announced in July, 2004 that set out a plan for the relocation of the U.S. Yongsan military compound to Daechu-ri, Pyeongtaek, Gyoenggi Province by December 31, 2008. However, the decision was made unilaterally without consultation or due process. And the first step in the wrong direction led to another.

용산미군기지를 문화생태공간으로
From the Yongsan Military Base to a Cultural Ecological Park, Poster, 2000

용산기지 이전협상 일지

한미양국은 20일 열린 제11차 미래한미동맹정책구상(FOTA) 회의에서 용산기지 이전을 위한 법적 체계인 포괄협정(UA) 및 이행합의서(IA)에 가서명했다. 지난 87년 노태우 대통령후보의 대선공약에서 시작된 용산기지 이전 문제가 이날 가서명으로 이어지기까지 일지는 다음과 같다.

▲ 1987년		노태우 대통령 후보 용산기지 이전 선거공약
▲ 1990년	6월 25일	한미 96년까지 오산, 평택으로 완전 이전 합의
▲ 1991년	6월	용산기지 미8군 골프장 폐쇄
▲ 1993년	5월	정부, 용산기지 이전 재검토 확인
▲ 1993년	6월 15일	국방부, 이전 예정지인 오산기지 주변 터 약 82만6450㎡(25만여평) 매입 중단 발표
▲ 1995년	3월	미, 용산기지에 대사관직원용 아파트 신축계획 통보
▲ 2002년	11월 6일	피터 페이스 미국 국방차관, 이준李俊 국방장관에게 미래한미동맹정책구상회의(FOTA) 제안
▲ 2002년	12월 5일	한미연례안보협의회(SCM,워싱턴)에서 FOTA 발족 서명
▲ 2003년	2월 24일	국방부, 용산기지 이전계획 큰 틀 연내 매듭 방침 천명
▲ 2003년	4월 9일	미래한미동맹 1차회의, 용산기지 이전협상 시작
▲ 2003년	5월 15일	한미정상회담서 조속한 용산기지 이전합의
▲ 2003년	6월 4~5일	FOTA 2차 회의서 미측 용산기지 대체부지 813만2268㎡(546만평) 요구
▲ 2003년	6월 27일	한미국방장관회담서 정상회담 내용 재확인
▲ 2003년	7월 23일	미래한미동맹 3차회의 2006년 말까지 이전 합의
▲ 2003년	11월	미, 연합사.유엔사의 한강이남 이전방침 통보
▲ 2003년	11월 17일	한미연례안보협의회SCM, 용산기지 이전합의 실패
▲ 2003년	12월 5일	야당의원들, 연합사 유엔사 후방이전반대 결의안 제출 발표
▲ 2003년	12월 6일	조영길 국방장관, 연내 협상 마무리 힘들 것으로 전망
▲ 2004년	1월 16일	미래 한미동맹정책구상 6차회의 유엔사.연합사 한강이남 이전 결정
▲ 2004년	2월 14일	FOTA 7차회의, 미측의 오산.평택기지내 주한미군용 주택 1천200채 건립 요구 등으로 합의점 도출 실패
▲ 2004년	5월 6~7일	FOTA 8차회의(워싱턴), 용산기지 이전에 따른 비용과 관련된 모든 조항을 UA에 포함시켜 위헌소지를 제거
▲ 2004년	6월 7~8일	FOTA 9차회의 개최, 이전기지 부지 규모 등 이견으로 협상 결렬
▲ 2004년	7월 22일	FOTA 10차회의(워싱턴) 개최, 기지이전과 관련된 미합의 쟁점 해소, 이전 위한 법적체계인 UA 및 IA 작성
▲ 2004년	8월 20일	FOTA 11차회의(서울) 개최, UA 및 IA 가서명 연합토지관리계획LPP 수정안 서명
▲ 2004년	12월 7일	국회 통일외교통상위, 주한미군 용산기지 이전협정 비준동의안 가결
▲ 2005년	6월~12월	국방부, 이전대상부지 협의매수(전체 용지 면적의 75.8%인 275만2천평)
▲ 2006년	3월 15일	평택기지 터 1차 영농차단작업(농로 폐쇄)
▲ 2006년	4월 7일	2차 영농차단작업(농수로 폐쇄)
▲ 2006년	5월 15일	평택기지 터 한.미 공동측량
▲ 2006년	8월 9일	노무현 대통령 연합뉴스와 특별회견서 "2010년이나 2011년에 평택기지 입주가 이뤄지지 않을까 싶은데 그 결과와 맞춰서 작통권이 환수되지 않을까 싶다" 언급
▲ 2006년	10월	주한미군 시설종합계획(MP) 우리 측에 제시
▲ 2007년	2월 13일	정부, 이주거부 59가주 주민들과 3월31일까지 자진 이주 등을 포함하는 '이주, 생계지원 방안' 합의
▲ 2007년	2월 21일	국방부, 평택 이전부지내에 '공사용 도로' 착공, 8월까지 완공
▲ 2007년	3월 20일	이전기지 종합시설계획(MP) 발표
▲ 2007년	4월~9월	지질조사 및 문화재 시굴조사 예정
▲ 2007년	5월	종합사업관리 용역업체(PMC) 선정 및 기지이전 완료시점 도출 예정　　출처 : 연합뉴스

들이 운다, 평택 미군기지 확장 이전 반대
Wailing Fields, Photography, 2006

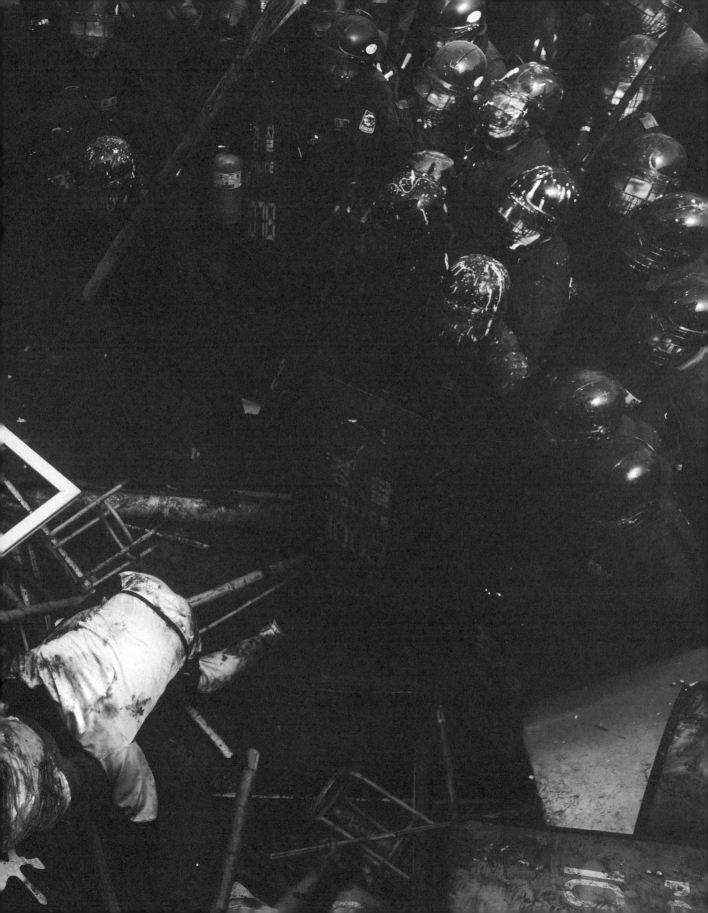

들이 운다, 평택 미군기지 확장 이전 반대
Wailing Fields, Photography, 2006

들이 운다, 평택 미군기지 확장 이전 반대
Wailing Fields, Photography, 2006

들이 운다, 평택 미군기지 확장 이전 반대
Wailing Fields, Photography, 2006

Daechuri 36.5°C

Obligation to Be Free

They say it is too late to do anything about the Pyeongtaek situation. They say it is a done deal. They say there is no solution. Since when do we analyze the odds before putting up a fight? We witnessed in Pyeongtaek that the least of procedural democracy was trampled on. Could it be happening in a matured democracy that brags about the degree of democracy that it has acheived? No, it couldn't be. It shouldn't be.

The President, who once made a tearful plea that he wanted to create a society "where common sense prevails" has completely forgotten about "common sense" since his accession to throne. Ironically, what saved him from impeachment was "common sense" of the people. Recently, he told reporters that he would return home to a farming village to spend his later days growing crops after he retires from the office. When an old farmer in Daechuri heard this, he said to the empty sky "what a cheeky fellow he is." He said "having killed all the farms and farmers (figuratively), he has no farm to return to." And he sighed "I was stupid to vote for the s__ of a b____." The farmers of Daechuri and Doduri plead with us "your just come to visit our village." They beg us to "look around in the Hwangsaewul field and listen to a villager for what he has been through." They say then "you would know what the truth is and what has to be done." Sometimes, it takes time for the "truth" to reveal itself. However, just knowing what is happening in Daechuri would be enough to move anybody

if he has a head and heart because we are all human with 36°C warm blood coursing through our body. Silence chills the "warm blood" in Hwangsaewul. When the old farmers whose backs are bent from the weight of life in the field are gone, there will be no future for us. This is why the developments in Daechuri and Doduri are not their problem but ours. We must not forget we somehow let it happen. Kant once said "if you want to be free, you must speak for the freedom of the suppressed." We are no longer free if we let their freedom suffocated. The moment you turn away from their pain, the pain becomes yours. Ironically, we can only defend ourselves from the tainted freedom imposed by the U.S. with our will and action to be free. We may be late about Pyeongtaek. However, better late than never. We must demand the hearing that has been promised. We must point out the matters and process that had gone wrong. We must request re-negotiation given the changes in circumstances. The old farmers in Hwangsaewul are crying out that we can still make a difference. We must heed the old father's plea that "they may take away our fields; they may take away our spring; but we can always start over as long as we don't let them take away our minds." Otherwise, we will be ashamed of our history and ourselves. The U.S. army may lock the farmers out in Pyeongtaek. However, we hold the key. The question is whether we have a will to use the key to open the lock. Wouldn't you want to let the poor old farmers return to Hwangsaewul where they want to live the rest of their lives in peace?

Printed in Hwanghae Moonwha, Fall Edition, 2006

Reason for Disobedience

operation Hwangsaewool at Dawn

Daechuri 36.5℃

불복종의 이유

여명의 황새울 작전

대추리 36.5℃

대추리 36.5℃

대추리에 관한 몇가지 진술

노순택

아직도 할 말이 남았다.

우릴, 그냥 내버려다오.

바라는 것은 이 뿐이다.

당신들이 빼앗아간 봄은

아직 대추리에 오지 않았다.

장맛비가 몰아치는 이 여름에도

우리는 지난겨울의 칼바람에

몸서리를 친다.

역사적 국책사업 앞에서

작전명 '여명의 황새울'은 새벽 5시에 전개됐다. 윤광웅 국방장관이 긴급기자회견을 자청해 "역사적 국책사업을 집행하는데, 더이상의 기다림은 없을 것"이라는 단호한 의지를 밝힌지 불과 20시간도 지나지 않은 시점이었다. 캠프 험프리 안에 집결한 경찰병력의 움직임이 빨라지는가 싶더니, 하늘에서 수십 대의 블랙호크(UH-60) 헬리콥터가 굉음을 울리며 대추리를 향해 날아올랐다. 포크레인을 앞세운 용역깡패들은 방패와 몽둥이를 든 무장경찰의 호위를 받으며 마을을 포위하기 시작했다.

대나무 막대기를 든 청년들이 마을 진입로에서 이들을 제지하려 했지만, 채 1분도 버티지 못하고 물러서기 시작해 결국 대추분교 운동장으로 쫓겨 들어갔다.

대추리 도두리를 감싸고 있는 너른 들녘은 군인들에 의해 순식간에 장악됐다. 군 작전은 치밀했다. 경찰과 용역깡패들이 마을을 포위하는 사이, 군 병력은 트럭과 배를 이용해 들녘으로 진입했고, 공병대는 헬리콥터가 실어 나른 철조망을 사방에 치기 시작했다. 눈 깜짝할 사이에 군 막사와 초소가 들어섰다.

이것이 이른바 '군사시설물'이었고, 국방부는 관계법령까지 어겨가며 기습적으로 이 지역을 '군사시설보호지역'으로 지정했다. 푸른 보리밭이 짓이겨졌고, 볍씨를 뿌려두었던 논은 마구 파헤쳐졌다. 이따위 것은 아무것도 아니라는 듯.

정부는 이날의 작전을 위해 경찰 115개 중대 1만2천여 명, 수도군단과 700특공연대 2800여 명, 용역업체 직원 700여 명을 동원했다. 작은 농촌마을은 삽시간에 전쟁터로 변해 버렸다.

문정현 신부를 비롯한 정의구현사제단 신부들은 대추분교 지붕 위로 올라가 농성하며, 병력철수를 외쳤다. 대추분교를 포위한 경찰과 용역깡패들은 당장이라도 대추분교 안으로 진입할 태세였다.

마을주민·노동자·학생으로 구성된 '지킴이'들이 학교를 지키기 위해 죽봉을 들고 맞섰으나, 사방을 에워싸고 좁혀드는 공권력을 이겨낼 수는 없었다.

단 한번의 '침탈'로 대추분교 운동장은 시커먼 무장경찰로 가득 찼다. 청년들은 학교건물 안으로 쫓겨 들어가며 치열한 육박전을 벌였다. 미처 건물 안으로 피하지 못한 학생들의 머리 위로 몽둥이와 방패가 날아들었다. 피가 터지고, 살점이 튀었다. 욕지기가 난무하고, "위급한 부상자들을 응급후송하게 해 달라"는 호소와 절규도 이어졌다. 얼굴은 온통 피와 흙과 눈물의 뒤범벅이었다. 생지옥을 방불케 했던 '토끼몰이' 사냥은 성공적이었다.

'지킴이'들을 무장해제시킨 경찰은 대추분교 2층 교실로 쫓긴 노동자·학생들을 모두 연행했다. "아이고, 이 썩을 놈들아, 저 젊은이들이 무슨 죄를 졌다고, 저렇게 죽도록 패고, 또 끌고 가느냐. 이놈들아, 이놈들아…." 늙은 농부들이 경찰을 붙들고 울며 하소연했지만, 아무도 그들의 말을 귀담아 듣지 않았다.

대추분교 지붕 위에서 버티던 문정현 신부는 "연행자들을 모두 풀어주겠다"는 약속을 거듭 확인하고서야 오후 5시쯤 옥상에서 내려왔다. 하지만 경찰의 약속은 거짓이었다. 이날을 전후해 600여 명의 연행자가 발생했고, 이 가운데 200여 명이 입건, 40여 명에게는 '특수공무집행 방해' 혐의로 구속영장이 청구됐다. 부상자만 200여 명에 달했다.

끝까지 버티던 '최후의 13인'이 지붕에서 내려오자, 경찰은 곧바로 대추분교를 허물기 시작했다. 아름드리나무와 미끄럼틀과 그네가 단박에 뽑혀 나갔고, 콩과 보리와 쌀을 모아 주민 스스로 지었던 대추분교는 뿌연 먼지를 내뿜으며 힘없이 무너져 내렸다.

아이들이 마음껏 공부하고 뛰놀던 너른 마당, 그 아이들이 자라 듬직한 청년이 되는 걸 지켜봐 왔던 작은 학교는 쓰린 추억만 남긴채 돌무더기로 변했다. 새벽부터 시작된, 전쟁 같은 하루가 저물고 있었다. 경찰과 국방부 간부들은 놀라움과 흥분을 감추지 않았다. 예상을 뛰어넘는 작전성공에 서로를 치하했고, 느지막이 현장을 찾은 손학규 경기도지사는 호쾌한 웃음을 터뜨리며 이들의 노고를 격려했다.

어린이날을 하루 앞둔 날이었다. 대추리 아이들은 학교에 가지 못했다. 집 밖은 아비규환이었다. 대추리에. 어린이날은 없었다. '역사적 국책사업'이라는 성스러운 나랏일에 어린이날 따위가 무슨 걸림돌이 될 수 있단 말인가.

부처님 오신 날을 하루 앞두고도 있었다. 대추리에, 부처님의 자비는 스며들지 않았다.

- 중략 -

자유로워지라는 명령

평택의 문제는 너무 늦어버린 것 아니냐고, 이미 진 것이 아니냐고 많은 사람들이 말한다. 도대체 답이 안
보인다고도 말한다. 저항이, 언제부터 이길 승산과 답이 있어야 가능한 것이었던가. 절차적 민주주의 정도는
성취했다는 사회에서, 우리는 최소한의 절차적 민주주의마저 짓이겨진 현장을 목도했다. 이것이 민주화
이후의 민주주의를 고민하는 사회에서 벌어질 수 있는 일이라고, 우리는 말할 수 없다.
"상식이 통하는 사회를 만들어 보고 싶다"며 눈물로 호소했던 사람은 대통령의 권좌에 오르자, 상식이
무엇인지 망각해 버렸다. 어이없게도 그를 탄핵의 수렁에서 구해준 것은 '시민의 상식'이었다. 얼마 전 그는
"퇴임 후 고향에 내려가 농사를 지으며 살고 싶다"고 말했다. 이 말을 들은 대추리의 늙은 농부가 빈 하늘에
대고 답했다.
"농사꾼들을 다 죽여 놓고, 농촌을 다 갈아엎어 놓고 무슨 낯짝으로 농사를 짓겠다는거여. 농사는 지놈새끼
지으라고, 가만히 기다리고 있는 것이여? 저런 후레자식을 대통령이라고 뽑은 내가 바보지…."
대추리 도두리의 농민들은 간절하게 호소하고 있다. "한 번만이라도 좋으니, 제발 우리 마을에 와보라"고,
"저 너른 황새울 들녘에 한번 서 보라"고, "이 마을 누구라도 좋으니 붙잡고, 우리들 살아온 인생 얘기 한번
들어보라"고, "그러면 대체 무엇이 사실이고, 무엇이 옳은 일인지, 사람이라면 깨달을 수 있는 법"이라고.
'진실'은 더딜 수도 있다. 허나 대추리에서 무슨 일이 벌어지고 있는지 '사실'을 아는 것만으로도, 우리의
이성과 감성은, 우리의 양심은 움직여야 한다. 우리 모두, 찌르면 36℃의 피를 흘리는 사람이 아닌가. 침묵은,
황새울의 더운 피를 차갑게 굳힐 뿐이다.
한 평생 허리 굽히고 너른 들녘을 가꾸었던, 그 사람들이 사라지고 난 뒤에는 우리의 미래 또한 없을 것이다.
그러므로, 대추리 도두리의 문제는 그곳 늙은 농부들만의 문제가 아니다. 우리 자신의 문제다. 일이 이지경이
된 데에는 우리의 책임도 따른다는 사실을 잊지말자.
"자유롭고자 한다면, 타인의 억압된 자유에 대해 말할 수 있어야 한다"고 칸트는 말했다. 타인의 자유가
압살되는 것을 방치하면서 누릴 수 있는 자유는 없다. 타인의 고통을 외면하는 순간, 내게도 고통이 시작될
것이기 때문이다. 미국이 확산시키려는 더러운 자유를 막을 방법은, 역설적이지만 '자유로워지려는 우리의
의지와 실천'을 통해서만 가능하지 않을까.
늦었다고 해서, 우리가 할 수 있는 모든 가능성이 사라진 것은 아니다. 우리는 약속받은 청문회를 촉구해야
한다. 잘못된 절차와 내용을 따져 물어야 한다. 변화된 상황에 맞는 재협상을 요구해야 한다.
재협상 가능성은 협정문 안에도 명시되어 있으므로, 불가능한 일이 아니다. 늦었지만, 우리가 해야할 일은
여전히 남아 있다고 황새울의 늙은 농부들은 몸으로 외로이 외치고 있다. "들을 빼앗겨도, 봄을 빼앗겨도,
마음을 빼앗기지 않으면 다시 시작할 수 있다"는 저 늙은 신부의 호소를 외롭게 한다면, 우리의 역사가,
우리 자신이 너무 비참하지 않은가.
평택미군기지확장이전에 관한 자물쇠는 미국이 쥐고 있다. 하지만, 열쇠는 우리와 미국이 함께 쥐고 있다.
문제는 자물쇠를 열고자 하는 우리의 의지다.
대추리의 고단한 역사를 온몸으로 견뎌온 조선례 할머니가 평화로운 황새울 들녘에서 손주들과 이웃의
배웅을 받으며, 예쁘게 가시는 모습을 함께 보고 싶지 않은가.

— 황해문화, 2004

Reason for Disobedience · operation Hwangsaewool at Dawn · Daechuri 36.5℃ · 불복종의 이유 · 악령의 황새울 작전 · 대추리 36.5℃

최○○	남	타박상
김○○	남 26	안면부 좌상
이○○	남 53	가슴타박상
정○○	남 22	머리 열상
김○○	남 31	타박상
최○○	남 29	안면부 좌상
이○○	남 23	어깨 통증, 무릎 좌상
조○○	남 21	팔 골절
김○○	남 37	우측 눈 밑 3cm열상
이○○	남 33	다리 타박, 머리 열상
나○○	남 31	눈열상
김○○	여 22	안면 손상 열상
송○○	남	다리 열상
김○○	남 20대	오른쪽 안면 2cm 길이 1.5cm 찢어짐
김○○	남 23	이마 열상
김○○	남 19	안면부 좌상
김○○	남 24	안면부 좌상, 오른쪽 안면 찰과상
배○○	남 21	머리열상
김○○	남 30	머리 다발적 열상
최○○	남 34	이마 열상 6바늘 봉합
김○○	남 24	이마 열상
윤○○	남 21	우측손목손상
김○○	남 18	안면부 손상
이○○	남 22	좌측팔꿈치 외상
김○○	남 37	머리 열상
전○○	남 22	무릎열상, 타박상
김○○	남 23	안면부 좌상
윤○○	여 27	뇌좌상
김○○	남 21	안면부, 치아손상
강○○	남 31	머리열상
민○○	남	이마 열상
권○○	남 24	두부열상
박○○	남 22	미간 깊이 8cm 찢어짐, 미간 열상
권○○	남 21	두부열상, 눈찢어짐
박○○	남 27	눈 밑 열상
김○○	남 23	두부열상
신○○	남 20대	곤봉에 이마 3cm 찢어짐
김○	남 46	머리 및 전신 타박
양○○	남 32	이마 열상
김○○	남 41	두피 열상
이○○	남 22	두부, 손가락 좌상
박○○	남 23	두부열상

이○○	남 22	머리 다발적 열상
박○○	남 30	두정부 열상, 정수리 7cm 찢어짐
이○○	남 28	귀 열상
서○○	남 20	두피 열상
임○○	남 24	머리 열상
유○○	남 35	두피 열상
임○○	남 21	미간 열상, 팔 타박상
이○○	남 22	두부 열상
임○○	남 37	머리 열상, 팔,다리 열상
조○○	남 25	두피 열상
최○○	남 28	미간 열상
함○○	남 22	두피 열상
홍○○	남	두피 열상
홍○○	남 21	머리 타박상, 머리 함몰
황○○	남 20대	두피 열상
유○○	여 39	무릎 열상
황○○	남 27	이마 열상
최○○	여 31	비골 골절, 치아 손상
이○○	남 25	두부 열상(경상)
홍○○	남 20	비골 골절
김○○	남	두피의 개방성 상처
이○○	남 19	손가락 열상
김○○	남	머리, 손 타박상
김○○	남 49	우측견갑골, 좌측 염좌
박○○	남 35	머리의 개방성 상처
남○○	남 19	어깨 염좌
손○○	남 54	이마의 열상
손○○	여 22	요추부 염좌
박○○	남	목 타박상
오○○	남 20	손가락 타박상
윤○○	남 51	손가락 열상
배○○	남	손.팔 골절
전○○	남	복부 타박상
임○○	남 23	좌측손가락 절단
서○○	남 21	비골 골절
황○○	26	뇌진탕, 타박, 염좌, 두개부골절
채○○	남 26	미간 열상
박○○	19	뇌진탕, 두피열상, 경부염좌
주○○	남 37	팔 골절
송○○	38	뇌진탕, 두피열상, 경부염좌
김○○	남 48	팔 타박상
이○○	23	뇌진탕, 좌견갑부타박 및 염좌

최○○	남	손목의 개방성 상처
엄○○	24	두피열상, 좌견관절 및 주관절염좌
최○○	남 26	타박상
권○○	34	우하지부타박 및 염좌, 피하혈종
김○○	남	손 타박상
이○○	38	좌,소지 원위지골 골절
서○○	남 28	구강 손상, 치아 손상
박○	20	등, 오른팔 통증
백○○		허리, 어깨, 목 타박
이○○	남 36	구강치아 손상
유○○	남 20대	오른손등 타박
황○○	남 36	뇌진탕
이○○	남 20대	손가락 까짐, 이마와 다리 타박
진○○	남 44	안면부 열상
이○○	남 30대	오른손 약지, 소지 부상
이○○	남 44	하악골 손상(턱)
이○○	여	머리 부상
문○○	남 35	두부 어깨 손상
이○○	남 20대	안경 깨져 눈 주위에 박히고 찢어짐
두○○	여 28	하복부 타박상, 자궁내출혈
이○○	남 20대	오른쪽 눈썹옆 4cm긁힘
강○○	남 20대	왼쪽팔 10cm 타박상
장○○	남 40대	왼손가락, 가슴뼈 손상
강○	남 20대	이마 4cm 찢어짐
전○○	남 20대	왼쪽팔 타박상
김○○	남 30대	왼쪽 눈위 1cm정도 찢어짐
최○○	남 20대	눈썹 왼쪽 1.5cm 찢어짐
김○○		왼팔 뼈 금가고 어깨부터 팔목깁스
허○○	남 30대	양쪽팔 타박상
김○○	남 30대	등과 허리 통증
김○○	남 37	안면부 좌상, 비골골절, 두피열상
손○○	23	머리 두 군데 열상 십 수여 바늘 꿰맴 허리와 다리 시퍼렇게 부어오름
정○○	남 32	집단구타, 뒤통수 2cm 찢어짐, 등, 어깨, 팔, 얼굴 타박상
한○○	남 33	왼쪽이마 3cm정도 찢어짐
정○○		왼쪽 눈옆 3cm찢어지고 멍들었음 뒤통수1cm, 정수리 1cm 찢어짐
김○○	남 20대	팔뚝 부상

출처 : 평택 1차 진상 보고서

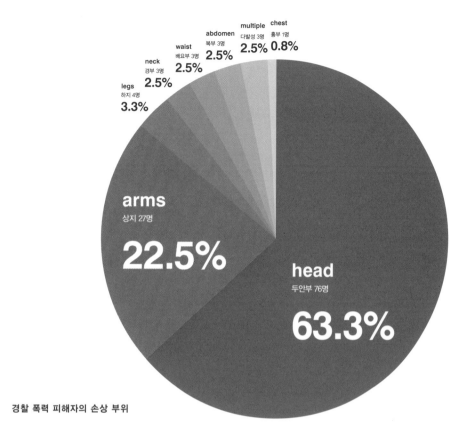

legs
하지 4명
3.3%

neck
경부 3명
2.5%

waist
배요부 3명
2.5%

abdomen
복부 3명
2.5%

multiple
다발성 3명
2.5%

chest
흉부 1명
0.8%

arms
상지 27명
22.5%

head
두안부 76명
63.3%

경찰 폭력 피해자의 손상 부위

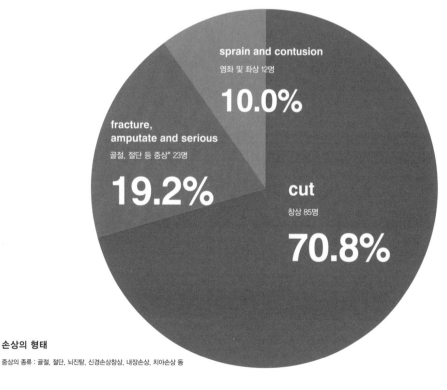

sprain and contusion
염좌 및 좌상 12명
10.0%

**fracture,
amputate and serious**
골절, 절단 등 중상* 23명
19.2%

cut
창상 85명
70.8%

손상의 형태

중상의 종류 : 골절, 절단, 뇌진탕, 신경손상창상, 내장손상, 치아손상 등

Wailing Fields

Tear gas guns opened fire again. Barbed wires and barricades surrounded the village. The soldiers wielded shields against the civilians. As such, the curse of U.S. military relocation was descending on Daechu-ri. AGI Society worked with photographer-activist Noh, Soon-taek to capture the tragic fields of Daechu-ri in the poster and postcard.

들이 운다

최루탄은 다시 발사됐고 철조망과 바리케이트는 마을을 둘러싸버렸고 군인은 민간인에게 방패를 휘둘렀다. 그렇게 용산 미군기지 이전의 그늘은 대추리를 뒤덮었다. 실천적인 사진작가 노순택과 함께 평택미군기지이전의 비극적 사건을 테마로 포스터와 사진엽서를 제작하였다.

들이 운다, 평택 미군기지 확장 이전 반대
Wailing Fields, Photography, 2006

는 나리는 겨울, 대추리 황새울 들녘에서 평화로운 만남이 이어집니다. 12월 11일…

THE PLAIN WEEPS IN SECRET

세계체제의 이해

Understanding the World-System

Convinced that a free trade area will create an expanded and secure market for goods and
services in their territories and create a stable and predictable environment for investment,
thus enhancing the competitiveness of their firms in global markets;
From the Free Trade Agreement between the Republic of Korean and the United States of
America

자유무역지대가 그들의 영역에서 확장되고 확고한 무역 및 서비스 시장을 창출하고 안정적이고 예측가능한 투자환경을 창출하여 그들
기업의 세계시장에서의 경쟁력을 증진할 것임을 확신하며; FTA 협의문 서문.

IMF of Korea

1997년 11월 21일 김영삼 대통령은 대외채무를 갚지 못해 발생할 국가부도사태를 예방하기 위해
IMF(국제통화기금)의 강력한 경제개혁 요구들을 받아들이는 조건하에서 IMF 구제금융을 수용한다는 발표를 했다.

1997년 12월 3일 국제통화기금(IMF)이 외환위기에 처한 한국에 구제금융을 지원하기로 합의하여, 한국의 임창렬
부총리와 캉드쉬 IMF 총재는 오후 7시40분 합의서에 서명함으로써 한국의 경제정책 전반이 IMF의 관리체제에
놓이게 되었다.

2000년 12월 4일 김대중 대통령은 "우리나라가 IMF 위기에서 완전히 벗어났다"고 공식 발표함으로써
공식적으로 IMF 시대가 종료되었다.

경제성장률(기준년기준 GDP기준)

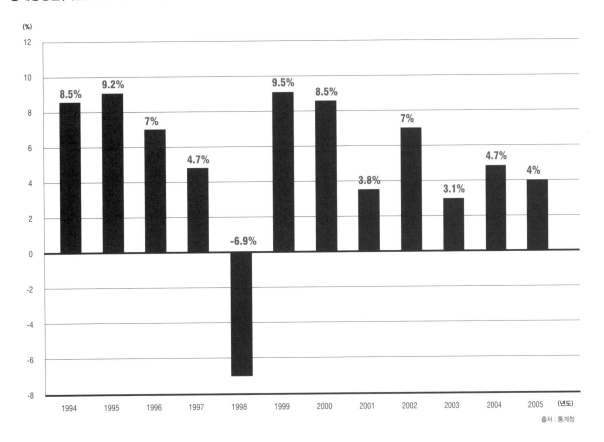

출처 : 통계청

실업자수

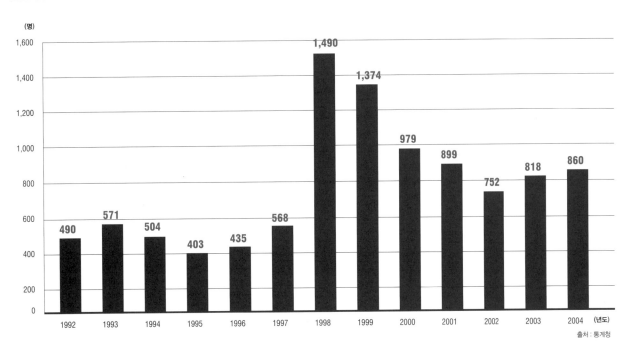

출처 : 통계청

IMF 위기 전후 소득 및 소비 증가율 비교 (%)

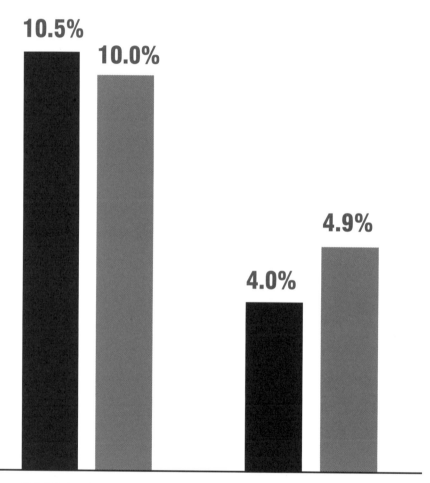

전체평균

10.5%

10.0%

4.0%

4.9%

위기 전 Before Crisis

위기 전 After Crisis

주 도시근로자가구 기준. 가처분 소득은 소득에서 세금 들 비소비 지출을 제외한 것임.
자료 통계청 KOSIS 가계조사 자료 이용

전체 자살자 추이

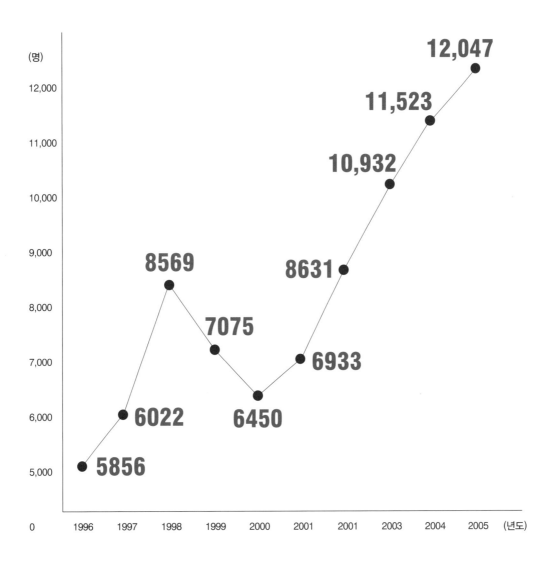

As the public grew passionless out of the late 1980s and didn't equate "struggle" to "solution" any longer, this Project required AGI Society to search for a new way to communicate with the public on their hardship without being too "ideological." The six posters, displayed on the walls of subway stations, created social reverberation, touching on people who were suffering from mass layoffs and unemployment during the IMF bailout period. The posters have been cited as the exemplary work of graphic agitation and visual activism.

90년대를 거치면서 대중들의 의식은 이미 그렇게 격정적이거나 '투쟁이 곧 해결이다'라고 생각하지 않았다. 시민들의 구체적인 이야기를 들으며, 이념에 치우치지 않고 어떻게 소통할 것인가에 대해 고민했던 프로젝트였다. 총 6회에 걸쳐 지하철 벽보에 부착되었으며, 당시 IMF로 인해 발생된 대량해고와 실업난과 맞물려 사회적으로도 적지 않은 공감을 불러일으켰다. 이후 디자인 장르내에서는 그래픽 선동 및 시각 공공디자인 영역의 화두가 되었다.

실업자 김씨
Unemployed Mr, Kim, Poster, 1998

失業

사천만 국민과 함께하는 민주노총 | 전국민주철도 · 지하철노동조합연맹 | 서울지하철노동조합 전화 02-243-3321/ 팩스 02-245-4105/ 천리안 - SMW812/ 나우누리 - 민철연맹 | 참여연대 전화 02-723-5300/ 팩스 02-723-5055 / PC통신 PSPD

실업
Unemployment, Poster, 1998

IMF Story, Poster, 1998~2000

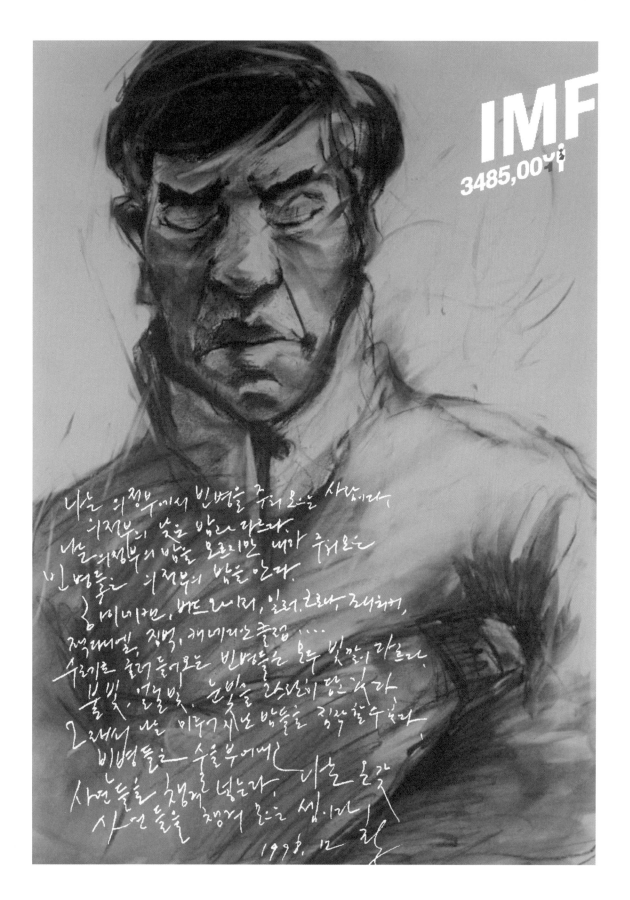

Screen Quotas in Republic of Korea

The screen quota system has been in force in South Korea since 1967. The changes of the system in Korea are as follows.

In South Korea, screen quotas system has contributed to the rapid increase in film market in Korea. Until 1990's, Korean film market had lacked in a raise of huge capital funds for films unlike that of Hollywood. Therefore, screen quotas system had been essential to protect and foster local films. However, the quality of Korean had developed with an inflow of huge capital funds into Korean film market since 2000. Accordingly, skeptical perspective about screen quotas system has been suggested and finally, the government decided to reduce its 40-year-old screen quotas from 146 days to 73 days in 2006 and there has been a controversy over this issue in Korea with an objection to the reduction of screen quotas. As a result of the FTA between Korea and the United States, which was reached an agreement with on April 2nd, 2007, the screen quotas in Korea will not be subject to changes from current 73 days.

Protect New Talents Rather Than Box Office Hits

The screen quota system in Korea has no merits if it protects box-office hits and commercial films rather than art cinema. The right to unpopularity and artistic scenarios needs to be respected over the right to financial success. In order to make a better representation of Korean cinema to the outside world, those who have been excluded from the benefit of the screen quota system need to be given a voice.

Adrian Gombeaud, a reporter and critic of Positive

흥행 말고 새로운 재능을 보호하라

한국 스크린쿼터 관련법 개정에 대한 소식이 프랑스 언론에 알려졌을 때, 어느 누구도 이러한 사실을 보도하는 것이 적절하다고 판단하지 않았다. 영화전문 주간지 〈르 필름 프랑세〉(Le Film Francais)만이 "한국영화가 마지막 영광의 시간을 보내고 있다"는 다소 조심성 없는 짧막한 기사를 실었을 뿐이다. 물론 신문의 페이지 수를 늘릴 수 없다는 것도 사실이고 지금 프랑스는 법적, 정치적으로 심각한 위기 국면을 맞고 있기도 하다. 우선 프랑스 언론이 침묵을 지키는 이유 중 하나는 프랑스 국민들이 스크린쿼터의 생존을 '핫이슈'로 여기지 않는다는 것이다. 그러나 이것은 그들의 침묵을 설명하기에 충분치 않다. 더군다나 그간 프랑스 언론이 얼마나 여러 번 스크린쿼터에 대해 이야기하고 사수 투쟁에 대해 보도했는지를 생각해보면, 이런 침묵은 놀랍기 그지없다. 이번 침묵은 지역적으로 먼 곳의 소식에 대한 관심의 부족 이외에도 인기를 얻고 있으면서 예측불허인 한국영화 앞에서 당황스러워하고 있음을 의미하기도 한다.

한국은 최근 몇 년간의 과도한 노출에 대한 값을 치르고 있다. 언론은 갖가지 형태로(영화산업 관련 기사, 영화제, 스케치, 영화평 등으로) 적어도 한번쯤은 '한류'를 다루었고, 한국의 '엔터테인먼트' 산업이 어떻게 신화적으로 국제시장 진출을 위해 나아가고 있는지 언급해왔다. 그러니 스스로 문제시되기에 느린 언론으로선 한국을 갑자기 위협받는 영화산업으로 다룬다는 것이 모순되게 보였을 것이다. 한국영화가 알려지지 않고 스크린쿼터에 대한 위험이 닥쳤을 때, 프랑스 언론은 논리상 감동할 수밖에 없었다. 장애아동에게서 목발을 빼앗거나 장미의 마지막 남은 가시를 떼어내는 것만큼이나 눈뜨고 볼 수 없는 이미지를 연상시켰기 때문이다. 그러나 해외에서 한국영화의 성장과 함께 한국인들조차 그들의 시스템 결함에 대해 해외에 알릴 생각을 못했다. 아니, 알릴 수 없었거나 또는 알리기를 원치 않았을지도 모른다. 필자가 알기로는 제작자 이승재 대표만이 몇 달 전 경제일간지 〈레 에코〉(Les Echos)에서 "대부분의 한국영화 제작사는 적자를 내고 있다"라고 밝혔다. 어쩌면 한국에는 잘 알려진 사실일지 모르지만, 이 점은 큰 표제를 달고 보도될 만큼 프랑스에서는 극히 놀라운 사실이었다. 전반적으로 최근 몇 년 사이 프랑스에서 한국은 외부와의 커뮤니케이션 전략을 소홀히 하면서 절대 침몰하지 않는 항공모함의 이미지를 형성했고, 그 결과 악천후에도 SOS는 효과를 발휘하기 힘들어진 것이다.

멀리서 보기에 사람들은 한국의 스크린쿼터가 지니는 상징적 가치와 축소 결정이 가지는 폭력성에 대해 과소평가하는 것 같다. 비교하자면 프랑스의 라디오는 10여년 전 부터 프랑스 가요에 쿼터 제도를 시행하고 있다. 한국영화처럼 폭발적인 성과를 거두지는 못했지만, 쿼터제도는 프랑스 가요가 과거의 아코디언 멜로디에 갇히는 것을 막고 그런대로 역동적으로 남을 수 있게 해줬다. 물론 프랑스 가요쿼터가 한국 스크린쿼터와 같은 방식으로 인식되지는 않았다. 대부분의 프랑스인들은 프랑스 가요쿼터의 존재조차 잊어버렸지만, 매스컴을 통해 잘 알려진 한국의 스크린쿼터는 상징적인 가치를 지니고 있다. 스크린쿼터는 미국에 맞서 한국 정부와 국민, 그리고 영화를 이어주는 동맹이자 저항(레지스탕스)의 약속과도 흡사하다. 따라서 스크린쿼터를 범하는 것은 경제적인 맥락을 변화시키는 것 이상의 의미가 있다. 그것은 배신행위이며, 사람들은 그 파급효과를 계산하지 못하고 있다.

프랑스 언론이 침묵을 지키는 세 번째 이유는 가장 미묘한 부분일 것이다. 한국영화 필모그래피는 너무 눈부신 나머지 적어도 프랑스적인 관점에서는 보호받고 있는 산업의 작품들 같지 않다는 것이다. 한국 영화산업은 작가주의 영화보다는 흥행과 상업 장르 영화 위에 자리하고 있다. 한국영화가 프랑스에서 인기를 누리고 있을지 몰라도 이런 인기는 90년대 또는 훨씬 이전에 (임권택 감독의 경우) 나타난 다섯이 채 안되는 감독에 의해 유지되고 있다. 최근 몇년 간 〈돼지가 우물에 빠진 날〉 〈악어〉 〈여고괴담 두번째 이야기〉 〈거짓말〉 〈눈물〉 〈죽거나 혹은 나쁘거나〉 등에서처럼 어떠한 범주로 규정지을 수 없는 영화들을 접하기가 어려워졌다.

그렇지만 우리는 〈쉬리〉가 아닌 이런 영화들이 한국영화에 대한 서양인들의 시선을 주목시켰다는 점을 상기해야 한다. 프랑스에서 김기덕 감독의 발언이 장동건의 발언보다 더 큰 효과가 있다는 것은 분명한 사실이다. 마찬가지로 프랑스 가요쿼터가 셀린 디온이나 파트리샤 카스의 배급을 장려하는 것을 목적으로 하지 않는 것처럼 한국 스크린쿼터도 〈태극기 휘날리며〉를 보호한다면 -프랑스 영화 마니아적 관점에서는- 아무런 가치가 없다. 문화적 예외에 대한 프랑스의 담론은 이렇듯 흥행에 대한 권리가 아니라 실패와 재능 있는 시나리오에 대한 권리에 기초한다(이런 것은, 예를 들어 미국인에게는 완전히 미친 짓 같아 보일 것이다). '예술 & 실험'(Art et Essais)이라는 프랑스 용어도 여기서 유래한다. 한국의 상황을 외국에 더 잘 알리기 위해서는 스크린쿼터의 수혜를 받은 주인공들 외에 이번 위기를 계기로 하여 시스템의 혜택을 받지 못한 이들에게 발언권을 주는 것이 중요하다. 프랑스 언론이 스크린쿼터 유지 시위에 신속하게 대응하지 않고 있는 이유는 한국의 작가들과 데뷔작과 두 번째 작품의 편수, 그리고 한국이 매년 프랑스 관객에게 선사할 수 있는 새롭고 신선하며 독창적인 시선의 숫자와 불가분의 관계에 있는 것이다. **아드리앙 공보**

The posters were used during early days of the campaign against
the abolition of screen quota. The man and woman in the posters
are the artists themselves. They posed for the camera to make
a point that consciously acting self is the starting point of social
participation and activism.

스스로 행동하는 주체가 되는 것. 그것이 가장 중요한 참여와 실천의 출발점이다.
이 포스터는 초기 스크린쿼터 축소 반대 운동 포스터로 사용되었다.

靈禍 스크린쿼터 폐지 반대
The Campaign against the Abolition of
Screen Quota, Poster, 1999

AGI Society and the People's Solidarity for Cultural Action organized an event titled the Saturday Night Festival for Cultural Solidarity to publicize their opposition to the Korean government's move to reduce the screen quota and the unfairness of the Korean-U.S. Free Trade Agreement(FTA). Unfortunately, it didn't take long for the happy smile in the posters to turn into a stunned bitter smile.

'토요일 밤의 문화연대 축제'라고 이름 지어진 이 행사를 통해 정부의 스크린쿼터 축소 방침에 대한 반대 입장과 한미 FTA의 부당성을 알리려 노력하였다. 불행하게도 포스터의 유쾌한 웃음이 어이없는 쓴웃음으로 바뀌는데는 그리 많은 시간이 필요하지 않았다.

토요일 밤의 문화연대 축제

The Saturday Night Festival for Cultural Solidarity, Banner, 2006

FTA 협상 일지

The Privilege Impunity 면책특권

No member of the National Assembly shall be held responsible
outside the National Assembly for opinions officially expressed or
for votes cast in the National Assembly.
Article 45

국회의원은 국회에서 직무상 행한 발언과 표결에 관하여 국회 외에서 책임을 지지 아니한다.
헌법 45조

189

Rejection and support campaigns justified

"Memories of the things dead."An expression by John Kin, an Australia-born politician. It refers to a trend in modern western politics that tried to revive democracy by remembering again the things newly discovered but faded to memory, that is, the things dead. Here, the resuscitationof things dead mean none other than the restoration of the civil society to stand against the political society.

Last December, the People's Solidarity for Participatory Democracy announced its next round of rejection campaigns following the one in year 2000. The starting date was set for January 12, which is the day that the Civic Alliance for the 2000 General Election that led the recent rejection campaigns was officially launched. The Civic Alliance became the subject of national interest and discussion by holding rejection campaigns, unprecedented in Korean history, against national assemblymen right up to April 20 when it dissolved. From a legal perspective, there should be nothing wrong with rejection campaigns. However, from a social point of view, they are justifiable acts of civil disobedience. Civil disobedience means to recede from following a system or agenda that clashes with the spirit of the constitution without denying the spirit itself. In other words, it is the minimum right that a citizen of a democratic society retains. Support campaigns, display a strong political orientation compared to rejection campaigns, and therefore, its political neutrality may come into question. Then again, the logic that today's civil society has to remain politically neutral is false,

and actually impossible to realize. When you think about it, it could be hinting at an elitist idea for civil society to not take interest in politics.

Whether pertaining to rejectionor support campaigns, the key point here is not about political neutrality but sustaining fairness. It is up to each civil organization to decide which way it will go. Justification of any political act will followbased on the evaluation and judgment of the people.

What we should be concerned about is not so much the campaign methods, but the fact that our political society lags terribly far behind. The biggest blockades to the development of our society is the degree of corruption beyond imagination, regionalistic politics so behind the times, and welfare politics that neglects its subject, the people. The core of politics is in the steering of the society as a whole, but fettered by such hindrances, aspiration towards political reform naturally will not be great. Rejection and support campaigns become justified for this very reason.

Political indifference leads a civil society away from politics and strengthens the convergence of power. So civil organizations intervene in the general election to promote more interest in politics, and thereby publicize and renew democracy.

As the saying goes, all things die, resuscitate and are born again.

Kim, Ho-ki

낙선·당선운동의 정당성

'죽어 있는 것들에 대한 기억'이란 말이 있다. 호주 태생의 정치학자 존 킨이 쓴 표현이다. 근대에 들어 새롭게 발견했으나 사라지고 잊혀진 것, 바로 죽어 있는 것들을 새롭게 기억해 냄으로써 민주주의를 되살리고자 한 현대 서구 정치의 흐름을 지칭한다. 여기서 죽어 있는 것, 그러나 새롭게 소생한 것은 다름 아닌 정치사회에 맞서는 시민사회의 부활을 두고 하는 말이다.

정치사회에 맞서는 시민사회가 우리 사회에서도 주목을 끈다. 지난 12일 참여연대는 2000년에 이어 낙천·낙선운동(이하 낙선운동)을 다시 한번 벌이겠다고 발표했다. 바로 이 1월12일은 지난 2000년 총선에서 낙선운동을 주도한 '총선시민연대'가 출범한 날이다. 4월20일 해체될 때까지 총선시민연대는 우리 역사상 초유의 국회의원 낙선운동을 벌임으로써 전국적인 관심과 화제를 불러 모았다.

법률적 시각에서 낙선운동에 문제가 없지는 않을 것이다. 그러나 사회학적 시각에서 낙선운동은 정당한 '시민불복종' 운동이다. 시민불복종이란 헌법의 정신을 부정하지 않으면서 그 정신에 어긋나는 제도나 사안에 대한 복종을 철회하는 것을 뜻한다. 한마디로 시민불복종은 민주사회에서 시민들이 갖는 최소한의 권리라 할 수 있다.

정치사회 맞서는 시민사회

하지만 올해의 상황은 2000년과 사뭇 다르다. 2000년 총선에서 시민단체는 낙선운동에 주력했지만, 올해에는 '총선물갈이연대'가 당선운동을 표방함으로써 낙선운동과 당선운동이 공존하고 있다. 게다가 경실련은 정치인 정보제공운동을 벌이겠다고 하니, 총선에 대한 시민사회의 개입이 훨씬 다채로워진 셈이다. 낙선운동과 당선운동 가운데 어느 것이 바람직한 개입이냐는 간단한 문제가 아니다. 낙선운동이 '네거티브' 전략이라면, 당선운동은 '포지티브' 전략이다. 당선운동이 등장한 것에는 지난 4년간의 경험이 반영돼 있다. 당시 70%에 가까운 낙선율을 기록했음에도 정치권은 여전히 부정부패로 얼룩져 있으며, 따라서 부패 정치인을 퇴출시키는 것 못지않게 개혁적 인사를 진입시키는 것이 자연스레 새로운 과제로 부상해 왔다. 게다가 지난 2002년 대선에서 나타난 적극적인 지지운동의 경험 또한 작지 않은 자극을 줬다고 볼 수 있다.

문제는 정치사회에 대한 시민사회의 개입을 과연 어느 정도까지 인정할 것인가에 있다. 당선운동은 낙선운동과 비교해 정치적 지향이 두드러질 수밖에 없으며, 따라서 시민사회의 정치적 중립성이 문제시될 수 있다. 하지만 오늘날 시민사회가 정치적으로 중립이어야 한다는 것은 허구이며, 사실 불가능한 것이기도 하다. 어떻게 보면 이 말은 시민사회는 정치에 관심을 갖지 말라는

엘리트주의적인 발상을 내포하고 있을지도 모른다.

낙선운동이든 당선운동이든 중요한 것은 정치적 중립성이 아니라 공정성에 있다. 어느 방식을 선택할 것인가는 개별 시민단체가 판단할 문제다. 어떤 정치적 행위라 하더라도 그 정당성은 국민의 평가와 심판에서 비롯된다. 공정성을 넘어서 과도한 당파성을 드러낸다면 국민이 낙선운동이든 당선운동이든 이를 거부할 것은 자명하다. 이 점에서 시민단체들은 국민이 공감하고 납득할 수 있는 객관적인 기준과 합리적인 방법으로 운동을 전개해야 한다.

문제의 핵심은 운동의 방식이 아니라 우리 정치사회가 대단히 낙후돼 있다는 점이다. 상상을 초월하는 부정부패, 전근대적인 지역주의 정치, 국민을 외면하는 반민생(反民生) 정치야말로 우리 사회 발전을 가로막는 최대의 장애물이다. 정치의 본령이 전체사회의 조타(操舵)에 있음에도 오히려 발목을 잡고 있으니, 정치개혁에 대한 열망은 자연 크지 않을 수 없다. 낙선운동과 당선운동의 시민사회적 정당성은 바로 여기에 있다.

공정성 담보 총선개입 타당

총선에 대한 시민사회의 개입은 정치적 사안만의 문제가 아니다. 낙선운동과 당선운동의 결과를 두려워만 할 게 아니라 그것이 갖는 적극적인 의미를 주목해야 한다.

우리나라를 포함해 어느 나라이건 오늘날 민주주의는 위기에 처해 있다. 이른바 정치적 무관심은 시민사회를 탈정치화하고 권력 집중을 강화시킨다. 총선에 대한 시민단체의 개입은 정치에 대한 관심을 촉구함으로써 민주주의를 공고화하고 갱신하려는 것이다. 죽어 있는 것들이 소생할 때 만물은 새롭게 태어나는 법이다.

김호기

The Citizen's Alliance for the 2000 General Election

It was the second project since AGI declared "design is a tool for the recognition of reality and everyday occurrences as well as a weapon for activism." During our on-site design effort, we introduced the concept of red card in the election campaign culture. The logo, symbols and posters that AGI created for the civic group were used as the official identification of the group in all of their activities throughout the campaign period.

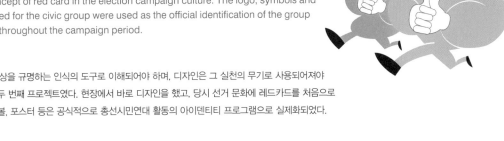

2000 총선시민연대

'디자인은 지금, 현실과 일상을 규명하는 인식의 도구로 이해되어야 하며, 디자인은 그 실천의 무기로 사용되어져야 한다'는 선언으로 시작된 두 번째 프로젝트였다. 현장에서 바로 디자인을 했고, 당시 선거 문화에 레드카드를 처음으로 등장시켰다. 이 로고와 심볼, 포스터 등은 공식적으로 총선시민연대 활동의 아이덴티티 프로그램으로 실제화되었다.

총선시민연대
The Citizen's Alliance for the 2000 General Election, Poster, 2000

탄핵반대 걸개
The Hanging Scroll against Impeachment, Banner, 2004

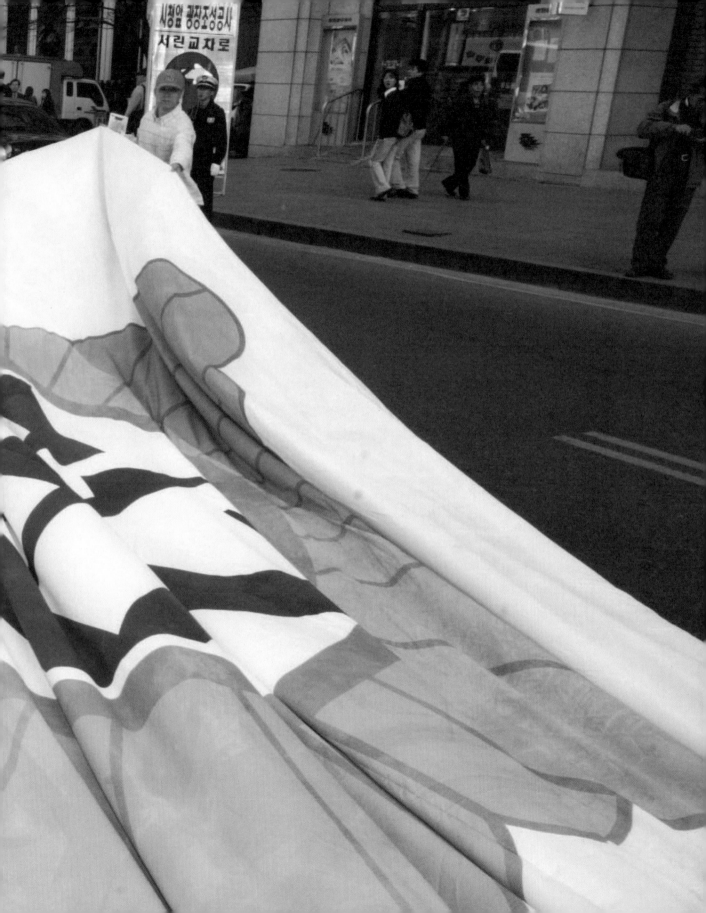

The Hanging Scroll against Impeachment

People rose against the corrupt parliament that conspired to drive the country into chaos for their selfish political gains in contempt of people of Korea. Millions of people across the country joined in candlelight vigils to denounce three opposition parties' move to impeach the president in the parliament and reaffirmed the people's resolve to clear off corrupt conservatism in politics.
— Excerpts from the press conference by the People's Alliance for Annulment of Impeachment and Clearing of Corrupt Politics

탄핵반대 걸개

부당한 3.12 의회쿠데타에 맞서 분연히 일어난 국민운동은 국민을 무시하고 오직 자신들의 정치적 야욕만을 앞세워 사회를 혼란에 몰아넣은 낡고 부패한 정치를 청산하고자 하는 국민의 함성이었다. 전국 각지에서 수백만명이 동참한 촛불행사를 통해 우리는 불의하기 짝이 없는 야3당의 대통령탄핵은 무효이며, 수구부패정치를 청산하고자 하는 국민의 의지를 천명하였다.
— 탄핵무효 · 부패정치 청산 범국민행동 기자회견문 발췌

탄핵반대 걸개
The Hanging Scroll against Impeachment, Banner, 2004

Common Ground

공동의 기반

Recognition

인식 認識

Our question is not about accepting history as well-organized
and well-defined as it is but about keeping open communications about
history because it continues to run through our time and space.

문제는 정리 되어진 것들에 대한 결정을 그대로 받아들이는 것이 아니라, 그 역사가 우리가 살고 있는 일상,

혹은 삶을 아직도 끊임없이 간섭하고 있으므로 그 역사에 대해 다양하게 이야기할 수 있는

열린 소통 구조를 만드는데 있다.

201

Designer Reads History

'Modernity' comes with the self-derisive reflection that we missed out the process of de-westernization. We and our surroundings have been considered as a farm that supplies rich resources that may be modified or improved at will to be consumed by the splendid modernity of the West. However, we believe in the existence of modernity different from what we know of. We followed the trace of Donghak movement in search of modernity in our present and future.

디자이너 역사를 읽다

우리에게 근대란 비서구의 도정을 거치지 못했다는 자조의 다른 이름이다. 나와 나를 둘러싼 장소는 서구의 눈부신 근대를 위한 풍부한 자원 혹은 개조. 개량의 대상으로 호명되고 언제든 이용하기 쉬운 '목장'으로 취급되곤 했다. 하지만 도식적인 근대의 성공과는 다른 근대가 분명 존재한다. 동학농민혁명의 역사적 발자취를 통해 우리의 미래와 현실을 들여다본다.

▶

만석보 리포트
Mansukbo Report, Poster, 2002

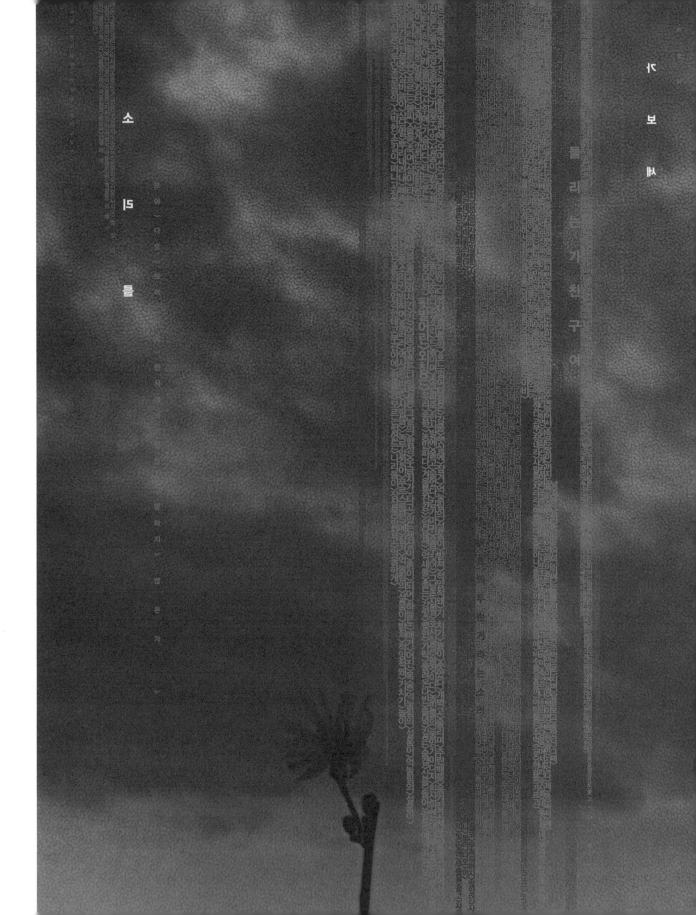

In 1862, the peasants of San-nam and surrounding villages took up arms against the elite. They were brutally butchered by government troops. In subsequent years, peasants rose up in small groups all across Korea until 1892, when they were united into a single peasant guerilla army (Donghak Peasants Army). The peasants worked in the fields during the day, but during the night they armed themselves and raided government offices, and killed rich landlords, traders and foreigners. They confiscated their victims' properties and distributed the loots among the poor.

The 1894 Peasant War saw the poor farmers rise up against the rich, corrupt, oppressive landlords and the ruling elite. The peasants demanded land distribution, tax reduction, democracy and human rights. Taxes were so high that most farmers were forced to sell their ancestral homesteads to rich landowners at bargain prices. Landlords got richer by selling rice to the Japanese and by buying poor peasants off their land. The rich sent their children to Japan to study and enjoyed things Japanese. It was in this context that the peasants developed intense anti-Japanese and anti-yangban sentiments.

The peasants were not on their own. Progressive-minded yangbans, scholars and nationalists joined the Army. The Army was politically indoctrinated in Tonghak (Eastern Learning). On January 11, 1894, the first major battle of the Army erupted in Gobu. The rebellion was caused by Jo Byeong-gap, a Joseon government official in charge of Gobu. Jo Byeong-gap was believed tyrannical and corrupt and was accused of oppressing the peasants and extorting exorbidant taxation from his subjects.

The Donghak rebels routed Jo's government forces and took over the county office, and handed out Jo's properties to the peasants. The rebels took weapons from the government soldiers and marched onto adjacent villages. The armed rebellion spread like a wildfire. The peasant army had few muskets and its arms were mainly bamboo spears and swords. The peasants wore bandanas on their heads and waistbands on their waists to identify themselves. The peasant army waved yellow flags with the characters "sustain the people and provide for the people" written. Jeon Bong-jun (全琫準) was the military commander. Jeon's father was killed for refusing to pay bribes.

The peasants raided the armory and killed the local officials and rich folks. The war went well for the peasants until March 13, 1894. On this day, the Army was crushed by the government troops led by Yi Yong-tae, who mercilessly butchered captured peasant guerrillas, burned villages, and confiscated peasants properties in Gobu.

The news of Yi's scorched-earth policy quickly spread to other regions and angry peasants rose up all across the country. Thus began the Peasant War of 1894.

The peasants' marching orders were:

"Do not kill or take peasants' properties"
"Protect peasants' rights"
"Drive out the Japanese and purify our sacred land"
"March to Seoul and clean out the government"

The Peasant Army defeated one government garrison after another and closed in on Seoul. The Seoul government asked Qing China for help. Qing was more than happy to send in its troops. However Imperial Japan sent soldiers into Korea without permission (This escalation and internationalization of the conflict ultimately resulted in the First Sino-Japanese War). Although many government troops joined their ranks, the peasant army was no match for the new forces with modern weapons and numerical superiority. The Army abandoned its march to Seoul.

Choe Je-u was captured and executed in March 1864 at Daegu. After Choe's death, Choe Si-hyeong took over as the leader of the Donghak movement. He went beyond the religion and appealed to the general peasant populace, who made up the majority of the Korean population. He offered the down-trodden farmers a way to better their lives which provided its followers a hope for eliminating the yangban class and foreign powers. Under the leadership of Choe Si-hyeong, Donghak became a legal political organization recognized as such by the government. The number of followers exceeded 20,000.

In late June of 1894, pro-Japanese forces hatched a plan to wipe out the Peasant Army in collusion with the Japanese troops stationed in Incheon and Seoul. On October 16, the Peasant Army moved toward Gong-ju for the final battle. It was a trap. The Japanese and the pro-Japanese government troops were waiting for them.

A Japanese scroll records the defeat of the Donghak Army in the Battle of Ugeum-chi. The Japanese had cannons and other modern weapons, whereas the Korean peasants were armed with bow-and-arrows, spears, swords, and some flintlock muskets.

The bitter battle started on October 22, 1894 and lasted till November 10, 1894. The poorly armed peasants stormed the well-entrenched enemies some 40 times but they were beaten back with heavy losses. The remnants fled to various bases. The triumphant Japanese and their lackeys pursued the Army and eventually wiped it out. Jeon Bong-jun, the Donghak commander, was captured in March 1895.

In 1898, following the execution of Choe Si-hyeong, the leader of Donghak Son Byeong-hui sought political asylum in Japan. After the Russo-Japanese War in 1904, he returned to Korea and established the Jinbohoe ("progressive society"), a new cultural and reformist movement designed to reverse the declining fortunes of the nation and to create a new society. Through Donghak he conducted a nationwide movement that aimed at social improvement through the renovation of old customs and ways of life. Hundreds of thousands of members of Donghak cut their long hair short and initiated the wearing of simple, modest clothing. Non-violent demonstrations for social improvement organised by members of Donghak took place throughout 1904. This coordinated series of activities was known as the Gapjin Reform Movement.

디자이너 역사를 읽다
Designer Reads History, Poster, 2002

동학혁명 기념비
The Donghak Peasant Revolution monument, August 23th, 2002

첫 번째 이야기 갑오동학농민혁명 + 작가회의

2002.7.13 15:00~18:00

김진석, 김윤현, 박연주, 김광혁, 김욱, 장은영, 김소정, 최수영, 장기현, 서경원, 양시호, 손승현, 김영철, 조주연, 백창훈, 이정민, 이준환, 장문정

장문정 안녕하십니까. 이번 전시의 기획을 맡고있는 장문정입니다. 먼저 지난 2001년 6~12월까지 총 7회에 걸친 다큐멘터리 디자인 포럼에 함께 참여해 주신 회원 여러분께 진심으로 감사드립니다. 돌이켜 보건데, '왜 다큐멘터리였는가?'라고 다시금 생각해 보면 자신의 생활현장과 그에 따르는 일상들에 대한 궁금증 때문이었다고 생각됩니다. 자신의 일상이야 그 누구보다 잘 알고 있다고 생각하지만, 서로 만나 지나온 생활을 점검해 보노라면 그와 나는 그리 다르지 않은 일상을 살고 있음을 곧 깨닫게 됩니다. 디자이너의 삶은 쳇바퀴처럼 돌아가지만 그 출발이 어디인지는 아무도 모릅니다. 나를, 우리를 알 수 없었기 때문에 디자인도 마찬가지였을 것입니다. 내가 어디쯤에 서 있거나, 걷고 달리고 있는지를 알고 싶었던 것이 아닐까요? 그동안 생각한 여러분들의 기획의 방향, 전시에 관한 구성과 형식들을 서로 듣고 의견을 나누었으면 합니다. 먼저 이번 기획전의 큐레이터께서 기획배경과 의도, 방향과 내용에 대하여 설명해 주시지요.

김영철 먼저 이 전시가 있기까지의 과정을 간략하게 소개하겠습니다. 실제 〈디자이너 역사를 읽다〉라는 이번 디자인 기획 전시는 처음부터 전시를 목적으로 한 것은 아닙니다. 잘 알고 계시다시피 지난 2001년 6월부터 12월까지 「디자인사회연구소」가 주관하고 현장 디자이너, 학생들의 참여로 진행된 '다큐멘터리 디자인 포럼'이 이 전시의 기조를 이루고 있습니다. 다큐멘터리, 이 단어가 디자이너들에게 화두가 된 것은 다름 아닌 디자이너 자신의 정체성에 관한 문제를 이야기하고 있었기 때문입니다. 다큐멘터리라는 형식틀이 진실한 목소리를 지향하고 있다는 점에서 더욱 그렇습니다. 다큐멘터리 사진이 진실을 복제(copy of true)하기 위한 작가의 입장과 태도가 중요하다는 점과 다큐멘터리 영화가 진실에 대해 집요하게 추적하는 과정에서 성찰적 태도가 필요하다는 점, 그리고 현장과 시대를 솔직하게 증언하는 미술, 구체성의 미학으로서의 문학에 이르기까지 우리는 예술 각 장르의 다큐멘터리 방식에 대해 학습하였습니다.

이 지점에서 선배 디자이너의 말을 인용하겠습니다. "저는 늘 이 땅에서 디자인이 존중받는 장르(쉽게는 직업)가 되기를 소망하고 있습니다. 존중은 개인의 인격처럼 직업으로서 격(格, 지위나 등급)이 있는 것이니 선택적일 수밖에 없으므로 좀더 낮추어 말하면, 기본적으로 한 사람의 디자이너로서 최소 단위의 일(인간 활동)로 인정받고 싶은 것입니다. 이 개인적인, 또는 대의적인 소망은 우리 주변의 디자이너 모두가 다 같이 갖고 있는 것이지만, 현실은 그렇지 않습니다. 저는 평소 "이 땅에는 디자이너가 없고, 쇼맨십에 강한 예술가나 비굴한 장사꾼만 있다"고 스스로는 물론, 우리 모두를 싸잡아 혹평합니다. 이 혹평의 주어와 목적어를 저 자신에 두고 있기 때문에 어느 누구도 애써 부인할 필요가 없는 문제(저는 이 두 존재방식을 다 겪고 있기 때문에)이겠지만, 메시지의 핵심적인 의미는 예술가냐, 장사꾼이냐가 아니라 진정 디자이너로서 살고 있지 않다는 것을 자각하는 순간, 그렇다면 '무엇을 할 것인가'를 서로 생각해 보자는데 있습니다. 우리가 단순히 눈과 귀로 사는 것이 아니라 사람으로 살고 있는가를 자문하자는 것입니다."

포럼을 통해 인식된 바대로, 다큐멘터리는 결국, 나를, 우리를, 혹은 장르의 진정성을 생각하는 것임을 알게 되었습니다. 또한 진정성에는 자신의 입장과 태도가 중요한 요소로 작용하고 있음을 알았습니다. 그동안 학교에서 혹은 현장에서 수많은 갈등과 번복의 과정 속에 우리는 많은 것을 생각하면서 살아왔습니다. 그러나 여전히 '불온한' 생각은 지금 나의 이 모습은 원래의 내가 아니라는 것, 내가 보아온, 생각해온 것이 최소한 이것은 아니라는 것입니다. 그렇다면 '나는 누구인가'를 증명하고자하는, 곧 자신과 우리에 대한 근대적 자각이라는 문제로 치닫습니다. 또 한번 세기가 바뀌었지만 20세기인 지난 1000여 년 간 우리 민족의 역사적 과제는 한마디로 말하면 '근대성'으로 집약된다고 할 수 있습니다. 그러나 우리에게 근대는 오랫동안 '서구화'와 동일시되었고 또 어떤 때는 '산업화'라는 매우 협한 틀에 갇히기도 했습니다. 하지만 단순히 서구화나 산업화의 차원을 넘어 성찰적인 차원에서 그동안 우리가 추구해온 근대화의 성격과 의미를 되돌아볼 필요가 있습니다. 이러한 근대성의 문제를 디자인에 적용시킬 때 근대화 과정에서 한국 디자인의 역사적 발생과 전개에 관한 문제는 또 다른 모든 역사적

주제들과 마찬가지로 역사관에 따라 다양한 내용을 빚어낼 수밖에 없다는 해석의 문제가 생깁니다.

이 문제는 간단한 선언이나 주장으로는 해결이 거의 불가능한 일이라는 것을 압니다. 하지만 우리가 이러한 주장이나 선언 이전에 파편적으로 흩어져 있거나 희석되고 화석화된 근대의 역사적 사건이나 유적 · 유물들이 말하는 소리들을 지금부터라도 귀 기울이고, 하나씩 만져보고, 비춰보면서 기록해야 한다는 점에는 이의가 없었습니다. 역사가 지금의 우리 모습을 비추는 거울이라면 그 거울을 한번 유심히 바라보고자 합니다. 과연 그 거울에 무엇이 비춰지는가를. 그래서 '서구화, 산업화'된 우리 디자인의 정체, 디자이너의 실체를 '성찰'의 근대적 주체로 회복하고자 합니다.

이쯤에서〈디자이너, 역사를 읽다 – 그 첫 번째 이야기 '갑오동학농민혁명'〉에 관한 이야기를 할까 합니다. '디자이너, 역사를 읽다'라는 이 전시 제목은 그동안 디자이너가 역사를 보지 않았다는 말이 아니라, 다시 꼼꼼히 살펴보고 곱씹어 보겠다는 의지의 명제입니다. 그래서 과연 그 역사가 지금 나의 문제로 어떻게 비춰지는가를 확인하겠다는 것입니다. 그 중 첫 번째 이야기로 '갑오동학농민혁명'을 다루어 보고자 합니다. 이 사료는 우리의 근대성을 여러 층위로 생각해 볼 수 있는 역사적 사건이라 생각했기 때문입니다. 80년대의 역사관에 따라 동학에 관한 수많은 논문들이 나와 있고, 이제 그 역사는 널리 알려진 것이 사실이지만, 이것을 21세기 초입에서 굳이 디자이너가 뒤늦게 다시 읽고자 하는 이유는 우리 역사의 관계적 상황을 나의 장르 – 〈디자인, 디자이너〉의 차원에서 또 하나의 텍스트로 읽고, 쓰기 위해서입니다. 디자이너가 역사를 읽는다는 것은 역사적 사건이나 그 대상들의 학문적 해석을 통해 자신만의 새로운 주장을 하려는 것이 아닙니다. 그렇다고 감사에 지나지 않은 작품으로 추모하거나 기념하자는 것 역시 아닙니다. 문제는 정리되어진 것들에 대한 결정을 그대로 받아들이는 것이 아니라 그 역사가 우리가 살고 있는 일상, 혹은 삶을 아직도 끊임없이 간섭하고 있으므로, 그 역사에 대해 다양하게 이야기할 수 있는 열린 소통구조를 만드는데 있습니다. 바로 이점이 디자이너가 역사를 읽는 주요한 발상이자 목표입니다. 이번 전시의 개요 및 내용은 개략적으로 다음과 같습니다.

1. 역사 현장의 해석을 통한 동학농민혁명의 재맥락화

동학농민혁명은 한국 근대사에 민족 · 민중운동의 새벽을 알리는 자생적 근대성의 진앙지입니다. 그러나 그 흔적은 유물, 유적으로 고부를 비롯한 여러 곳곳에 아주 희미하게 남아있습니다. 동학혁명 모의탑 ⇒ 고부관아터 ⇒ 녹두장군 옛터 ⇒ 황토 전적지 ⇒ 말목장터 ⇒ 만석보터 ⇒ 백산 ⇒ 원평 땡뫼산 등 입니다. 그러나 우리나라에 있는 모든 유적지가 그러하듯 화석화된 기억과 평면화된 기념 형식 외에는 아무것도 없습니다. 게다가 당시의 유물들을 사회사적 맥락으로 읽기는 더욱 힘듭니다. 우리는 다시 그 현장과 각 유적지의 유물들의 장소성에 주목함으로써 갑오동학농민혁명의 현재적 의미를 질문하고 탐색하고자 합니다.

2. 공적 혹은 사적 근대화의 경험과 디자인의 사회적 역할

갑오동학농민혁명은 '미완의 혁명, 미완의 역사'로서 우리에게 해결되지 않는 문제적 차원으로 계속 남아있습니다. 그것은 단적으로 한국과 제3세계 공통의 근대화 과정과 그 문화적 경험 속에, 아주 작게는 한 개인의 가족 및 기타 관련된 사건의 경험 속에 들어있는 왜곡, 파괴, 단절, 혼성 등 제반 문제점들입니다. 우리는 이러한 현상과 문제를 다큐멘터리 형식을 통해 성찰해 볼 수 있었습니다.

3. 역사 학습의 새로운 패러다임 구축

그동안 우리에게 '역사가 무엇을 어떻게 말해왔는가'를 주목하면, 여기에서 커뮤니케이션의 디자인 과제를 발견할 수 있습니다. 역사 교과서나 학습 프로그램이 다 그러하듯 역사를 설명하고 이해시키는 방식에서 독자가 지대한 관심을 가지고 접근하지 않는 이상 그 역사의 진위 혹은 구체적 상황을 이해하는 것은 무척이나 어렵습니다. 이는 편향된 역사관을 비롯한 여러 이유가 있겠지만, 그 중에서도 지금까지 역사를 쓰고, 전달하는 방식이 단편적이었거나 학자를 중심으로 하는 지나친 실증사학(권위성)의 입장 때문이라 생각합니다. 그 대안적 행동으로서 보다 체계적이면서 쌍방향 커뮤니케이션 방식의 학습 프로그램을 디자인하는 기획도 가능합니다. 이외에 자신의 사적 성찰을 통한 기록, 해석, 발언, 수사의 방식도 제안하고 있습니다. 이 제안은 디자인 프로그램의 커뮤니케이션 기술과 기법을 활용하는 것으로 타입과 이미지 영역의 디자인, 디자이닝 성과를 적극적으로 차용하는 것입니다.

장문정 이제 전시 기획의 취지, 전시 개요 및 내용에 대해 질의, 응답 시간을 갖겠습니다.

양시호 이번 전시가 전주에서 이루어져야 할 특별한 이유가 있습니까?

장문정 전주를 중심으로 동학의 역사적 문제를 논의하는 것은 사학의 보편적인 지역성에 기초한 것입니다만, 우리는 그보다는 동학혁명의 역사적 전개상황에서 농민군의 해방구(집강소)를 형성하게 된 직접적인 동기, 즉 고부봉기로부터 전주성 함락에 이르는 지역적 동인에 주목하고 있습니다. 그러나 이 지역적 동인도 관점에 따라서는 그 이전의 충북 보은(장내리)일 수도 있고, 충남 공주(우금치)가 될 수도 있습니다. 더 나아가 관아를 대표하는 서울(세종로)일 수도 있겠죠. 특별한 이유는 될 수 있겠지만 절대적인 근거가 될 수는 없습니다.

백창훈 구체적으로 어떤 결과물을 예상하십니까? 제가 알기로는 1994년에 동학 100주년 기념전시가 있었던 것으로 알고 있는데, 그 전시와는 어떻게 다른가요?

장문정 이 전시는 예술가 집단이 각자 자신의 문법으로 동학을 주제화하는 것은 아닐 듯 합니다. 왜냐하면 우리는 그러한 세계가 없고, 있다해도 스타일의 차원에 머무를 수는 없으므로 오히려 디자인 프로그램의 다양한 창의력을 발휘할 수 있지 않을까요? 예컨대 동학의 현장 답사 내용을 공유하기 위해 연표 형식의 인포─그라픽스를 만들 수도 있고, 동학을 자신의 아이덴티티 문제로 끌어들여 디자인의 역사적 사건으로서 풀어나갈 수도 있습니다. 또한 '그들은 왜 모였는가?', '왜 혁명을 꿈꾸었는가?'를 질문하면서 지금 우리에게 익숙한 풍경들, 차갑고 냉랭하고 쓸쓸한 군중집회를 투사하는 것도 재미있겠죠? 사발통문의 타이포그라피를 재해석한다면? 역사화를 다시 그린다면? 동학의 이미지 스펙트럼을 재구성하면서 새로운 텍스트를 만들어 볼 수도 있지 않을까요? 시대에 따라 변화하는 전봉준의 얼굴을 추모하는 대상으로서가 아니라 그를 바라보는 관점과 의미의 상징물로서 말이죠. 답사의 과정에서 새로운 역사 읽기를 시도하는 것은 어떨까요? 시대를 초월한 또 다른 동학혁명 이야기 어제와 오늘을 서로 넘나들면서….

이동훈 동학에 대한 역사적 인식보다는, 개인의 일상적인 관점에서도 이야기할 수 있을까요?

이준환 물론입니다. 앞서 전시 개요에서도 말한 바와 같이 사적 근대화의 경험이란 예컨대 개인의 가족 역사가 우리 사회의 근대화 역사와 함께 나타나듯이, 그 속에서 순응하거나 저항하는 모순의 관계들을 마치 고백하듯이 풀어보는 것도 좋을 듯 합니다. 가족의 역사 속엔 봉건과 근대라는 문제가 여전히 존재하지 않습니까?

서경원 저는 다큐멘터리 포럼을 통한 진정성 회복이라는 측면을 너무 역사적인 문제에 직렬하지 않았나라는 생각을 하고 있습니다. 이미 동학이라는 코드가 80년대의 상황을 농후하게 담고있다는 것이죠. 사실 동학을 공부해야 한다는 것도 부담스러운 일이고, 역사를 해석하는 것도 좀 자신이 없습니다. 차라리 '근대성'이라는 주제로 가는 것이 더 다양한 해석들이 나오지 않을까요?

김영철 그 점에 대해 기획회의에서도 많은 논의가 있었습니다. 그러나 오히려 '근대성'이라는 측면에서 이야기를 하게되면 너무 방만해질 수 있다는 생각이 들었습니다. 오히려 구체적인 역사적 사건 혹은 유적과 유물에서 출발하는 것이 보다 다큐멘터리적인 현장성이 있으며, 구체적인 해석과 다양한 시각의 차이도 보여줄 수 있을 것이라는 생각이 들었습니다. 그리고 80년대적 해석의 코드를 담고 있다는 점은 앞으로 생각해 볼 문제지만 분명 그 특성과 한계를 넘어서야 하는 것이 이 전시의 또 다른 전략적 목표(디자이닝의 바른 인식과 이해)이므로 우리들, 디자이너들의 관점과 이해, 입장과 태도를 보다 뚜렷이 세우는 것이 중요합니다.

김광혁 동학을 다루는데 있어서 두가지 측면이 있는 것으로 알고 있습니다. 아마 그것은 종교적인 사상적 측면과 농민혁명이라는 사회적 측면일 것입니다. 이번 전시에서는 주로 사회사적 측면만을 이야기하고 있는 것 같습니다.

이준환 물론 종교적 측면에서의 동학 역시 매우 중요하다고 생각합니다. 만일 작가들 중 이런 종교적 맥락에서 이야기를 한다면 저는 부분적으로 타당하다고 생각합니다. 그러나 이 전시가 '근대성'이라는 주제를 내포하고 있고, 더욱이 디자인의 근대성이라는 점과 닿아있는 만큼, 너무 관념적인 작품일 경우 전시회가 추상적으로 난해해지지 않을까 생각합니다. 어쨌든 그 가능성도 존중하면서 작가 여러분들의 다양한 해석을 기대하겠습니다.

김영철 다큐멘터리라는 과정이 중요하다고 생각합니다. 그래야 설득력을 가질 수 있습니다. 다른 의견일지라도 그것에 대한 설득력을 과정으로 보여주어야 합니다. 사유하는 과정을 하나의 작품으로 재현하거나 기록하는 것도 디자인 프로그램이 될 수 있으므로 이 지점에서 많은 소스를 얻을 수 있다고 생각합니다.

조주연 우리가 출발하는 지점은 인문/사회학적인 관점에서 사회를 바라보는 것이라고 생각합니다. 따라서 역사에

대한 다큐멘터리의 문제보다는 근대를 하나의 시대정신으로 읽고 역사적 사실은 그 정신의 텍스트 정도로 활용하는 것은 어떨까요?

장문정 현장 학습도 중요하다는 생각입니다.

이준환 내용을 알고 답사를 해야 합니다. 현장성이 중요한 것은 저도 동의합니다. 역사적 주제보다는 현장성과 답사를 통한 새로운 소재 즉, 제재를 찾을 수도 있겠죠. 또한 서로 같이 답사하면서 나누는 대화에서, 같은 고민들 속에서 찾게 될 수도 있습니다.

김영철 내용을 충분히 이해하되 너무 무겁지 않도록, 상상을 자유롭게 합시다.

김윤현 우리가 내용을 새롭게 구성하기 보다는 이미 80년대에 비교적 정치한 해석이 이루어졌고 그 역사적 맥락까지를 연장하는 차원에서 재해석을 시도한다고 볼 때, 오늘 우리 자신에서부터 출발하는 것이 좋지 않을까요?

박연주 동학을 다큐멘터리라는 명제속으로 환원시킴으로써 작가가 주체로서 반드시 동학을 관찰하고 표현해야 한다는, 의무나 책임감을 강요하고 있는듯한 인상이 듭니다.

김영철 만약 그렇다면 다큐멘터리를 잊어야 합니다. 보편적인 또는 대중적인 한계가 있다면 버릴 수 있습니다. 우리는 지금 다큐멘터리라는 장르를 만들고자 하는 것이 아닙니다. 역사를 읽는 것입니다.

조주연 다큐멘터리인가, 또는 도큐멘트할 것인가의 문제는 중요하지 않다고 봅니다. 중요한 것은 우리가 동학을 바라보는 여러 가지 관점이 있는데 그 안에서 작가의 성향을 최대한 살리면서 하나의 주제를 어떤 방식으로 풀어야 할 것인가를 생각해야겠죠.

장문정 생각보다 많은 사람들이 답사를 하고 있더군요. 그렇다면 그 보잘 것 없는 기념탑을 보러오는 것일까요? 같은 맥락에서 디자이너로서 나는, 평소 동학에 관심이 없었지만 내가 모르는 사이 이미 내 안에 들어와 있는 텍스트로서 동학이 있고 그것을 확인하고 확산하는 계기나 기회를 발견하게 되었어요. 그 유물, 유적 앞에서 사진이나 찍자고 그렇게들 오는 것은 아닐 것입니다. 결국 자기 성향과 자기 관점으로 다시 태어나는 동학이 될 것입니다.

서경원 다큐멘터리는 하나의 소통 방식이라고 봅니다. 효과적인 커뮤니케이션의 한 전형적 방법으로 이해할 수 있습니다. 그렇다면 지금, 우리의 문제는 동학의 커뮤니케이션 방식에 대한 것이 되겠지요. 다큐멘터리의 미학적 범주에서 벗어나야만 좀 더 자유로운 생각을 할 수 있을 것입니다.

김영철 동의합니다. 다만 다큐멘터리 자체를 소통의 방식으로서만이 아니라 소통의 조건, 관계로 이해할 필요가 있습니다. 다시 말하면 보편성과 특수성의 차이의 긴장을 위한 장치로서 다큐멘터리를 추상적으로 인식하면 어떨까요?

양시호 저는 동학이란 주제가 그리 큰 주제, 큰 문제라 생각하지 않습니다. 제가 중요하게 생각하는 것은 전시라는 행위 자체인데요, 한마디로 부정적입니다. 여기에 있는 검은 싸인펜이 여기서는 그냥 물건에 불과하지만 전시장에 놓으면 '작품'이 되듯이 전시가 스스로 자신의 주제에 대한 이야기를 단절시키고 있다는 생각입니다. 어떠한 설명도 없이 걸린 전시물을 보면서 관객은 스타일 이외의 어떠한 의미도 찾을 수 없게 됩니다. 이번 전시가 자기만족만이 아닌 그 이상의 의미를 갖기 위해서 전시 데모의 방법론도 고민해야 한다고 봅니다.

장문정 감사합니다. 말씀해주신 여러가지 문제 인식을 바탕으로 보다 완성된 기획을 확정하겠습니다. 개별적으로든 팀별로든 오늘 토의 내용을 통해 자기 검열과 검증을 하셨을 것입니다. 개념설정, 주제인식, 방법기술 등에 대한 의견들을 서로 나누면서 작업을 진행하겠습니다. 다시 뵙겠습니다.

Designer Reads History

Donghak Peasants Revolution of 1894 + Designers' Meeting
Jul 13, 2002 15:00~18:00

MJ Chang: Good afternoon! I am Moon-jeong Chang, the planner of the Designer Reads History exhibition. First of all, I'd like to thank you all for your active participation in the Documentary Design Forum. We had a total of seven sessions from June to December, 2001. Looking back, I wonder why it had to be "Documentary." I think it was because of the question we had about our existence and every day occurrence that followed. ---omItted--- Perhaps it had to do with the fact that we have to continue to live. Our lives go round and round. We don't know where we came from. Perhaps we don't understand our design because we don't know who we are. Perhaps what we were trying to do in the Forum was to figure out who we are and where we stand?

YC Kim: Actually, the exhibition was not originally planned. As you know, it resulted from the Documentary Design Forum organized by the Design and Society Institute. Many career designers and students participated in the discussions from June to December, 2001. "Documentary" emerged as an important topic for the designers as they searched for their identity. It is probably because documentary is the format that seeks truth. We examined how documentary developed in different genres. We pointed out that, in the field of documentary photography, the view and attitude of the artist are important in producing the copy of truth; in documentary movies, the self-reflection of the artist is required in her persistent pursuit of truth; the art must give candid testimony of our time and place; and the beauty of literature is in its realism, etc. The Forum concluded that documentary is the pursuit of truth in me, in us or in a particular genre. The Forum also realized that the truth is inseparable from one's viewpoint and attitude. Although we have been through many things, we are still troubled by the "disquieting" thought that what I appear to be is not what I am. We say to ourselves "I deserve to be more than this, considering what I have been through" Then who are we? Our efforts to answer this question require us to look at us in the context of modern history….. This leads us to the first topic of the exhibition- the Donghak Peasants Revolution.

We titled the exhibition "Designer Reads History." This doesn't mean that designers have overlooked history. Rather, it means designers wish to re-examine and re-digest history. Our purpose is to see how history relates to our issues today. Against this backdrop, the first topic that we are going to discuss is the Donghak Peasants Revolution in 1894. The Donghak revolution is chosen because it is a historic event that reveals the multiple facets of our modernity. When we say we read history, we don't aspire to push forward a new theoretical interpretation of a historic event or an artifact. Nor do we want to pay our tribute in its memory. Our question is not about accepting history as well-organized and well-defined as it is but about keeping open communications about history because it continues to run through our time and space. This is the goal of this exhibition.

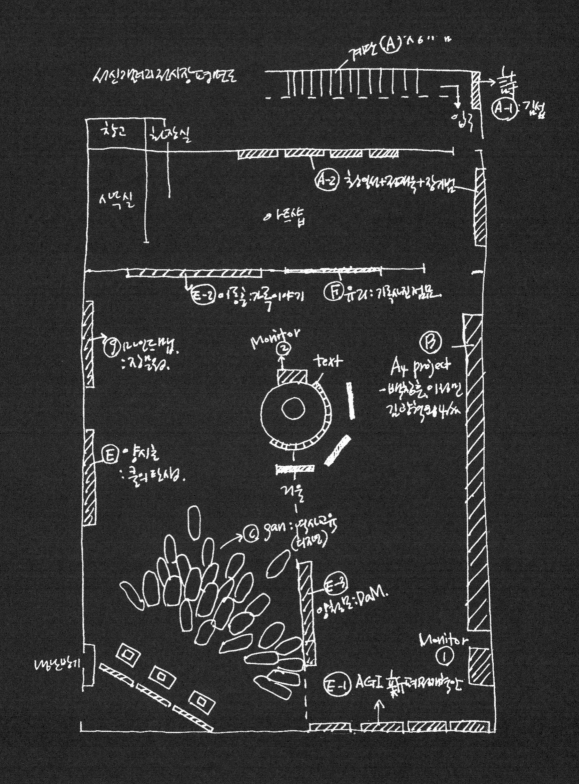

Common Ground

Recognition

Designer Reads History

A4 프로젝트
A4 Project, Graphic Work, 2002

공통의 기반

인식 認識

디자이너 역사를 읽다

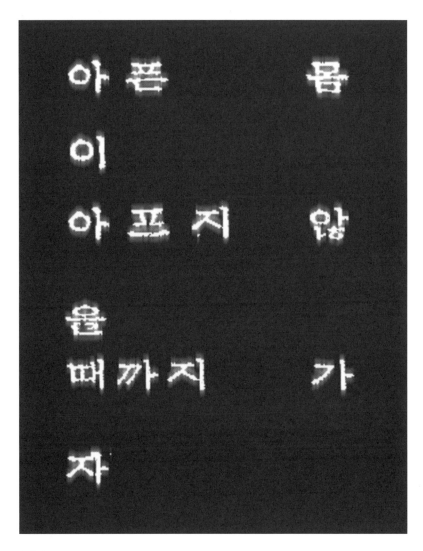

사적 私跡 1960~1962
The Personality in the 1960s, 2007

Common Ground

Recognition

The Personality in the 1960s

공통의 기반

인식 認識

사적 私的 1960~1962

사적 私跡 1960~1962

The Personality in the 1960s, 2007

Common Ground

Recognition

The Personality in the 1960s

공통의 기반

인식 認識

사적 私跡 1960~1962

사적 私跡 1960~1962
The Personality in the 1960s, 2007

가족이야기
Family Story, Graphic Work
2002

횡포한 부호는 엄중히 처벌할 것
Strictly punishing to the high-handed riches, Poster, 2002

국가가 나에게 무슨 짓을 한 것인가
What the government do to me!, Poster, 2002

디자이너 역사를 읽다
Designer Reads History, Anthology, 2002

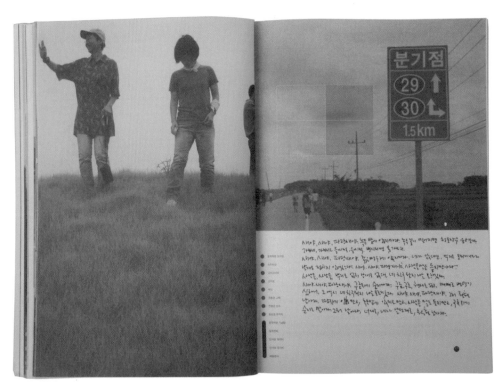

A4 조-是-與-是 · group A4 백원종 · 이철민 · 우진용 · 김광식 · 김욱 · 장기원 · 장관호 · 신요식

··· 따라서 한국의 민주사회를 지탱하는 중간층은 세계에서 가장 비인간적이라고 지목받은 담합자들과 공범자가 되었다.

As such, the middle class, the mainstay of Korea's democracy, is made part of the inhuman conspiracy, one of the worst in the history of mankind.

Loss 상실 喪失

237

"새만금에 대해서

"갯벌은 환경의 보고로써, 수많은 생명체가 살아가는 곳입니다. 그리고 현재 새만금간척이 벌어지는 곳은 지구상에서 5번째로 큰 갯벌로 생태학적 가치뿐만 아니라 관광 수입 가치 또한 적지 않습니다. 갯벌을 보존하면, 그 지역 주민들의 생계 유지비 및 이전 비용 등에 대한 부가적인 지출을 하지 않아도 됩니다. 현재 우리나라는 땅이 부족하기에 꼭 간척을 해서 넓혀야 된다는 말을 하지만, 남해안에 있는 조그만 섬들을 이용하는 대안도 있고, 다른 소구역들을 간척해 지구상에서 5번째로 큰 갯벌을 보전하는 여러 가지 대안이 있습니다. 그리고 수도권에서 가까운 태안 지역을 간척하여 활용하는 것보다 남쪽 지역에 간척을 하고, 회사 등을 설립한다면, 인구 집중 현상 및 수도권 집중 현상에 대한 작은 대안이 될 수도 있으니 보다 나은 방법이 될 것입니다. 그리고 간척 후 활용 문제 말인데요. 대부분은 농경지나 공업지로 사용되지만, 현재 공업 부지는 크게 부족한 편이 아닙니다. 농경지가 부족한 것은 사실이지만 말이죠. 앞으로는 쌀도 수입해야 될 것이고, 또한 국가가 언제까지 계속 수매를 해 줄 수는 없는 일이므로 농경지로써의 활용 가치 또한 상당히 낮습니다. 그렇기에 갯벌을 보존하여 관광 수입을 얻고, 환경을 보전하며 지역 주민들의 생계 또한 유지하는 것을 지지하며 새만금 간척사업을 반대하는 바입니다." 서울시 영등포구 신정현

"새만금에 대한 생각이라……. 저는 해야 한다고 생각을 해요. 어차피 시작한 건데 이제 와서 그만두기도 그렇잖아요. 이미 이만큼 온데도 상당한 돈이 들어갔을 텐데 이제와 그만둔다면 그동안 들인 돈이 다 날아가는 거잖아요. 그리고 그만두고 다시 철수하는 데도 많은 돈이 들어가는 걸로 알고 있는데, 그러면 경제적으로 상당히 손해라고 생각해요. 그러니 계속 하는 것이 좋겠죠."
"그러면 그 사업에는 찬성이라는 입장인가요?"
"글쎄요. 이 근처에 사시는 분들이라면 아마도 거의 찬성하는 생각을 갖고 있지 않을까 싶네요. 잘 돼서 좋게 발전하면 저희도 좋은 거 아닐까요?"
"그럼 환경적인 문제에 대해서는 생각을 해 보셨나요?"
"아까도 말했지만 이미 상당히 진척이 된 상태잖아요. 그런 만큼 갯벌도 상당히 망가진 상태고, 여기서 멈춘다고 해서 갯벌이 다시 예전의 상태로 돌아올지는 의문이네요. 제가 알기로 한번

망가진 자연이 다시 돌아오는 데는 상당한 시간이 걸린다고 해요. 그러니 안타깝기는 하지만 이제 와서 어쩔 수 있는 상황은 아닌 것 같아요."
전북 부안군 MINI STOP 직원 차경희

"새만금 사업은 계속 추진을 해야 한다고 생각해요. 이게 시작한지 얼마 안 된 것도 아니고, 이미 80% 이상 진행이 된 것으로 알고 있어요. 그러기에 반대하기엔 이미 너무 늦어버린 것 같아요. 반대를 하지 못할 상황이라면 지지를 하는 것도 낫겠죠."
"그러면 새만금 공사가 완료되면 그 땅이 어떻게 쓰일 것 같으세요?"
"글쎄요……. 용도야 여러가지로 쓰일 수 있겠지만, 아마도 농사는 짓기 힘들 것 같아요. 갯벌을 없애고 바다를 메워서 만들어놓은 땅이라 농사를 지으려면 땅의 성질을 바꾸어야 하는데 그것이 단기간에 이루어지는 것도 아니고, 쉬운 일도 아니고, 경제적으로도 큰 부담을 줄 것 같아요. 그러니 농사 이외의 다른 용도로 쓰이지 않을까 싶네요."
전북 부안군 택시 운전기사 김경수(가명)

"인터뷰라 그런지 어떻게 말해야 할지 쑥스럽습니다. 부당성에 대해 말하자면 한도 끝도 없겠지요. 예산 낭비에다, 수질 오염, 갯벌 파괴 등등 하자 없는 것이 있겠습니까? 하지만 우리나라 경제도 무시할 수는 없는 것 같습니다. 땅을 넓히고 그로써 일자리가 많이 생기면 결국에 다 좋게 되지 않겠습니까? 그러나 무작정 일만 벌여 놓고 뒷감지고 있는 것을 많이 본 터라 걱정이 되긴 합니다만, 어차피 할 거라면 제대로, 확실하게 진행 했으면 합니다." 군산 옥서면 하제리 김진을

"부림마을 이장님 이라고 하셨는데요. 한 마을의 대표로써 새만금에 대한 이장님의 생각은 어떠세요?"
"10년전 쯤 노태우 정권시절에 새만금 산업이 책정 되었는데요. 무슨 환경연합인지 그런 사람들이 엄청 반대를 했습니다. 전 그런 행동을 이해 할 수가 없었어요. 갯벌이 죽니사니 그러는데 새만금 관련 사람들이 10년이면 갯벌이 생긴다고 그러더라고요. 그런데 왜 반대를 하는지 모르겠습니다. 세계적인 기술을 가지고 새만금을 건설하는데 왜 그런지……. 그리고 부산이나 광양

쪽의 정치권들이 부안에 새만금을 건설하는 것을 엄청 반대하고 있어요. 지금 중국이나 기타지역에서 들어오는 물류들이 부산이나 광양 쪽으로 가는데 새만금이 건설되면 중국의 물류들이 부산이나 광양으로는 오지 않아 많은 피해를 끼치기 때문이라고 그러더군요."
"그렇군요. 그럼 부안 주민들은 새만금 사업을 찬성하시는 입장인가요?"
"갯벌 주위에 사는 사람들은 반대 입장이에요. 읍내 쪽에 사는 사람들은 찬성입장이구요. 갯벌을 터전으로 두고 있는 사람들은 새만금을 건설해 버리면 당장 생존의 위협을 받기 때문이죠. 그렇지만 읍내 사람들은 장기적으로 볼 때 전북 발전에 큰 기여를 할 것이라고 보고 있습니다."
"갑자기 든 생각인데요. 새만금 기술자들이 하는 말은 믿으시면서 왜 핵 폐기장 기술자들의 말은 왜 못 믿으시는 거죠? 예를 들어 아까 갯벌이 10년만 있으면 재생된다고 그랬는데 그 말은 믿으시고 핵 폐기장의 방사능이 유출되지 않는다는 말은 왜 안 믿으시는 거죠?"
"핵 핵이라고 하면 무섭습니다. 죽음과 연관이 되고 말이죠. 핵 폐기장이 들어선다면 타 지역 사람들이 나쁘게 인식 합니다 예를 들어 '야 광어회 먹으러 가자 아참 부안 광어는 못 먹는다.' 이런 식으로 되어버리기 때문이죠. 그렇게 되면 부안은 점점 망해가는 거죠. 사람이 찾지 않는 도시가 되어버립니다. 그리고 나라에서 대학교를 지어주고 혜택을 준다고 그랬는데 포항공업대학교나 서울대학교 이상 되어도 부안으로 올까 하는데, 그리고 요즘 돈만 있으면 다 가는 대학교인데 핵 폐기장이 있는 부안으로 오겠습니까? 상식적으로 말이 안 되죠."
부안읍 서외리 부림마을 노성환

"이곳 서산도 간척사업을 했었잖아요. 먼저 간척사업을 겪어본 주민의 입장으로 대답해 주세요. 새만금에 대해 어떻게 생각하세요?"
"막지 말아야지 그건, 여기도 반대 엄청 했었다구. 여기 물이 얼마나 더러워졌다구. 나도 예전에는 여기서 양식업을 했었는데 예전만 못해서 때려쳤다고. 보상은 쥐꼬리만큼 해주면서 살기 좋아질꺼네 뭐네 하면서 감언이설로 꼬시고……. 거기도 그래. 도대체 누굴 위해서 그 따위 것들을 짓냐고, 하여간 쓸데

어떻게 생각하세요?"

없는데다 돈 쓰는 건 알아줘야 돼." "하지만 지금 거의 완공되어 가고 있잖아요?"

그럼 아저씨는 짓던 거라도 부숴야 한다는 말씀이세요?"

"짓던 건 어쩔 수 없지. 하지만 앞으로 간척사업 같은 건 하지 말아야 된다는 거지." 서산 간척지구 젓갈장수 고경수(47세)

"현재 새만금 사업에 관련된 일을 하는 사람으로서 새만금을 바라보는 생각이 남다르지 않을까 생각하는데요. 새만금에 대한 개인적인 의견을 말해주셨으면 합니다."

"새만금은 우리의 자랑이요, 전 세계에 대한 자긍심이요, 곧 미래에 대한 보장이라고 생각합니다. 그리고 우리 대한민국의 숙원사업이므로 반드시 성취되어야 하지 않을까요? 더군다나 새만금이 정치적으로 악용되어서도 아니되고, 새만금을 담보로 방폐장 문제가 거론되어서도 아니 될 것이며, 또한 반감을 갖는 일부 환경단체와 극소수의 어민들과 모든 이들은 명분 있는 반대와 설득력 있는 대화가 필요하지 않을까요?"

"지금 하신 말씀은 새만금에 대한 공식입장을 대변하는 것으로 보이는데, 본인의 생각과 일맥상통한 이야기인가요?"

"예, 맞습니다. 새만금 사업을 홍보하는 일을 하고 있는 입장에서, 만약 다른 입장이라면 이 자리에 이와 같은 이야기는 무의미하죠." 새만금 전시관 홍보담당 김연희(가명,42)

"이곳은 공사현장이잖아? 근데 새만금 쪽은 가보진 않았지만 이것보다 규모가 더 클 거란 말이야…. 그럼 어떻겠어? 이것저것 생각하지 말고 그냥 공사현장에서 주는 피해만 보더라도 말이야. 가까운 이 동네 사람들을 좀 봐봐. 이 동네 사람들이 힘들게 일군 밭이 먼지투성이잖아? 새만금은 이런 피해는 아니라도 분명 피해를 더 많이 볼 거란 말이야. 정치하는 놈들이 자기들 뱃속만 채우자고 남은 생각도 안 하는게 문제지. 새만금 이거 한다고 당장 내가 돈을 크게 버는 것도 아니고, 나중에는 갯벌도 없어지고, 문제야 문제…."

"그럼 반대하는 입장이시네요?"

"당연히 반대지. 내가 비록 그쪽에서 살고 있지는 않지만, 그건 정말 반대할 일이야. 다시 돌릴 수 있다면 다시 돌리고 싶은 거지."
목포 신 외항 건설현장의 낚시꾼

"새만금 뭐요?? "음……. 저는 생각 안 해봤는데요. 저희 하고는 상관없는 것 같아요." "저는 그게 원지도 모르는데요? 갯벌 막는 거 아니에요? 그러고 나서 쌀 생산하잖아요!" "우리나라 땅도 좁은데 더 넓어지고 좋은 것 같은데요." 목포여중2 정하윤

"모르겠어요. 들어가 보면 반대하는 사람이나 아닌 사람이나 다 맞는 의견인 것 같아요. 신경 쓰고 싶지 않아요. 저 고3이라 바빠서 생각 안 해봤는데요." 청명여고3 김지연

"좋건 나쁘건 시작을 했으면 빨리 빨리 진행하고 최대한 환경친화적으로 일을 했으면 좋겠어요. 꼭 그렇게 해야 한다고 생각합니다." "갯벌을 막는 간척사업에 대해서는 반대를 해요. 갯벌을 비롯한 모든 자연은 우리 선조들이 물려주신 거잖아요. 그래서 우리가 이렇게 갯벌에서 생합도 잡고 놀기도 하고, 이처럼 즐길 수 있는 것이에요. 우리 역시 이런 갯벌을 후손들에게 물려줘야 하는 거예요. 자연은 우리만의 것이 아니기 때문이죠. 아무리 발전이 좋다 하더라도 결과적으로는 환경이 더욱 중요하다고 생각해요. 우리도 자연의 일부이기 때문이죠. 새만금 사업의 경우에는 어쩔 수 없이 거의 다 진행이 된 상태니까 최대한 환경을 생각하며 개발을 해야 한다고 생각해요. 그렇지 않으면 그 피해가 우리에게 돌아올 거라는 생각이 드네요."
경기도 의정부시 가능동 임승윤

"그거야 뭐, 말할 가치도 없는거죠. 보다시피 부안 뿐만 아니라 이 지역 주변에 사는 사람들 난리도 아닙니다. 여기까지 오면서 구석구석 붙여져 있는 노란 팻말(방폐장 반대 시위 플래카드)보셨죠? 왜 여기에다가 그런 걸 세워서 문제를 일으키는지…. 말로는 간척사업해서 공장을 세워 발전을 시킨다고 하지만 나중에는 오염이다 뭐다 해서 또 문제를 만들 것입니다. 우리가 뭐라고 해봐야 소용없는 것은 알지만 그래도 잘못된 건 잘못되었다고 나서서 얘기를 해야지 우리나라가 발전하지 않겠어요?" "에휴~. 요즘은 날씨가 쌀쌀해서 놀러오는 사람들도 없고 게다가 여기가 다 매립되면 일하는 사람말구 놀러오는 사람은 없을 것입니다. 그런 현실이 무서운 거죠. 좋은 사람이 나라를 다스려야 하는 건데……."
변산 해수욕장 슈퍼 주인아저씨

"수고하시네요. 여기 새만금 간척 사업장에서 일을 하고 계시네요. 저는 이곳에서 일하고 계시는 근로자의 입장으로서 이 계획에 어떤 의견을 가지고 계신지 궁금했는데요. 한번 의견을 말씀해 주시겠습니까?"

"네. 이번 공사가 무엇보다 많은 시간과 돈을 들여 시작했는데, 이제 와서 이렇게 공사를 중단한다면 아무것도 안되는 것 아니겠습니까? 공사는 거의 마무리 되어 가는데, 방조제 철수 하려면 공사비도 5배인가 든다고 합니다. 이게 무슨 한두 푼 드는 공사도 아니고 말이죠."

"그렇다면 찬성을 하시는 건가요?"

"그건 아니에요. 저도 처음부터 찬성을 한건 아니고요. 다만 90%가 넘게 진행된 이 사업을 이제 와서 중단한다는 것은 아무리 생각해도 손해를 이만저만 보는 것이 아닐까요?"
새만금 간척 사업장 근로자 김길수(가명)

"안녕하세요. 아주머니. 이곳 주민으로서 새만금 간척 사업에 누구보다 남다른 입장이실 텐데요. 한번 말씀해 주시겠습니까?"

"아휴, 말도 말어. 죽기 살기로 갯벌 막지 못하게 공사 덤프트럭 밑에도 누워보고 별짓끼리 다혀도 공사할 때는 언제고 이제 와서 공사를 중단하니 어쩌니……. 어찌되었든 우리 자식들 공부 갈키려고 돈이 얼마나 들었든 이 공사 후딱 접어야 된당께"
새만금 사업장 주변 주민 김순자(가명)

"What Do You Think About

"When the Roh Tae Woo government launched Sae Man Geum Project about ten years ago, some environmentalist group opposed fiercely. I couldn't understand them. They said it would kill the ecosystem in the tidal flat. But the government says the tidal flat would revive in ten years. No need to worry. The people who are building the seawall are the best engineers, aren't they? I gather some politicians from Busan and Gwangyang object it because they are afraid, once the seawall is put up in Buan, the cargo ships from China and elsewhere wouldn't use ports in Busan or Gwangyang anymore. While the folks in downtown welcome the project, the folks who make living on the tidal flat are against it. Of course, if the flat is gone, they are gone too. However, townsfolk are optimistic. They believe it would make a long term contribution for the regional development of North Chulla."

by Sung-whan Roh from Seoyoi-ri, Buan-eup town

"It is a mistake. We opposed it in the first place. Do you know how dirty the water got down here? I used to cultivate sea food here. But I quit because it was not like what it used to be. The government lured people that they would be better off. But the compensations were nearly nothing! Speaking of the government, what do they build the wall like that for? It is wasting taxpayers' money again! Well, I guess they cannot stop it now. However, this should never happen again."

by Kyung-soo Ko, a pickled seafood seller aged 47, from Seo-san Reclaimed District.

"I don't know. I find both sides have points. Actually, I don't care. I am too busy to think about it since I am preparing for SAT"

by Ji-yeon Kim, high school senior.

서해안 프로젝트
The West Coast Project, Photography, 2003

ae Man Geum Project?"

"For better or worse, once started, it has to be finished as quickly and environmentally friendly as possible. It has to be. Sae Man Geum is pretty much a done deal at this point. It must be completed fast in the least environmentally harmful way. Otherwise we will have to pay through our nose "
by Seung-yoon Lim from Ganeung-dong, Ujongbu City, Kyunggi Province.

"Tell me about it! As you can see, people are going nuts in the Buan and neighboring areas. You couldn't have missed the yellow placards on the way here, protesting the construction of radioactive waste site. I don't understand why they have to build it here, causing all this trouble. They say building plants on the reclaimed land would do a lot of good for the regional economy but I know it will only create pollution and other kind ofproblems. See if I am wrong. I know what we think doesn't really matter. But we have to say what we have to say. Otherwise, it wouldn't be democracy, would it? (Sigh) Business

is not like before. It is probably the weather. People don't like to get out on the beach in this weather. When the landfill is over, it will be worse. No one will come here for fun. Come to think of it, It is scary. It is all because of the incompetent government! The government is to blame… "
by a grocery shop owner from Byeon-san Beach

"Well, if we stop now then all the money and time that have gone into the Project would go down the drain, wouldn't it? The construction is almost finished. They say the money to bring down the wall would cost five times as much. We are talking about trillions of wons! Of course, I didn't think the Project was a good idea. However, it is more than 90% complete. What is the point of stopping now?"
by Gil-soo Kim(alias), a worker at the Sae Man Geum reclamation site.

사진은 새만금지역 연도별 위성사진인데, 방조제공사 진척상황을 알 수 있다.
흰색선은 물막이공사가 끝난 구간이며 그 길이는 26,0km이다.

These are satellite pictures of the Saemangeum area by year, showing
the progression of the seawall construction. The white line represents
the 26 km section where the seawall has been completed.

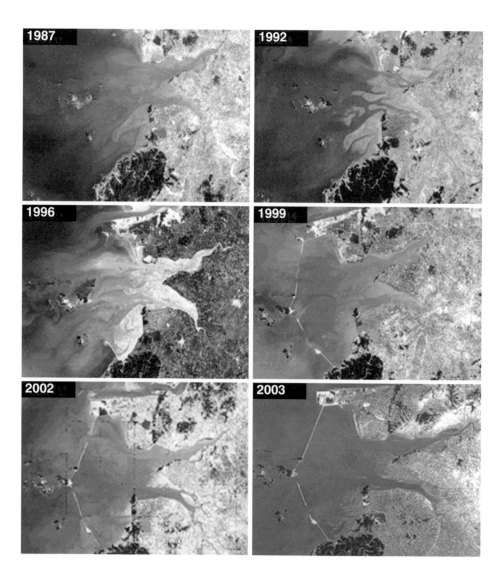

서해안 프로젝트
The West Coast Project, Photography, 2003

서해안 프로젝트
The West Coast Project, Photography, 2003

경통의 기반

상실 喪失

서해안 프로젝트

서해안 프로젝트
The West Coast Project, Book, 2003

The West Coast Project

Injustice chooses the weakest to trample on and the voices that dare not to resist sing flattering tunes. Why is it a matter of course that the residents surrender their land for the government? Why does the government force the residents to prove their patriotism this way?

서해안 프로젝트

불의는 항상 가장 연약한 풀을 밟고서 자라나고, 항거할 수 없는 목소리는 개발의 호의적인 협력들로 환원되기 마련이다. 국가사업을 위해 지역주민은 그들의 터전을 당연히 제공해야 하는 것일까?
왜 국가는 횡포를 통해 애국자를 확인하려 할까?

난곡 이야기
The Legend of Nan-Gok, Photography, 2004

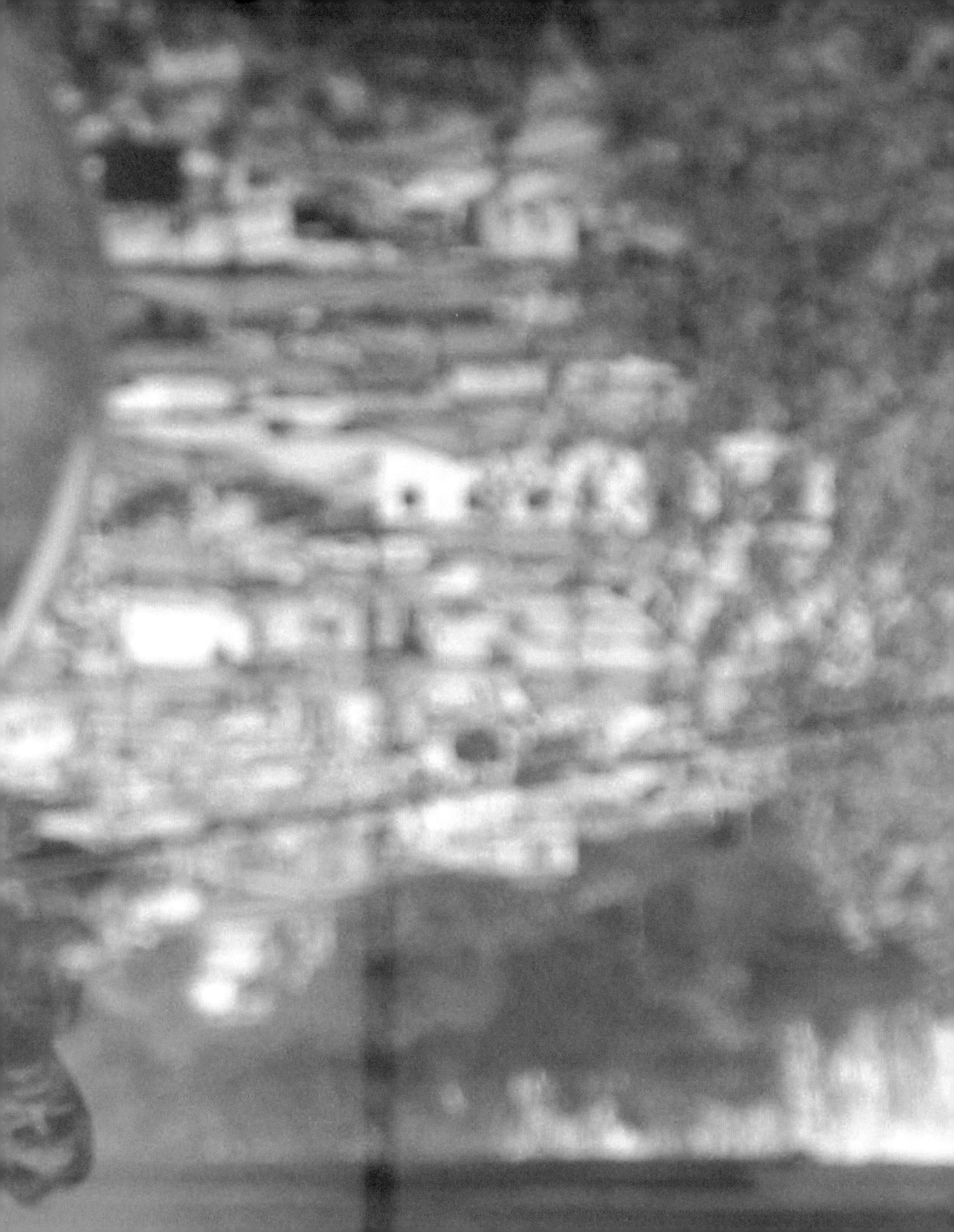

국기에 대한 경례를 했다.

관의 우두머리는 다음과 같이 선언했다.

「모든 충은 음식을 조절해 먹지 못함과 아

만일 처방을 잘못하거나 치료를 늦추면 이

우리는 적시에 정확한 처방 약을 먹었으니

구충이 제거된 이후, 음식을 먹는 데 만전

다음날 아침 매스컴은 구충의 죄명과 사망 소식을 대서특

1은 복충이니 길이가 4촌쯤 되며 모든 충의 어른이 되고

2는 회충이니 한 자쯤 되며 심장을 뚫어서 사람을 죽게 하

3·· 4·· 5·· 6·· 7·· 8··

9는 요충이니···

잘못 먹은 결과로 생긴다.

충으로 인해 생명을 잃게 된다.

기하여야 한다.」

였다.

우선 씻김굿을 해야 할

구충의 망령을 하늘나라로 올려 보

굿판을.

한데 모든 무당들은 구충이 되어

굿판을 저주할 줄밖에 모른다.

모든 분야의 전문가들이 합심해도

사회단체와 시민단체와 노동단체

심지어 국회와 법원과 대통령이 합

구충의 망령은 죽

지금 거리에

공동의 기반

상실 喪失

난곡이야기

Nangok

101, Shilim-7- dong, Gwanak-gu, Seoul was the address
of Nangok, the last slum in Seoul that existed since the
1970's. The urban poor had been forced to move to
Nangok from downtown Seoul in the late '60s as part of the
government's campaign to "beautify" the central Seoul. In
1972, the Nangok population reached more than 13,000 in
2,600 households. 73.2 percent of Nangok residents were
jobless or manual workers. Half the households had an
average monthly income of less than W 800,000 with 15
percent of them earning less than W200,000 per month.
Only 9 percent of the owners of houses in Nangok before
redevelopment moved into newly built apartments after
redevelopment. While some of the tenants were lucky
enough to move in the apartments for rent, 20 percent of
them were forced to leave because they couldn't afford
the rent. Most of the original tenants in Nangok had to find
a place in the basement or on the roof in the neighboring
areas to live in. Of course, the government had a plan. It
introduced the so-called "circular redevelopment" scheme
to provide rent apartments for the original dwellers of
Nangok during the reconstruction and afterwards. Actually
the plan was a trophy that the original dwellers of Nangok
won as a result of their fight against the authority. However,
less than half the households could afford it because the
down payment of W13,500,000 and the monthly rent of
W165,000 were out of reach for them who had only three
to five million won at most. On top of it, the rent rose each
year. Originally, 666 (44%) out of 1501 households moved
in the rent apartments. However, 142 households or 20% of
them had to leave because they couldn't afford the rising
rent. When the Nangok slum was demolished in May, 2003,
the press heralded the last slum in Seoul had disappeared
into the history.

A summary of the articles by Kim, Jin-chul, a reporter for the Hankyoreh Daily and
Woo, Sung-hee, a secretary of Sarangbang Group for Human Rights

난곡

70년대 이후 서울의 대표적인 달동네로 손꼽혀온 관악구 신림동 '난곡'. 60년대 후반 도심 미관 정화사업으로 불량주택이 철거되면서 밀려난 이들이 옮겨와 1972년에는 2천6백여가구 1만3천여명이 모여 살던 대규모 빈민촌을 가리키는 말이다. 73.2%가 실직자이거나 단순노무직에 종사했으며, 월평균 소득이 80만원 이하인 가정이 절반이 넘고, 20만원 이하인 가정도 15%였다.

난곡 재개발 전 가옥주 가운데 새 아파트에 들어간 사람은 9%가 채 되지 않는다. 세입자 중 일부는 임대아파트에 들어갔지만, 다섯 가운데 하나는 결국 임대료가 밀려 나오고 말았다. 그나마 1천만 원이 넘는 임대 보증금을 구하지 못한 대부분의 세입자들은 인근 지하방이나 옥탑에 월세를 얻었다. 물론 이주 대책이라는 것은 있었다. 재건축 할 때부터 지낼 수 있는 임대아파트를 마련하는 순환식 재개발이 난곡에서 처음으로 도입되었다. 격렬했던 난곡의 철거민 투쟁이 얻어낸 성과이긴 하지만, 혜택을 받은 사람은 절반이 채 되지 않았다. 3백만원에서 5백만원짜리 전세를 살던 세입자들에게 보증금 1,350만 원과 월 16만5천원의 임대료는 턱도 없이 높았기 때문이다.

게다가 임대료는 해마다 올랐다. 당시 세입자 1,501가구 가운데 44%인 666가구가 임대아파트에 들어갔지만, 이 가운데 20%인 142가구는 임대료를 부담하지 못해 결국 임대아파트를 떠나고 말았다. 2003년 5월 신림7동 101번지의 마지막 '달동네' 마을이 철거되면서 일부 언론은 서울의 마지막 달동네가 역사 속으로 완전히 사라졌다고 보도했다.

이상의 정보는 한겨레 신문사의 김진철 기자와 인권오름 소식지의 우성희 간사의 기사를 인용해 정리하였다.

난곡이야기
The Legend of NanGok, Book, 2004

Common Ground

Loss

The Legend of NanGok

공통의 기반

상실 喪失

난곡이야기

力   史

난곡이야기
The Legend of NanGok,
Book, 2004

Common Ground

Loss

The Legend of NanGok

공동의 기반

상실 喪失

난곡이야기

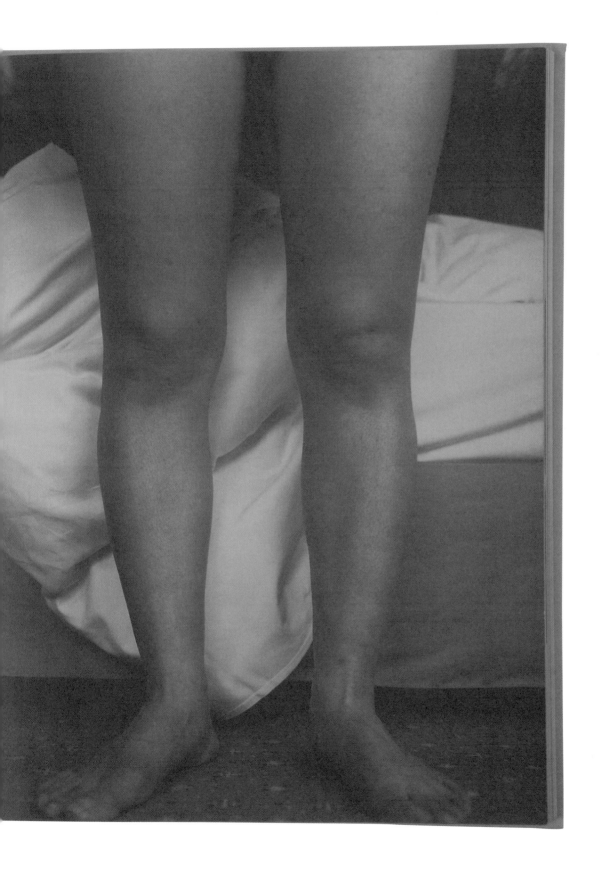

나을 수 잇으면 좀 먹고, 머리도 깨끗이
아프데, 오늘이 마지막 아닝가, 인자카게
끌이게, 당시도 한사람이 안아나서?

어저제 술 받으러간 ᄂ..
사격도 안 온다ᄂ?

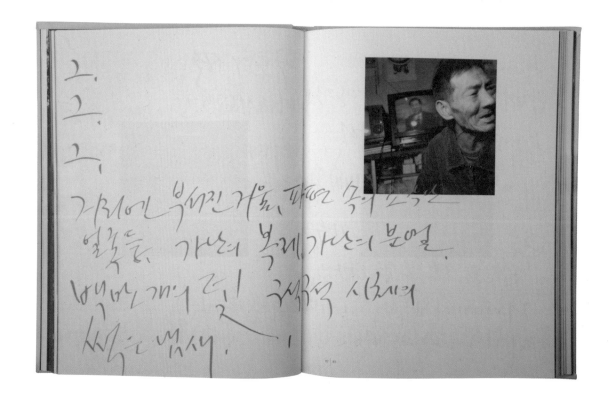

그.그.그.
가리에 부서진 거울, 파편 속의 으스러진
얼굴들, 가리의 복제가르는 분열.
백번만 깨지 럭 그냥먹 사로비
썩는 법시.

Common Ground

Loss

The Legend of NanGok

공동의 기반

상실 喪失

난국이야기

좋네, 서울의 찬가

게딱지처럼 다닥다닥 붙어 있는 판잣집들이 혐오스러웠을
것이다. 구충씨가 존경해마지 않는 박정희 대통령께서는 워낙
정갈한 분이라 서울의 아름다운 산비탈이나 한강 변 그리고
하천 변에 흉하게 쳐져 있는 거미줄을 걷어내지 않고는 한숨도
주무실 수 없었을 것이다.
'하면 된다'는 신조로 한강의 기적을 이루었던 분이라 서울을
미화하는 재개발사업이 마음 잡수시는 게 문제였는데,
정 자 희 자 그 어른이 고겔 한번 끄덕이자 철거 작업은 군사
작전을 방불케 하면서 거침없이 밀어붙이고, 여기에 반대하는
놈들은 공산당으로 때려잡으면 그만이었다.
잡초만 우거진 공동묘지의 야산에 철거민들은 청소차에
실려와 부려졌다. 이촌동에서 청계천에서 목동에서 여의도에서
도동에서 창신동에서 구로동에서 대방동 뚝방에서 그리고
옥수동에서 실려왔다.
여기 오신 지 얼마나 되셨어요?
30년전이지 아마? 초등학교 2학년인가 3학년 때 옥수동서
철거당해서 왔으니까. 어느 날 갑자기 학교 갔다 오니까 집이
없는 거야. 그때가 엄청 추웠지. 근데 사람들이 저쪽
산 너머 가보라고, 거서 철거민들 기다린다고. 그때 포토 트럭이
길게 늘어서서 쫙 깔려 있는 거야. 엄마도 날 찾고, 나도 엄마
찾고… 엄청 울었지. 왜냐면 어떻게 될지도 모르는 상황에서
온거야. 식구들이 다 찼으니 트럭이 출발했고, 여기 도착한 게
밤이었는데, 그때 산골짜기에 뭐가 있었어. 천막 하나 쳐놨는데.
8평짜리 천막 안에 세 식구가 사는 거야. 첨에 왔을 땐 벽이
없으니까 이불을 쌓아둔 거야. 우리가 막 그 위를 넘어 다녔지.
그러고 나서 횟가루로 금을 그어놓고 능력 있는 사람은 집을
짓고, 능력 없는 사람은 천막치고 살다가 형성된 거지.
「가난의 문화 만들기」 (조문영의 석사 논문집)에서 인용.

이곳이 낙골이다. 원래는 난초가 핀 골짜기라해서
난곡이었는데, 철거민들이 이곳 공동묘지에 해골처럼 떨궈진
후 낙골이 되어버린 것이다.

그렇지 공동묘지. 근디 언젠가 나라서 집 지어야 한다고
가족들한테 뭐시냐 공동산(공동묘지)에 묻어있는 거 다 가져가라
하는디 그래도 돈 있는 사람들은 사람 시켜 다시 파내고, 누구는
몰래 다시 뒷산에 묻고, 더러는 화장하구, 더러는 물에 갖다
버려뿔고, 나도 구경 갔는디. 아이구 수천 수만이 징그러워….
근디 어서 물이 생겼나 모르겠는디. 아 송장들 묻은 밑으로 물이
흐르더랑께. 시체가 썩다 말다 다 해지고 난 걸 사람들이 물에서
이것저것 건져 올리고, 아 차마 못 보겠더라구. 그때 우리 짝의
반장 말이지, 아 나이도 젊고 팔팔한 것이 갑자기 죽은거. 거
참 딱하다 했지. 근디 그 여편네가 남편 죽은 지 얼마 안 돼서
부인 있는 남자랑 눈이 맞았당께. 그래서 바로 애들 델꼬 같이
살더라구. 근디 반장을 바로 그 공동묘지에다 묻었는디, 나라서
송장들 다 치워 가라 하니…. 아 죽은 지 삼년밖에 안 된 사람을
끄내니 오죽 몸이 불었어? 아 하나도 썩지도 않았단 말이지.
그 몸뚱이 불은 것을 처치하지 못 하고 그래서 부인이랑 그 남자랑
대가리만 콕 쩌내다 묻으려고 삽으로 목을 댕강 쳤당께. 결국
둘다 서에 잡혀가구. 그 남자 나중에 돌아와서 살다가 새마을 일
허데. 앞의 책에서 인용.

난곡에 온 철거민들은 농촌을 떠나온 사람들이었다.
거슬러 올라가면 이승만 시절엔 서울의 판잣집은 차라리
고급 주택이었다. 땅을 두세자 정도 깊이로 파내고 그
위에 가마니떼기나 헌 문짝을 지붕으로 올린 움막집들이
대부분이었다. 해방 후 정부가 농민을 위해 농지개혁을 한다고
해서 잔뜩 기대를 했는데 허울뿐이데다가 가을 곡식은 지주들이
입도선매하니 보릿고개 넘기 어려운 농민들은 살 수 없어
정든 고향을 버리고 서울로 올라오기 시작했다. 서울의 산과
하천에는 한 해가 다르게 움막집들이 늘어만 갔다.
5.16 군사 쿠데타를 완수한 박정희 대통령은 조국의 근대화를
부르짖으며 이농을 가속화시켰다. 일자리를 찾아 상경한
농민들로 장사진을 이룬 서울은 도심과 변두리 할 것 없이
모두 움막과 판잣집으로 뒤덮였다. 값싼 노동력만이 근대화의
밑거름이었던 시절, 정부의 저곡가 정책은 농민을 밤 보따리
싸게 만들어 야간 열차로 전국 각지에서 날마다 퍼올렸다.
도시 빈민이 된 농민들. 식모, 지게꾼, 자장면 배달원, 넝마주이,
다방 레지, 접대부, 구두닦이, 짐꾼, 마부, 공사판 인부, 노점상,
창녀 따위 도시의 최하층민이 된 이들은 공장에 취직해서
기술자가 되는 것이 희망이고 꿈이었다.
이 엄청난 수의 산업예비군은 노동자의 저임금, 장시간
노동, 비인간적 대우를 배양하는 온상이었다. 맘에 안 들면
쫓아버려도 채우고 남을 산업예비군이 항상 대기하고 있었다.
만약, 단체행동을 조금이라도 보이면 경찰이 빨갱이로 잡아가서
뒈지게 패버리고 구속시키면 끝났다.
'잘 살아보세 잘 살아보세 우리도 한번 잘 살아보세'와, '새벽종이
울렸네 새아침이 밝았네 너도나도 일어나 새마을을 가꾸세'란
노래가 말 그대로 새벽부터 밤 늦게까지 스피커를 통해 온
나라를 울려댈 때,
난 김추자의 '거짓말이야'에 열광했다.

거짓말이야 거짓말이야 거짓말이야 거짓말이야 거짓말이야
사랑도 거짓말 웃음도 거짓말
거짓말이야 거짓말이야 거짓말이야 거짓말이야 거짓말이야
사랑도 거짓말 웃음도 거짓말
그렇게도 잊었나 세월 따라 잊었나 웃음 속에 만나고 눈물 속에
헤어져

다시 사랑 않으리 그대 잊으리
그대 나를 만나고 나를 버렸지 나를 버렸지
거짓말이야 거짓말이야 거짓말이야 거짓말이야 거짓말이야

그렇게도 잊었나 세월 따라 잊었나 웃음 속에 만나고 눈물 속에
헤어져
다시 사랑 않으리 그대 잊으리
그대 나를 만나고 나를 버렸지 나를 버렸지
거짓말이야 거짓말이야 거짓말이야 거짓말이야 거짓말이야

나는 구충씨에게 당신은 박대통령에게 속았고 버림받았다고
말해주었다. 그는 절대로 그렇지 않다고 펄쩍 뛰었다.
보릿고개가 어떤 건지 아느냐. 삼시 세 끼 밥 먹게 해주고
지금처럼 선진국 돼서 요만큼 사는 게 누구 덕인데 배은망덕한
소릴 하나. 역대 대통령 중에서 민족의 앞날을 이만큼 내다보신
분이 누가 있으며, 한번 한다고 하면 일사불란하게 밀어붙이는
추진력이라든지, 요새 매일 신문 지상에 오르내리는 부정부패
안 하고 깨끗하게 정치한 것이라든지 박대통령 같은 분이 어디
있느냐고 잡아먹을 듯이 달려들었다. 난 그러거나 말거나 고개를
흔들며 김추자의 '거짓말이야'를 약올리듯 흥얼거렸다.
구충씨 들어보소.
당신이 존경하는 정 자 희 자 그 어른이 누구냐? 조국 근대화의
아버지 아니신가. 험담하는 놈들은 그 어른이 일본 육사를 나와
만주에서 독립군들을 소탕했고 해방 후엔 빨갱이가 되었다가
여순 반란 사건 때 동지들을 팔아넘기고 살아남더니 드디어는
4.19 민주혁명을 군홧발로 짓밟았고 급기야 헌법까지 고쳐서
평생 집권하는 총통을 획책했다고 하는디, 설령 그게 사실이라도
무슨 상관이냔 말이여. 오늘날 후손들이 이만큼 잘 살게 된 거시
누구 덕이냔 말이여. 흐흐. 배따시 따땃해서 쓸데없는 소리하는
놈들 다 죽여야지, 안 그래요, 구충씨?

그러고 이런 유언비어도 나돌았지. 그 어른이 쿠데타를 도모하던 어느 날 꿈에 코 큰 독수리가 날아와 성수로 몸을 깨끗이 씻어주고 신통력을 불어넣어 주는데, 비록 꿈이지만 총에 맞아도 죽지 않고 어떤 반대 세력도 코 큰 독수리가 가르쳐준 주문만 한번 외면 추풍낙엽으로 떨어지고, 또한 하는 일마다 기적이 일어나는 신기한 꿈을 꾸어서 과감히 거사를 결행한 결과 역시나 성공을 거두게 되어 어른께서 그 뒤로 한량없는 이 은사에 감사해 코 큰 독수리를 신으로 섬기게 되었다는 이야그. 구충씨도 그 예배당에 안 다니신감? ㅋㅋ.
어깨를 씨씩거리는 구충씨는 소주를 병째로 나발 불었다. 깨지고 터진 구충의 얼굴을 들여다보면서 물었다.
아저씨 인생이 왜 이래요?
정 자 희 자 어른 때문이라고 부화를 한번 더 지르려다 정말 가까스로 참았다. 너무 참은 탓인지 어디선가 환청이 들려왔다.

비나이다 비나이다 신령님께 비나이다
구충이 가진 것은 가난밖에 없나이다
가족은 뿔뿔이 흩어지고
몸은 병들어서
오도갈데 없는 구충이
낙골에서 철거될 날만 기다리고 있나이다
쉬이 물러가라
오만 잡것들 물러가라
아 요것들이 무엇이냐
구충의 몸을 파먹고 있는 아홉 마리 충이렷다
에잇 요 잡것들아
요것들을 뿌리째로 뽑아야헌다
허 이거 무슨 변고냐
애고 애고 저 잡것의 뿌리가
칡넝쿨같이 얽히고 설켰구나
뎅뎅뎅뎅뎅
아아 구충이가 속았고나
구충아 구충아 이 불쌍한 구충아
니가 속은 줄을 알아야 빙이 떨어지고
죽어서도 구천을 안 헤맨다이
뎅뎅 뎅뎅뎅 뎅뎅 뎅뎅뎅
쉬이 떨어져라
구신아 떨어져라
쉬이 물러가라

1971년 경기도 광주 대단지 사건을 아는가? 청계천 등 서울 도심의 철거민 20여만 명을 강제로 이주시켜다가 굶어죽게 만드니까 견디지 못하고 일어난 폭동을.
1977년 전라도 광주 무등산 타잔 사건을 아는가? 흩어진 가족과 살기 위해 무등산 산비탈에 지은 움막집을 철거반원이 불태우는 것에 격분해 살해한 사건을.
그러나 대체로 도시 빈민들은 1970년대 고도성장의 그늘 아래서 모든 것을 자신의 무능과 불운으로만 돌렸다. 그들이 삶의 터전인 농토를 떠난 것도 도시 하층민이 되어 끼니를 잇지 못한 채 온갖 멸시 속에 산 것도 제 탓으로만 알았다.
판자촌 정비를 위해 하루아침에 트럭에 실려 공동묘지에 퍼부어져도 제 가난 탓으로만 여겼던 것이다. 한강의 기적은 당신들이 이룬 것이란 걸 조금도 몰랐던 불행한 시절. 정 자 희 자 어른이 저지른 배반의 세월. 단물만 빨아먹고서 쓰레기처럼 내버린 줄도 모르고 새마을 모자를 쓰고 새마을 노래를 부르며 선거 때마다 그 어른의 집안을 찍어주며 감격에 겨워했던 구충씨.
수출만이 살길이라는 구호. 대한민국의 모든 극장에서 영화가 시작되기 전 기립해서 국기에 경례하고 대한 뉴스 시간에 '수출의 기적'을 선전하는 화면을 의무적으로 보아야 했던 3공화국 시대. 수출의 기적을 낳는 중공업을 위해서 농촌이 희생되어야 했던 그 시절. 공장 노동자의 저임금을 위해서는 저곡가 정책이 필요했는데, 그 결과 농촌에서 대거 이농이 일어나고 또다시 이들이 산업예비군이 됨으로써 저임금은 지속되었다. 이것이 모두 당연한 일이라고 믿었던 구충씨. 그러나 희생의 보답은 무엇으로 돌아왔는가? 이농민들은 도시 미관을 해치는, 수출입국의 이미지를 훼손하는 주범으로 지목되었다. 국빈이나 외국 바이어가 지나가는 서울의 간선 도로에 노출된 판자촌을 우선 정비하기 위해 도시 외곽에 정착지 사업이 강행되었다. 구충씨가 하얀 횟가루가 선명한 8평짜리 땅을 배당받은 공동묘지의 낙골도 그런 정착지 중의 하나였다.
박대통령의 적자 전두환이 정권을 잡은 이후 폭력 철거는 판자촌 주민의 거센 저항으로 전쟁터를 방불케 했다. 구충씨는 전두환은 악질 인간이라고 잘라 말한다. 얼레? 그게 무슨 소리? 난 세상 사람들의 눈이 멀어도 한참 멀어서 그럴시 전두환이가 결코 정 자 희 자 어른보다 더 나쁘지 않다고 말했다.
구충씨는 내 멱살을 잡고서 또다시 죽여버리겠다고 길길이 날뛰었다. 난 허우적거리며 전두환은 박정희에 비하면 새발의 피라고 끝까지 버텼다. 구충은 그날 정말로 파란 소주병으로 내 대갈통을 내리쳤다. 퍽! 소리와 함께 소주병이 산산이 부서졌건만 약간의 통증만을 느꼈을 뿐 내 머리통엔 아무런 이상이 없었다. 외려 놀란 건 구충씨였다.
야! 구충 너 제발 내 말 좀 들어봐, 이 자식아!
구충이 제정신을 아직 수습하지 못하고 있는 동안 내 입은 독기를 품고서 거침없이 말을 쏟아냈다.

전두환이가 광주사태 때 사람 죽인 것 말고 박정희보다 더 나쁜 것 있으면 말해봐. 아냐 광주사태도 실제론 박정희 책임이 더 큰 거야. 박정희가 20년 독재하니까 전국에서 민주주의 하자고 일어났고 그 고끄머리에 광주사태가 일어난건데 박정희 책임이 없단 게 말이 돼? 말이 되냔 말이야, 이 빙신아. 글고 철거도 마찬가지야. 판자촌은 박정희 때 거의 다 생긴거라고. 경제개발 5개년 계획을 몇 번이나 했어. 그때 농민들 다 서울로 쫓겨 올라와서 판잣집 짓고 산 건데 박정희가 도시 미관을 살린다고 폭력 철거를 시작한 거 아냐. 전두환이는 그 뒤치다꺼리한 거라고. 박정희는 전두환이한테 진짜루 감사해야 해. 똥바가지는 전두환이가 지가 혼자 다 뒤집어쓴 거잖아. 구충, 너 정신 차려 임마. 병신같이 박정희 망령에 홀려 있지 말고.
구충의 눈이 희번덕거리다가 차츰 비웃음으로 채워졌다.
에잇 배은망덕한 놈. 너 같은 짜식은 이 새끼야 인간도 아니야.
말인즉 바른 말이지만 전두환 대통령은 그의 대부 박정희를 위해서 국제적인 오명을 태연히 받아들일 정도로 대단했다. 1987년 베를린에서 개최된 세계 주거 회의에서 "한국은 남아공과 더불어 가장 비인간적으로 철거를 자행하는 나라"로 지목된 것이다.

5공 치하에서 이루어진 강제 철거로 인해 사당동 산22번지, 목동, 양동, 신당동, 방배동488번지 꽃동네, 방배2동 220번지, 사당3동 산24번지, 오금동, 흑석동, 상계5동 173번지, 양평동3가 72번지, 암사2동, 사당2동, 창신동 등 여러 곳에서 이순복씨(여, 당시 37세), 남성열씨(남, 31세), 이치호씨(남, 59세), 최홍숙씨(여, 33세), 박정자씨(여, 63세), 오동근 어린이(남, 9세), 이수환씨(남, 52세), 이연옥씨(여, 74세), 이종문씨(남), 이근섭씨(남, 67세), 지삼용씨(남, 72세), 임채의 어린이(남, 5세)가 사망했다.
명색이 민주화의 요구에 밀려 전두환이 권력을 노태우에게

위임한 6월 항쟁의 11월에 절규하고 있는 사당동 철거 세입자의
육성을 한번 들어보라.

사당동 철거 지역에서 일어난 유혈의 광란과 학살을 고발한다!
사당동 세입자 대책위원회

지금 사당동에서는 또 하나의 광주사태가 벌어지고 있습니다.
경상자는 헤아릴 수도 없고 중상자만 50여 명이고 사경을
헤매는 사람도 세명 이상입니다.

11월 5, 6, 7, 8일 저들은 1천여 명의 불량배, 양아치들을
고용해 온 동네를 광란의 유혈극으로 몰아넣었습니다. 이들
폭력배들은 쇠파이프에 쇠꼬챙이를 꽂고, 각목에 칼을 꽂아
들고 마구잡이로 구타하고 집집마다 뒤져 남자로 보이면 무조건
난타했습니다. 또 삽으로 머리를 내리찍고 해서 할머니의
어깨를 으깨버렸습니다. 쇠파이프로 구타한 뒤 2층에서
던져버리고 또다시 짓밟았습니다. 이제 열다섯 살 된 황용섭군을
쇠파이프로 마구 구타했고, 주민 다섯 명을 밧줄로 손을 뒤로
묶어서 구덩이에 처박고 수십 명이 달려들어 짓밟았습니다.
이들은 허가받은 살인청부업자들이었습니다. 대나무에
칼을 달아 배와 목에 대고 아주머니를 전봇대에 묶고 옷을
벗겼습니다. 뿐만 아니라 한 아주머니의 옷을 모두 잡아뜯고
칼로 가슴과 음부를 도려내겠다고 협박하는 야수적 만행을
서슴지 않았습니다.

소위 민주화한다는 시대에 이런 광란적 살인극이 자행될 수
있다는 말입니까?
경찰은 이러한 살인극을 오히려 두둔하고 있습니다. 아니 폭력배
중에는 분명 사복 전경이 섞여 있습니다. 평소 구청농성 등 시위
현장에서 낯이 익은 사람이 많았습니다. 실제 어떤 폭력배는
"누나, 또 보네." 하기도 했고 한 아주머니가 "왜 또 왔어?"
하니까 고개를 돌리는 폭력배도 있었습니다. 철수하는 폭력배는
무전기와 사진기를 휴대하고 전경차로 들어갔습니다.
또한 저들 폭력배는 공공연히 "구청장이 하루에 시체 덮은
거적때기 세 개가 나와도 좋다고 했다"고 떠들어댔습니다. 이는
분명히 관과 공모한 계획적이고 조직적인 학살극입니다.

노태우 정권(대통령은 전두환—필자는 간사하게도 이 사건을
가옥주와 세입자의 충돌로 위장하고 있지만, 재개발 사업의
모든 책임자는 현 정권이며 이러한 광란적 살인극을 조종하고
배후 사주한 것도 현 정권입니다. 우리 사당동 주민 일동은 살인
폭력을 끝까지 이겨낼 것입니다.
지금 우리는 학생들과 굳게 연대하여 우리 지역을 사수하고

있습니다. 목숨을 걸고 끝까지 싸워 기어코 이 엄청난 만행을
물리치고 진정으로 살기 좋은 세상, 가난한 사람도 인간답게 살
수 있는 사회를 쟁취할 것입니다.

우리의 주장

하나. 사당동 살인 폭력 만행의 진상을 규명하고 책임자를 모두
처단하라
하나. 동작구청장, 관악서장을 즉각 구속하라
하나. 살인 폭력배를 처벌하라
하나. 장기용자 임대주택 보장하라
하나. 철거 주민과 부상자 보상 문제를 해결하라

제5공화국의 전두환 정부는 재개발의 방향을 관 주도에서 민영
재개발로 선회하면서 국가는 개발사업의 당사자가 아니라는
태도를 취했다. '합동 재개발'로 불리는 이 민영화 전략은 종래
국가와 주민 간의 갈등 관계를 주민과 건설 자본 간의 대립
관계로 바꾸어놓았다.
그 결과 주민들인 가옥주와 세입자가 서로 등을 지고 싸울 뿐
아니라, 건설업체의 사주를 받은 재개발조합의 간부와 가옥주는
그들대로 대립하여 정부는 무허가 불량촌의 주민들을 분할
통치할 수 있게 되었다.
1970년대 중동 특수의 중단으로 막대한 해외 건설 자재와
인력이 놀게 되는 상황으로 수출 의존의 한국경제가 큰 타격을
받게 되자, 건설 자본과 정부가 불량촌 재개발 사업에서
돌파구를 찾은 것이었다.
결국, 주민과 정면 충돌을 피하면서 무허가 정착지를 개발하려는
정부, 개발 수익을 극대화하려는 건설 자본, 정보에 재빠른
부동산 브로커와 복부인이 담합한 재개발 현장은 도시 빈민의
쉼터를 놓고 이전투구 하는 합법적인 투기장이 돼버렸다.
이 과정에서 분할 통치의 대상이 된 주민 즉, 개발 수익의
단물에 젖은 가옥주와 분배 과정에서 철저히 배제된 세입자는
서로 원수처럼 대립하게 되는데, 가옥주 역시 담합자들이
결정한 중·대형 아파트에서 살 수 있는 능력이 없으므로
입주권을 되팔아 외지인 가옥주나 세입자로 전락하거나 아니면
주변 시세가 모두 올라서 교외의 무허가 불량 주택으로 또다시
이주하는 비참함을 맛보아야 했다. 결국, 원주민의 90%가 삶의
보금자리를 떠나게 되었다.
투기장이 된 자신들의 쉼터를 바라보며 오도가도 못하게 된
세입자들은 투쟁하는 길밖에 다른 선택이 없었다. 아무런
대책도 없이 이들을 추방하려는 담합자들은 건설 자본을 대표로
내세웠고 세입자들은 그를 상대로 그야말로 온몸을 내던졌다.
전두환 군사독재 정권은 이들의 배후에 용공 세력이 있다고
선전하고 탄압하면서 자신들의 담합을, 국가가 사회적 약자의

생명과 재산을 파괴하는 것을 정당화시켰다. 철거는 합법이고
반대하는 것은 불법이었다. 강제 철거가 아무리 잔인하고
야만적이어도 무혐의 처리되었고 세입자들은 구속되었다.
최대한의 개발 수익을 나누어 갖기 위한 담합. 최대 이윤은 원가
절감과 상품을 고가로 판매함으로써 관철되는데, 전자는 공기의
단축으로, 후자는 부동산 투기 붐을 일으킴으로써 가능했다.
공기의 단축은 심지어 장애인까지 동원한 무자비한 강제 철거를
수반했다.
이제 상품을 고가로 팔고, 산 사람은 또다시 고가로 되팔 수
있는 메커니즘을 창출해야 하는데, 누구를 대상으로 할 것인가?
중간층, 충희가 꿈꾼, 버젓한 직장에 다니는, 민주사회의
버팀목으로 칭송되는 이들.
그놈의 민주사회가 뭔지 모르겠는데, 억울한 살인마의 누명을
쓰고 집권한 정권이 정당성을 확보하기 위해서는 이들
중간층한테 잘 보여야 했던 모양이다. 이 정치적 의도는 주택
5백만 호 건설 계획으로 나타났는데, 도시 빈민의 주거 공간을
중간층의 거주지로 대체하기 위한 무허가 정착지 재개발이
핵심을 이루었다. 전두환은 중간층의 '자기 집 소유' 꿈을
실현시켜 체제 내로 편입시킴으로써 이들의 정치적 동의를
확보하고자 했던 것이다. 『철거민이 본 철거(한국도시연구소 간행)
53쪽 참조.

따라서 한국의 민주사회를 지탱하는 중간층은 세계에서
가장 비인간적이라고 지목받은 담합자들과 공범자가 되었다.
생산자인 담합자와 구매인 중간층의 공범 행위는 지금도 확대
재생산되고 있으며 오늘날 한국 민주주의의 본질을 규정하고
있다. 물론, 중간층이 6월 항쟁의 주역이 됨으로써 전두환의
뜻은 이루어지지 못했지만 박정희에 이어 전두환이 짜놓은 이
'골격'은 그대로 계승되고 향유되어 왔다.
그런데도 당신과 나는 부동산 망국을 들먹이며 정치인과 재벌과
투기꾼만을 욕할 것인가? 이런 이야기를 언제까지 해야 할까?
이 추악한 역사에 대해서 논문을 쓰는 것도 아닌데 무엇을
끝까지 더 밝혀볼 것인가?
잊지 말 것은 당신은 공범자란 것이다. 2002년 현재 수도권에서

79개소가 재개발 진행 중이며, 39개소가 계획 중이다. 서울의 마지막 달동네 난곡도 내가 구충씨와 헤어지던 2002년 어느 겨울날 지상에서 사라졌다.

지금 구충씨는 어디 있을까?

내가 구충씨를 쫓아냈는데도 그를 위해서 뭔가 하고 있는 것처럼 생각하고 있다. 가소로운 일이다. 병 주고 약 주고…. 그런데 이렇게 자책만 하고 있을 수 없다. 앞서 말한 박정희 이래의 "골격"을 해체하고, 자본의 논리가 아닌 정의의 논리로 희생자에게 정당한 보상을 하는. 그럼으로써 중간층이 조금이나마 죄의식에서 자유로워지는, 이들이 건강한 활기를 되찾는, 한국의 민주주의가 진정성을 갖게 되는 길을 제시하는 목소리가 하나 있다. 잘 들어보기 바란다.

상계동 173번지 세입자 일동이 1987년 4월 14일 자로 발표한 유인물의 마지막 구절.

「우리는 무참히 짓밟힌 인간의 존엄성과 가난한 자의 생존권이 보장될 때까지 이 목숨을 다해 싸워 나갈 것이다. 빼앗긴 것은 살림이 아니라 그것은 바로 이 나라의 주권이다. 또한 인간의 존엄성인 것이다.」

1993년 유엔 인권위 밴쿠버 선언은 이렇게 말하고 있다.

「주거는 기본적인 인권이며 그 권리를 실현하는 것은 국가의 의무이다.」

주거권은 자본의 논리에 의해서 침범당할 수 없는 인간의 기본권이다. 모든 생명체가 태어나면서 생명과 함께 부여받은 보금자리가 집이다. 예로부터 인간에게 집은 우주(집宇 집宙)의 모형이었다. 한옥은 음양원리를 본떠 사랑채(양)와 안채(음)로 되어 있다. 중국의 가옥, 초원의 가옥, 인도의 가옥, 유럽의 가옥… 모든 전통 가옥이 그들의 우주관을 표현하고 있다.

당연한 이 사실이 왜 잠꼬대같이만 들리는 걸까? 주거권이란 단어를 말하면서도 왜 이처럼 생소하고 마치 억지를 쓰는 것 같을까? 무의식까지도 공범자이기 때문일까? 가난은 나랏님도 구제를 못 한다는 케케묵은 의식의 더께가 새로운 사고의 숨구멍을 고약처럼 막고 있어서일까?

가난한 구충씨가 집을 가지지 못하고 있어 쫓겨나는 것이 당연한가, 아니면 가난한 구충씨가 집을 가지지 못하고 있기 때문에 인간다운 삶을 영위할 최소한의 집을 가져야 하는 게 당연한가?

후자가 당연하다. 만일 아리까리하면 주문처럼 날마다 외워라. 그러면 당신에게 복이 있을 것이다. 한번 더 욀 때마다 당신의 마음은 한층 자유로워지고 복은 증가한다. 하물며, 구충씨가 당신의 보금자리 때문에 자기의 인생을 망가뜨리게 됐느냐는 것까지 생각하면은….

어떻게 모든 것을 다 이해하고서 시험에 합격할 수 있나? 이해가 안 되는 것은 외워야지. 일단 붙고 나서 나중에 알아도 되니까. 그런데 시험처럼 자기에게 이익되는 것만 그렇게 하고 손해볼 김새가 보이는 것은 마구 따지는 것도 사실 소탐대실인 케이스가 많은 것 같아.

A Song in Praise of Seoul

The paupers in Nan-gog slum were originally farmers. Two-to-three foot dugouts in the ground covered with patches of straw bags or doors from nearby dump sites for roofs were what they called home. The shingle house built during the Rhee government would look luxurious by comparison. The government propagandas for agricultural reform had proved hollow. They had to borrow money from the landlords in exchange for the entire crops in the fields. They were hungry. They had to leave their country home behind for a job in Seoul. More and more slums could be seen in Seoul.

President Chung-hee Park who rose to power through the military coup on May 16, 1961 accelerated the displacement of farmers under the banner of modernization. Farmers who came to Seoul looking for a job inhabited ever sprawling slums in downtown and suburban Seoul. In those days, when cheap labor was the only resource, the government's low crop price policy provided the steady influx of labor to the city.

The Chun government of the Fifth Republic took on the attitude of an on-looker as it shifted from the government-led to private-led economy. The private initiative called "Urban Redevelopment" replaced the existing standoff between the state and the paupers with the conflict between the capitalists and the paupers.

By design the government took advantage of the conflict between the landlords and the tenants and the conflict between the landlords and the redevelopment union officials bribed by the construction companies. The government and construction capitalists had found a breakthrough in the urban redevelopment initiative as the export-oriented Korean economy was slowing down due to dropping construction orders from the Middle East. Construction workers and building materials were left idle.

The initiative effectively turned the urban slums into a center of speculation. Differing interests conspired against the poor dwellers for profit. The government that wanted to avoid direct confrontation with the inhabitants colluded with the profit-driven construction capitalists and the real estate brokers and speculators hoping to hit the jackpot.

The poor tenants and small landlords were the scapegoats in the process. The small landlords who wanted to exploit the redevelopment opportunity faced off with the tenants who were completely excluded from the redevelopment process. However, the small landlords couldn't afford to live in the large apartments being developed so they had to sell their right to speculators, becoming tenants themselves or moving to other slums. Consequently, 90 percent of the original dwellers left.

The tenants couldn't leave what had become the center of speculation because they had nowhere to go. They couldn't but fight with bare hands against those conspirators who colluded to drive them out.

The Chun government suppressed the tenants, accusing them of being subservient to the communists and justified the looting of the poor by the conspirators. Demolition was pushed forward and anything that stood in the way was taken down. Bulldozers razed the slums with brutal, cruel force and resisting tenants were hauled away.

Motivation of the conspirators was money. Profit could be maximized by low cost and high price which was to be achieved by shortened term of construction and housing price hikes. Even the disabled were mobilized to carry out ruthless demolition in order to shorten the construction period.

"The intention of the politicians was manifested in the Five Million Home Initiative,the center piece of which was the redevelopment of urban slums into middle class settlements. The Chun government was aiming to win the middle class votes by letting them realize the dream of owning a home." Page 53, Eviction Viewed by Evictees, published by the Korea Center for City and Environment Research.

As such, the middle class, the mainstay of Korea's democracy, is made part of the inhuman conspiracy, one of the worst in the history of mankind. The conspiracy continues even stronger today, revealing the true nature of Korea's democracy. While President Chun's plan didn't play out well as shown in the fact that 1987 pro-democracy movement was led by the middle class, the "framework" of conspiracy that he succeeded from President Park, still remains.

Common Ground

Loss

The Legend of NanGok

공동의 기반

상실 喪失

난곡이야기

난곡이야기
The Legend of NanGok, Exbition, 2004

Common Ground

Loss

The Legend of NanGok

공동의 기반

상실 喪失

난곡이야기

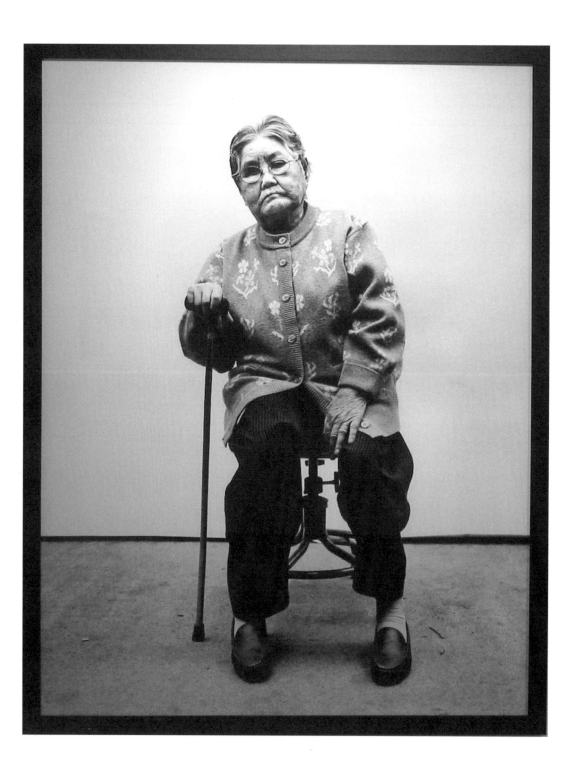

이곳은 영등포가 아니다
Here Is Not Yongdeungpo, Book, 2005

Here Is Not Yongdeungpo

After Korea's independence, people who left the rural villages for job in Seoul settled in Yongdeungpo in the outskirt of Seoul. Cheap taverns and mazelike alleys represented their lowly lives there. Now new buildings soar where the rows of shabby houses used to stand reeking of poverty. While the squatters frozen by the cold of winter are nowhere to be found, they are still lurking somewhere, looking for a way out.

이곳은 영등포가 아니다

광복 이후 살길을 찾아 이농한 후 서울로 향했던 시골 출신들은 연고가 없어 서울 외곽 영등포에 자리잡을 수 밖에 없었다. 영등포의 각종 싸구려 선술집과 미로같던 골목길들은 변두리 서민의 모습과 다를 바 없었다. 가난의 향기가 진동하던 판자집이 즐비하던 그곳에 새로운 영등포 역사가 생기고 얼어죽던 노숙자들이 더 이상 보이진 않지만 여전히 그는 그 골목길 어딘가에서 출구를 찾고 있을 것이다.

이것이 사실이라고

이것이 진실이라고

말하지 않습니다.

그가 느끼는 것이, 생각하는 것이 그들과 같을 수 없고,

그가 그들이 될 수 없기 때문입니다.

그저 현실이라고 말할 수 있을 뿐입니다.

그가 바라보고 느끼고 생각하는 현실이라고,

이젠 우리들의 몫입니다.

비웃든지 동정하든지

자위하든지 자각하든지

망각하든지 각인하든지

생각하든지 움직이든지

……

그리고 중간에 어디쯤이든지…

이곳은 영등포가 아니다
Here Is Not Yongdeungpo, Illustration, 2005

It is not said that
It is a fact or
It is the truth.

For what he feels cannot be the same as
what they feel.
It can be simply said it is the reality.
The reality he sees, feels and thinks about
is ours now. We may be
contemptuous or compassionate
self-consoling or self-conscious
aloof or affected
analyzing or acting
......

or somewhere in between⋯

Some people try to topple the tower and others worship it. These people reside on both sides of the demarcation line and span as far as America. They gnash at each other sometimes but they need each other other times.

Division 경계 境界

누군가는 저 돌탑을 무너뜨리려하고, 누군가는 숭배한다.

그 누군가'들'은 남과 북 모두에 있다.

멀리 아메리카에도 있다.

때로 잡아먹을 듯 적대시하던 누군가들은, 가끔은 서로를 필요로 하기도 한다.

279

평양 프로젝트
Pyongyang Project, Photography, 2005

평양 프로젝트-금강산
Pyongyang Project-Kumgangsan, Photography, 2004

평양 프로젝트-백두산
Pyongyang Project-Baekdoosan, Photography, 2004

주체탑은 7시에 꺼지네

새벽에 잠이 들어, 다시 새벽에 깨어났다.

몸이 무거웠다. 평양은 무거운 어둠 속에서 겨우겨우 윤곽을 드러내고 있었다.

나는 지상에서 100미터 정도 높은 곳에 서 있었다. 내 숙소였다.

대동강 주변 짙게 깔린 검은 안개 사이로 붉은 별이 빛났다.

어두운 평양 시내에서 홀로 밤새워 타오른 불이었다.

한참을 바라보고 있는데, 갑자기 꺼져버렸다. 사위는 여전히 어둑했다. 7시였다.

주체탑은 7시에 꺼졌다. 별로 신기할 것도, 특별할 것도 없는 사실이었다.

1미터짜리 물체를 판독해 낼 수 있다는 미국의 첩보위성이라면 저 거대하고
육중한 돌탑의 점멸시간 쯤이야 벌써 알고 있으리라.

물론 첩보위성에게 그 따위 정보를 알고자 하는 의지가 있는지 없는지는 알 수 없다.

누군가는 저 돌탑을 무너뜨리려하고, 누군가는 숭배한다. 그 누군가'들'은 남과 북 모두에 있다.

멀리 아메리카에도 있다. 때로 잡아먹을 듯 적대시하던 누군가들은, 가끔은 서로를 필요로 하기도 한다.

'권력의 꼬라지'를 들여다보면 사실은 별로 희한한 일도 아니다.

"전두환은 남파간첩을 필요로 하고, 부시는 '악의 축'을 필요로 한다" 쯤으로 쉽게 설명된다.

그 반대의 경우도 물론 가능할 것이다.

기차는 8시에 떠나고, 주체탑은 7시에 꺼지네.

그것이 내가 그날 새벽, 머릿속에 써 넣은, 별것 아닌 메모였다.

Ju-che Tower Turns Off at Seven

I was awakened after a brief sleep. It was still early in the morning.
I felt tired. I could barely make out the outline of Pyongyang in the heavy darkness.
I was in my quarters standing 100 meters above the ground.
The star glowed red through the black fog settling thick around the Dae-dong River.
It had been the only thing that illuminated dark Pyongyang.
It turned off as I was gazing at it. It was 7 o'clock, still a bit dark.
The Ju-che Tower turned off at 7 o'clock. There was nothing amazing or special about it.
U.S. spy satellites capable of discerning an object as small as one square meter would
already know the time when the sturdy stone tower turned on and off if they cared.
Some people try to topple the tower and others worship it. These people reside on both
sides of the demarcation line and span as far as America. They gnash at each other
sometimes but they need each other other times. It is the conventional rule of power
game, easily explained by the fact that Chun Doo Hwan needed North Korean spies and
Bush needed the Axis of Evil and vice versa.
The train leaves at 8 and the Ju-che Tower turns off at 7.
This is the mental note that I took that early morning.

수 령 과 공 장 의 굴 뚝

평양의 겨울, 시민들이 평양 거리에서 흔히 볼 수 있는 대형 선전판 앞을 걸어가고 있다. 1966년 5월 황해북도 송림시 황해제철소를 방문한

일성 주석이 흡족한 얼굴로 용광로를 바라보는 장면이 그려진 선전판이다. 북한 사람들은 전쟁의 상처를 딛고 일어나 60·70년대에 빠른 경제 발전을 이루

고 나름대로의 사회주의 체제를 마련했다. 이 과정을 총지휘했던 김일성은 1994년에 사망했지만 북한의 '영원한 수령'으로 남아 있다. 북한 사람들은

'주체적 영도'를 받으며 50년을 살아왔고, 마치 앞으로도 그를 추억하며 그의 유훈(遺訓)을 따라 살아갈 마음을 갖고 있는 듯하다.

86

있는 수령 옆에서 공장의 굴뚝이 연기를 내뿜고 있다. 겨울이라서 그런지 을씨년스럽고 힘이 없어 보인다. 북한 경제가 1980년대 말에 들

면서 많은 어려움을 겪어 왔기 때문에 더욱더 그렇게 보이는 것인지도 모른다. 1990년대 초, 밖으로는 소련과 동유럽의 그 많던 사회주의 우방들이 떨어

져 가고 안으로는 기근과 생산 감소가 이어졌다. 사람들은 기억한다. 수령의 얼굴을 벌겋게 달구고 있는 제철소 용광로의 불처럼 북한에도 뜨거운 약동의 시

절 있었음을. 그리고 발걸음을 재촉하며 다시 한 번 그런 날이 오기를 꿈꾼다. 불어오는 변화의 바람을 조심스럽게 맞으면서.

The Pictorial Book of South & North Korean Living

We have the impression that the division of Korea is just a moment in the eternal history. Also we are called on by this era to look at the two Koreas together. Therefore, AGI decided to produce a pictorial book of North Korean living alongside that of South Koreans' with the resolve that we would meet the challenges of the future with our eyes open. This book is the conclusion of a series of books about the two Koreas as well as the beginning of an unfinished volume of future history that the two Koreas have to write together.

남북한 생활관

유구한 역사를 되짚어보면 남북한의 분열은 잠깐일 수밖에 없다는 느낌을 누구나 받게 된다. 또 시대의 흐름은 우리에게 점점 더 남북한을 아울러 볼 것을 촉구하고 있다. 우리는 눈 뜬 장님이 되느니 절름발이가 되더라도 미래를 향해 눈을 크게 뜨고 걸어가겠다는 심정으로, 부족하나마 북한의 생활상을 남한의 것과 함께 다루기로 했다. 그리하여 여기 선보이는 '남북한 생활관'은 시리즈의 대단원이면서 현재진행형인 책이고 더 채워 넣어야 할 미지의 역사, 미지의 삶을 기다리고 있는 책이다.

남북한 생활관
The Pictorial Book of South & North Korean Living, 2004

Korea's History of Division

Korea's History of Division Witnessed by the Japanese Colonial Government Building 1925-1995
The building that housed the Government General of Korea, the principle organ of governance during the Japanese colonial rule stood intact after Japan's defeat in World War II and continued to serve its role as the center of Korean politics then as the central museum of Korea until it was demolished in 1995. It was used by the Japanese colonial government for 19 years and the succeeding Korean governments for another 55 years, witnessing the turbulent period of Korean history during which Korea was put under the US-USSR trusteeship, divided at the 38 parallel and separately governed by respective dictatorships on both sides until a civilian government was finally formed in the South in 1993. The black circle indicates the period ruled by the Japanese imperial government, and the jagged yin and yang circle below signifies Korea divided by the 38 parallel and DMZ

한민족 분단사

일본제국주의가 조선을 지배하기 위해 건설한 조선총독부청사는 일본의 패전 후에도 파괴되지 않은 채 1995년에 철거가 결정될 때까지 한국 정치의 중추기관으로, 박물관같은 중요한 건물로서 군림해왔다. 일제강점기에 19년, 한국정부가 수립되고 55년이나 사용되었다. 그 동안의 한국은 격동의 시기였다. 미국, 소련의 신탁통치를 거쳐 남북이 분단되고 통일되지 않은 채로 두 개의 나라가 되어 양쪽 모두 독재정권이 계속되다 한국만이 1993년에야 비군사정권이 들어서게 되었다. 검은 동그라미가 일제강점기, 그 아래의 태극문양 모양의 동그라미가 균열 같은 38도선의 DMZ(비무장지대)로 두 개로 나뉘어 있는 모습을 나타낸다.

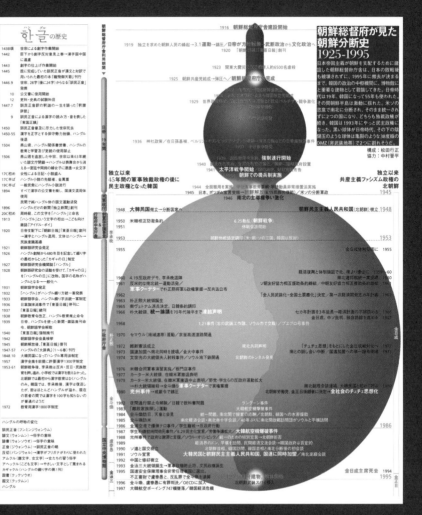

Yukimasa Matzda, Korea's History of Division, Poster

Migration means more than spatial movement. It means not only the transcendence of geographical, political and economical boundaries but also the transcendence of time and ages between the two countries

귀향
Return, Photography, 2006

Migration 이주 移住

이주는 단지 공간을 이동을 이동하는 것만을 의미하지 않는다. 이주는 어떤 나라들의 경계뿐만 아니라 정치, 경제를 비롯하여 본국과 이주국의 시대적 시간까지도 이동하는 것을 의미한다.

301

The road Dhaka, Bangladesh.We met some Bangladeshies who speak Korean.
It's very easy to encounter them everywhere in Dhaka

방글라데시 다카 가는 길, 우리는 이곳저곳에서 한국말을 할 줄 아는 방글라데시인들을 만났다.
다카에서 이들을 우연히 만나는 것은 너무도 쉬운 일이다.

이주는 단지 공간을 이동하는 것만을 의미하지 않는다. 이주는 어떤 나라들의 경계뿐만 아니라 정치, 경제를 비롯하여 본국과 이주국의 시대적 시간까지도 이동하는 것을 의미한다. 한국의 60년대가 방글라데시라면, 방글라데시와 한국의 시간 간격은 40년이나 된다. 네팔에서 한 때 돌았던 '한국은 미래의 일본'이라는 이야기처럼, 한국은 또 어딘가의 과거이다. 그리고 또 어딘가의 미래이다.

전 세계 이주노동자의 수는 1억7천만명 정도이며, 이주노동자들이 본국에 송금하는 돈의 규모는 석유대금 다음으로 세계에서 두 번째로 많은 금액이다. 이주노동자는 전 지구적인 규모에서 보면 아주 작은 개인일 뿐이지만, 개인이 감당할 수밖에 없는 이주와 관련된 갈등들은 그 돈의 규모만큼 거대하다. 대부분의 이주노동자들은 번 돈으로 가족과 친척들의 생계까지 책임진다. 물론 이주노동을 하기 위해 지불했던 브로커 비용, 네팔인의 평균임금을 13년 동안 모은 양과 같다는 어마어마한 금액의 브로커비용은 가족과 친척들의 도움 없이는 마련하기 어려운 돈이다. 이 비용은 후에 그가 타국에서 벌어들이는 돈의 분배와 관련이 있다. 그리고 그 관계는 본국을 떠난 이주노동자의 어깨를 무겁게 만드는 이유이기도 하다. 우리가 만난 이주노동자들의 몇몇은 익숙해진 한국생활(이것은 네팔에서의 생활보다 지극히 개인이 중요한 생활이다)로 인해 가족들과의 장기간 별거에 들어간다. 뿐만 아니라 한국생활에 완전히 적응한 이들은 본국에서 가족과 다시 만날 수 있는 지점들을 찾지 못하면서 때때로 가정파탄에 이르기도 한다. 본국으로 돌아간 그들은 '네팔사람들은 가만히 있었는데, 내가 변했다'는 말을 한다. 한국에서 그가 변해가는 속도는 본국에서 그들의 가족이 변하는 속도보다 빠르다. 귀환 후 그들은 서로 다른 시대에 살던 서로를 어색해하며 만난다.

90년대 초기 이주노동을 하기 위해 사람들은 관광 비자를 받아 한국에
입국하였다. 이후에도 이주하는 사람들 수가 많지 않았기에 체계가 잡혀 있지
않아 브로커 비용은 그리 큰 돈은 아니었다. 그런 후 어느 정도 시간이 지나자
브로커 비용은 점점 올라가기 시작한다. 이제는 웃돈이 필요하고 백그라운드가
필요하다. 지금은 엄청난 브로커 비용을 내고도 갈 수 없다.

우리는 한국에서 이주노동을 했던 아준 푸델Arjun K. Poudel을 가이드로
초대하여 함께 부트월에 갔다. 부트월은 그의 고향이기도 하다. 부트월과
거기서 근거리에 있는 룸비니에는 두 개의 송출회사가 있는데, 룸비니
송출회사와 떨어지는 달MOON DROPS이라는 송출회사가 바로 그것이다.
회사관련자의 고향이 부트월이라는 이유로 한국에는 유난히 부트월 출신들이
많다.
부트월이라는 마을은 네팔에서도 작은 농촌지역이다. 이곳에서 어딜 가든
능숙한 한국말을 하는 사람들을 만난다는 것은 정말 이상한 경험이 아닐 수
없다. 우리는 한국과 관련된 여러 이야기들을 듣는다. 네팔 부트월의 어느 집
옥상에서, 공원에서, 식당에서, 시장의 한 가게에서.
여행 중에 우리는 그들의 갈등을 본다. 이주를 회상하는 사람들, 이주를
미워하는 사람들, 다시 이주를 꿈꾸는 사람들… 그 갈등 안에서 이주의 이면,
한국이란 나라에 대한 의심 등 여러 층위를 발견한다. 무엇이 진짜이고
거짓인지도 구분할 수 없을 만큼 개개인의 상황은 다르고 복잡하다. 심약한
개인은 이주의 경계 안에서 분열적인 개인으로 변해간다.

그들의 이야기를 듣는 동안 한국은 또 다른 의미가 된다. 한국은 개인의 욕망,
가족의 욕망과 결부된다. '한국'은 그들에게 이곳을 벗어나는 하나의 수단, 꿈을
이룰 수 있는 도구, 부의 상징, 그리고 수많은 사건을 낳는 의심덩어리 자체가
된다. 그것이 부트월에서의 한국이다.

In Butweal, those who want to work in Korea ask us "How come the broker's fee is so high?"
The average salary for a Nepalese is about 50,000 Won a month
and a broker usually charges from 8 million Won up to 10 million Won for a trip to Korea.

부트월에서 한국행을 희망하는 사람들이 우리에게 묻는다. "브로커비가 왜 그렇게 비싼겁니까?"
네팔의 평균 월급은 5만원이며, 한국행 브로커비는 800만~1000만원 사이이다.

She asked us what does it says in the death certificate of her husband.
The photographs in photo album "Loving Memories" prove that her husband is dead.

그녀는 남편의 사망진단서에 뭐라고 적혀있는지 물어 보았다.

그녀가 보여준 Loving Memories 사진첩에는 남편이 죽었음을 증명하는 사진들이 담겨 있었다.

Immigration means more than mere transfer. It means not only a boundary between some countries, as well as politics and economy, immigration means transfer of the age of one country to another. If Bangladesh is in the sixties of Korea, nevertheless, there is forty-year chronological gap between the two countries. As once there was a saying in Nepal, 'Korea is Japan of the future' Korea would be the past of one country. Also, the future for some others.

The population of migrants of the world is around one hundred and seventy million and the global scale of the money that are transferred to their own countries takes second place after the oil payments. Each migrant worker might seem as a mere individual, however, the complications regarding to the immigration that they are going through are as enormous as the scale of the money behind the reality.

Most of the migrant workers take responsibilities for their families as well as the relatives' livelihood. Of course, the cost for the broker they had to spend they could not make the gigantic figure of the money without their families and relatives, which is average wage of thirteen years in Nepal. And the division of this cost become related the money they make in an alien land. The relationship is one of the reasons that makes their shoulders heavy.

Some of the migrant workers that we have met going through a long term separation due to their accustomed life in Korea, that is very focused on their personal life. Moreover, for those who settled down completely in Korea, miss the point or chance that they can reunite with their families and some of their families eventually become destroyed. After they return home, they realize and say that I am the one who has changed. The changing speed of his nature in Korea is faster than that of Nepal. After return to homeland, they meet each other from the different times and feel uncomfortable.

In early 90's, they came with tourist visas to work in Korea. At that time, they did not need big money for the brokers since there were not many immigrants. However, after a while, the price started to increase. But now, they need to pay premiums and connections to get visas and, even with enormous amount, it is almost impossible to get a visa.

A Bangladesh daily newspaper at Feb 12 2006. The sewing industry that seems to be vanished in Korea moved to the third world

2006년 2월 12일 방글라데시 일일신문. 한국에서 점차 사라지고 있는 봉제 산업은 제3세계로 이동했다.

Inviting Arjun K., Poudel, who once were migrant workers In Korea, as guides, we visited Butweal together. Butweal is also their hometown. In a place called Roombini adjacent to Butweal, there are two companies that send people abroad. One is 'Roombini Company' and the other is called 'Moon Drops'. Just because involved people are from Butweal, there are especially many people from the town In Korea. The town Butweal is a small agricultural region In Nepal. It is unexplainably bizarre that how easy you can meet Nepalese speak fluent Korean every where in the town. In the journey, we get to hear many stories related to Korea. We witness their complications in a rooftop of a house, in the park, in restaurants, at a shop in a market. From the people who recall the immigration, those who hate it, and those who dream about it again… Their conflicts reveal many levels such as the other face of immigration or the doubts about a country called Korea. As every individual's situation is different from another and complicated, it is hard enough to believe what is true and what is not. The individuals of weak-minded are changed into disrupted ones in the boundary of immigration.

While listening their stories, I realize Korea becomes another meaning. Korea is associated with the desire of individual and family. 'Korea' becomes a means to escape Butweal, a tool to achieve their dreams, symbol of wealth, and a pack of doubts. That is what Korea means in Butweal.

mixrice. 2006

나의 친구 한국이에게

하루 종일 비가 오락가락 하더니 이제는 아예 장대비처럼 쏟아지고 있다. 조금 전 방을 들어설 때까지만 해도 빗줄기가 지금처럼 굵지는 않았는데 갑자기 굵어지는 것이 걱정이 앞서는 구나. 지난번에 너도 와봐서 알겠지만 우리가 노숙농성을 진행하다보니 비가 오면 어려움이 많아지거든. 너 있는 곳은 좀 어떠냐? 나는 오늘은 좀 바빴다. 인천에서 일을 하는 외국인 노동자들의 모임이 몇 개 있는데 그 모임에 우리 인권센터 사람들이 초대를 받아서 현재의 상황을 설명하며 돌아다니다 보니 어느새 캄캄한 밤이 되어 버렸더구나.

아 참! 고맙다는 인사가 늦었다. 지난번에 네가 명동성당까지 나와 외국인 노동자들을 응원하러 나왔는데 그때는 좀 바쁘고 정신이 없어서 제대로 대접도 못해 미안했다. 네가 충분히 이해해 주리라 믿는다. 그러고 보니까 시간이 꽤 지났구나. 전국 각지에서 외국인 이주노동자의 노동 인권운동을 해온 단체의 실무자와 대표들 그리고 외국인 이주노동자들이 명동성당에 모여 힘겨운 싸움을 시작한 것이 지난 7월 22일부터니까 오늘로 벌써 3주째가 되어가고 있다. 네가 찾아 왔던 날이 아마 농성 10일째 되는 날이었을 거야. 그때 내 몰골이 좀 흉했을 거다. 말이 그렇지 노숙하면서 농성을 한다는 것이 보통 힘든 일이 아니더구나. 게다가 장마철이라 수시로 비가 오는 데는 속수무책이었거든. 성당 측의 반대로 천막조차도 치지 못했고, 무더운 날씨와 자주 내려대는 비 때문에 온몸에 피부염이 생길 정도 였으니까. 찌는 더위와 땀에 찌든 몸에 다시 있는 대로 비를 맞았고 비에 젖은 채로 다시 한여름의 무더위를 견디며 하루 종일 집회에 시위에 선전전을 매일같이 계속하는 것이 보통일이 아니었거든. 밤늦도록 회의를 하고 피곤한 몸으로 자리에 누우면 웬 모기는 그리도 많은지… 그러다 간신히 눈을 붙였다 싶으면 아침 해는 어찌 그리도 빨리 뜨는지… 그리고 새벽 6시에 성당 종은 왜 그리도 큰소리로 울려 단잠을 깨우는지… 하여튼 먹고 자는 것만으로도 진이 빠지는 상황이었지.

네가 찾아왔던 그날 왜 그렇게 힘겹고 어려운 일을 하느냐고 물었던 것이 생각난다. 그때는 그냥 씩 웃고 말았는데 지금에서야 그 대답을 해 줄까 한다. 지난 7월 17일 소위 '외국인력 개선방안'이라면서 정부가 내놓은 정책은 한국정부의 부도덕함과 비열함을 여지없이 보여준 것이었어. 지난 10여 년간 극도의 저임금과 장시간의 중노동으로 노동착취의 온상이 되어 왔을 뿐만 아니라 외국인 노동자에 대한 심각한 인권유린을 조장해 온 산업 연수제를 확대하고 현재 국내에 체류하는 외국인 노동자는 자진신고기간에 파악된 주소지 자료를 기초로 대대적인 단속을 벌여 내년 3월까지 예외 없이 강제 출국시키겠다는 계획이었거든. 그 발표 이후 연일 모든 언론과 각계의 전문가들이 정부 정책의 문제점을 지적하면서 정부를 비판하고 나섰지만 정부는 전혀 반응이 없었어. 너도 잘 알겠지만 정부의 그런 태도는 하루이틀의 일이 아니었잖아.

외국인 이주노동자와 지원단체들은 지난 수년간의 처절한 외침이 또 다시 정부의

To my friend, Koreanny

Rain came and go all day long and now it is pouring. It wasn't this much hard right before I go to the room but now it is and it gives me worry. You know how it is like when you visited the sight, we have difficulty when weather gets bad especially sit in strike at outside. How is your place? I was busy today. I was invited to a meeting that hold by migrant worker related community in Incheon. I explained present condition and night got dark.

By the way, sorry for my late appreciation for your coming to Myeongdong Cathedral last time to cheer up migrant workers. I was really busy there and couldn't find any moment to say thank you and serve you. Hope you understand me. Time went fast since then. We, migrant worker from all around country and representatives of the organization, began tough strike from July 22 and it has been 3 weeks now.

I suppose it was 10th day when you visited us. I assume I might look awful. I never know how hard to sit in strike with staying outdoor. Particularly we had no other way to cope in the rainy days. Because authority of Cathedral has not approved any tents and terrible weather, we even had dermatitis all over body. Sweat body because of boiling hotness tossed to rain again but we kept strike to resist. Mosquitoes bit our fatigued body at night. Sun rapidly rose just right after we began sleep. Church bell started to ring every early 6 o'clock. We were exhausted even sleeping and eating.

I remember you asking me why I am doing so difficult work. I just smiled at you but now I am willing to give answer.

Government announced so-called 'Improvement Plan for Foreign Manpower' in July 17. It uncovered government's immoral mind and ignoble attitude. Ten years of low salary and long hours of labour was not only extreme exploitation but also abandon human right. Instead of reconsidering those system, government extends industrial trainee system and voluntarily reporting within certain period. Otherwise to have extensive control with the grasped address they learned from the reporting if they don't return back to their mother land till March

기만적인 술책에 의해 공허한 메아리가 되어버리고 이제 눈앞에서 벌어질 엄청난 인권유린사태를 맞이해야만 하는 절박한 상황이 닥쳤음을 절감 할 수밖에 없었어. "8월 1일부터 전면적인 단속과 강제추방을 추진하겠다." "그리고 그 공백을 산업연수생으로 채우겠다." 정부의 공공연한 발표는 상황을 더욱 긴장시켰고 그 상황에서 우리는 당장 가능한 건 무엇이건 해야겠다는 절박한 심정이었지.

긴급한 상황이었기에 더 이상 물러설 곳이 없는 싸움인 농성이라는 극단적인 방법을 선택했지만 실제 우리에게 준비된 것은 아무것도 없는 상태였어. 지난 3월 25일부터 정부가 자기편의적으로 실시한 미등록 외국인 노동자 등록으로 1년여의 합법적인 체류와 취업을 보장 받았다며 한층 고무되어 있는 외국인 이주노동자들은 그 등록이 자신을 궁지에 몰아넣기 위한 덫인 줄도 모르고 그로인해 이제 곧 자신들에게 닥칠 위험이 어떤 것인지 예상했을 리가 없었고, 합리적인 외국인 외국인력 활용방안을 마련하기위한 사전조치로 국내에 체류하며 취업하고 있는 외국인의 실태파악을 위해 미등록외국인 노동자에 대한 등록과 조사가 필요하다던 정부의 말에 작은 희망을 걸고 있던 인권단체에서도 이런 기만적인 상황이 벌어지리라고는 미처 생각하지 못했던 거야.

일단 명동성당에 농성장을 만들고 아침과 저녁에 농성장에서 집회를 하면서 오후에는 서울시내 일대를 도는 거리 선전전도 매일 했고 농성 이틀째부터는 국무총리실 항의 방문과 중소기업협동중앙회 앞에서의 집회도 진행해 나갔지. 처음에는 시민들의 관심이 크지 않았지만 조금씩 관심이 달라지면서 문제의 심각성이 알려지는 것을 느낄 수 있었고, 처음부터 적극적으로 참여한 외국인 노동자와 중국 교포들을 중심으로 해서 점점 더 많은 이주노동자들이 자발적으로 동참하는 것을 보면서 우리 모두가 이 공동체의 한 구성원임을 확인할 수 있었어. 그런 자발적인 참여가 바탕이 되어 주말엔 외국인 이주노동자들과 함께 2천명이 넘는 사람들이 참여한 대규모집회를 할 수도 있었다.

"노예연수 철폐하라"
"우리도 인간이다. 인간답게 살고 싶다."

라고 목이 터져라 외치며 한여름의 땡볕아래서 서너 시간씩 집회와 행진을 하면서도 외국인 이주노동자들은 지치지 않고 끝까지 함께 하면서 당당하게 자신들의 의사를 표현했고 그 자리에 모인 모든 사람이 진지한 태도로 경청하면서 인간으로서 그리고 다 같은 노동자로서 뜨거운 동지애를 느낄 수 있었어. 한국사회에서 냉대와 질시를 받으며 어두운 골방에 피곤한 몸을 숨길 수밖에 없는 현실이었지만 그들은 우리 사회와 경제를 지탱하는 든든한 주춧돌로서의 역할을 너무도 잘 해내고 있는 소중한 우리의 형제이며 다 같은 노동자임을 분명히 확인할 수 있었다.

next year. Since the announcement, every media and specialists of the field criticized on the plan but no reaction of their own. As you know well already, that's government's attitude.

We all realized we only to face huge human rights abusing and our desperate voice just went vain in the air. Series of government's announcement such as, "Extensive control and expel outter country from Aug. 1", "Will relocate industrial trainees to the blank", even more provoked situation. And of course we were desperate enough to do anything that we could do.

Because it was emergency situation, we choose extreme reaction but we were not prepared. Some migrant workers were in full enthusiast with government's new policy launched from March 25 which they believed they were guaranteed to stay one year regally. Even migrant worker related organization hopefully believed government's saying they need registered foreign workers to figure out actual situation to provide rational foreign work power adoption.

We build sit in strike place in Myeongdong Cathedral first and gathered day and night. We had campaign at downtown in Seoul to let people to know. On 2nd day, we visited prime minister's office and gathered at the Korea Federation of Small and Midium Business: KFSB. People were not much interested when we first started but we could sense the issues became to stir people's mind. By day and day, centered by migrant workers and Chinese-Korean, we had witnessed more migrant worker's voluntarily join the rally and confirm that we are allunited community members.

Two thousand people gathered to raise voice in weekend. They shouted, "Abolish slave trainee system", "We are human being. We want human life." for hours in severe heat. People heard us with serious attitude and sensed warm humanity in us. Although they lay down their fatigued body in dark room, they are our brothers whom doing foundation stone role to support our society and economy.

I confess how truly beautiful human can be

흐트러짐 없는 거리 행진을 하고 어설픈 한국어지만 또박또박 연설을 하는 외국인 이주노동자들과 자신을 버리고 이 사회의 어두운 곳에서 묵묵히 약자의 편에 서온 실무자들의 헌신적인 모습을 보면서 '인간이 아름답다'는 말의 참 의미를 되새기게 되더구나.

힘들고 어려운 싸움이지만 우리 모두는 승리를 확신해. 이제 이주노동자들 하나하나가 이 운동에 있어 객체가 아닌 주체로서 자신들의 위치를 확인해가고 있어. 과거 그 어느 때보다 열의와 관심을 갖고 직접 참여하면서 어떤 어려움이 닥쳐도 함께 하겠다는 자기희생의 의지까지도 키워나가는 결연함 앞에 눈시울이 뜨거워지기도 하거든. 오랜 만에 진정한 인간에 대한 감동을 느끼고 있다면 네가 그 느낌을 알까!

내가 혼자만 흥분하면서 감상에 빠지는 것 같구나. 하지만 그것이 사실임을 숨길 수는 없다. 여하간 이주노동자들은 그렇게 싸우며 성장하고 있어. 오늘 인천 지역모임에서도 나는 외국인 이주노동자들의 당당하고 결의에 찬 모습을 확인할 수 있었어. 그 열의에 찬 눈빛과 진지한 동참 의지를 보면서 오래 전 너와 내가 함께 꿈꾸던 '사람이 사람답게 사는 세상' 이 그저 꿈만은 아님을 다시금 느꼈다.

"그래, 꿈은 이루어질 거야!"

빗줄기가 강한 바람까지 동반하면서 좀 전보다 더 세어지는 것 같다. 마치 다가올 시련을 예고하는 것처럼... 하지만 이 비가 가면 어김없이 밝은 날이 찾아올 것을 나는 안다.

매년 지나는 장마철 비이지만 올해는 예전 어느 때와도 비교할 수 없을 특별한 느낌으로 기억하게 될 것 같다.

이만 줄이마. 다시 볼 때까지 건강해라.

이 글은 한국이주노동자인권센터 정책국장 최현모님의 글을
부산외국인노동자 인권을 위한 모임의 배지나님께서 번역하신 것입니다.

after seeing migrant workers and officials from migrant worker related organization to protect minority. They rallied and speech in word to word in Korean to convey their willing.

I know it would be tough and difficult fighting but we all believe victory is ours. Every migrant workers confirms they are the main body of this movements now. They participate more enthusiasm and sacrifice than ever and grows their willing to join no matter how difficult it maybe. Their passion makes me tears. Would it be possible for you to understand such emotion that I get touched by human?

Sorry for my being keep in my thoughts but I can not hide it. Anyway statue of migrant workers is growing everyday with it. I also saw their brave aspect at the meeting held today in Incheon. I realize it is not only dream that you and I have dreamed about that men can live manly with seeing their eyes and willing.

"Sure, dreams come true!"

Raining got stonger than just minute ago. Even strong winds blows with it now as if it tells us coming severe test. But I know it will shine again when it stops raining.

It is usual rainy season every year but I suppose I will remember it as extraordinary than I had one.

That's all. Be well till I can see you.

CHOI HYUN MO
Director of Policy, KOREA MIGRANT WORKERS' HUMAN RIGHTS CENTER

▶
Lost in Korea, 2005

한국에서 길을 잃다 Lost in Korea, Cartoon, 2002

315

Common Ground

Migration

Lost in Korea

공통의 기반

이주 移住

한국에서 길을 잃다

Common Ground

Migration

Lost in Korea

공동의 기반

이주 移住

한국에서 길을 잃다

Article 29 of labor standard law (prohibition of compulsory reserve) ① Upon labor contract, the employer is not allowed to make a supplementary contract stipulating 'compulsory reserve or management of employee's savings' ② In case that the employer manages employee's savings upon her/his request, the employer should abide by the following provisions: 1. The employee should decide the kinds and terms of deposit as well as financial institutions. the deposit should be an employee himself/ herself. 2. Upon employee's request for reading related materials such as certificate of deposit or returning of them, the employer must proceed with it immediately.

20kg Journey

The weight limit of luggage for illegal migrant workers being deported is 20kg, the same as the maximum carry-on luggage weight for natives. So is the weight of memory that they take home after years of life as fugitives constantly on the run to evade the government surveillance. They were deprived of any labor rights for the sole reason that they worked without a working permit. Yet they are kept away from home by the weight of responsibility as a bread earner of the family on the top of the 20 kg suitcase. They head for another country where they continue to live in the fear of deportation, dreaming of some day when they are home with their loved ones.

20kg의 여행

이주노동자들이 불법취업으로 판명되어 외국으로 강제출국 당할 때 가지고 갈 수 있는 짐의 최대 무게는 내국인이 해외여행을 할 때 탑승용으로 가지고 갈 수 있는 최대 무게와 같은 20kg이다. 낯선 땅에서 입국 목적과 달리 생계를 위한 일을 한다는 이유만으로 제대로 된 노동자의 권리도 갖지 못한 채 감시의 눈을 피해 몇 년이고 머물던 곳을 떠나며 가지고 갈 수 있는 추억의 무게가 20kg인 것이다. 그렇게 떠난 그들은 돌아갈 곳도 마땅치 않은 경우가 대부분이다. 20kg의 여행용 가방에는 가장으로서의 책임감도 얹혀있기 때문이다. 실제로 그들은 언제라도 떠날 준비를 하고서 또 다시 고국이 아닌 다른 나라로 향한다.

언젠가 가족들 품으로 돌아갈 꿈을 꾸면서.

20Kg의 여행
20kg Journey, Symbol & Logotype, 2005

I made this calendar for migrant friends of mine to commemorate the 57th anniversary of universal declaration of human rights.
I photographed my friends since 2004 and selected these images for this calendar. I also include the memorial days of Nepal, Burma and Bangladesh in their own languages. These memorial days as well as Korean human rights related memorial days are marked in yellow green color. I wish this calendar to be shared not only in galleries but also in the rooms, kitchens or offices by everyone including migrant workers in Korea.

이 달력은 세계인권선언일을 맞이하여 우리와 관계한 이주노동자들을 위해 제작했다.

2004년부터 현재까지 친구들과 촬영해온 사진들은 달력형식의 작업이 되었다. 이 달력은 네팔, 버마,

방글라데시 언어로 그들의 기념일을 함께 적었다. 그 기념일은 한국의 인권에 관련된 날과 함께

연두색으로 표기하였다. 우리는 이 달력이 전시공간뿐 아니라 한국인 이주노동자의 방이나 부엌,

사무실에 걸려 소통되길 바란다.

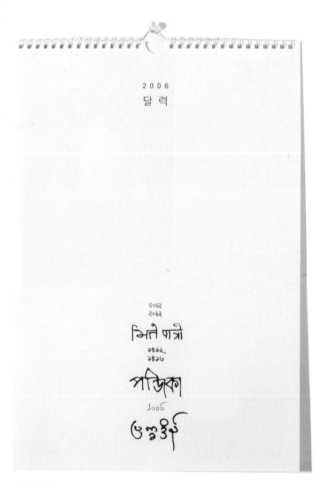

이주노동자 달력
calendar for migrant friends, Carendar, 2006

January | Sueriya, 2005

Sueriya is a daughter of Raju living in Nepal. Raju showed me these photographs from his photo album. They haven't seen each other for almost 5 years and Sueriya is 5 years old now.

1월 | 수프리아, 2005

수프리아는 라쥬의 네팔에 살고있는 딸이다. 라쥬는 사진첩에서 딸 사진을 내게 보여주었다. 그들은 만나지 못한지 약 5년이 다 되어 간다. 수프리아는 올해 다섯살이다.

April | Family, Changsindong Seoul, 2005

They met at a sewing factory of Changsindong 10 years ago. As they work at the same place they became close to each other and decided to unite. But it didn't really work because her parents were strongly opposed to the match.

As the result of 3 days of tears without eating and drinking she won the agreement from her parents. They are now running an Indian restaurant in Changsindong.

4월 | 가족, 서울 창신동 2005

그들은 10년 전 창신동 봉제공장에서 처음 만났다. 함께 일하는 공장에서 사귀게 되어 결국 함께 살기로 결심했지만, 부모님의 완강한 반대의 벽에 부딪쳤다. 사흘 밤낮을 밥도 안먹고 울기만 하다가 결국 부모님의 승낙을 받아냈다. 둘은 현재 창신동에서 인도식당을 경영하고 있다.

Common Ground

Migration

Calendar for Migrant Friends

공통의 기반

이주 移住

이주노동자 달력

May | **Radhica, Changsindong Seoul, 2005**
This attic is a private space for Radhica. It is normally used as storage for her clothes and blankets but she could sleep here and she sometimes stays in this private space when she wants to be alone or feels depressed. As I suggested them a photo shot, they took poses and started a chat.

5월 | **라디카, 서울 창신동, 2005**
다락방은 라디카에게 개인적인 일들을 할 수 있는 공간이다.
평상시 그곳은 주로 옷가지와 이불을 정리해 놓는 공간이지만 잠자리로 사용도 하고 특히 혼자 있고 싶을 때, 혹은 우울할 때 가끔 그곳에서 지낸다고 했다.
사진 촬영을 제안했을 때 그녀들은 포즈를 취하며 이야기꽃을 피웠다.

August | **Chusok (Thanks giving day), Changsindong Seoul, 2005**
Kumar's home is a rooftop house and another group of migrant workers are living next door. Binu and his neighbors exchanged cups of Chusok wine across the iron bars.

8월 | **추석, 서울 창신동, 2005**
구말의 집은 옥탑이다. 그 옆집에도 이주노동자들이 살고 있다.
쇠창살을 사이에 두고 미누와 옆집 사람은 추석 술잔을 서로 주고받았다.

October │ **Jahid, Shinmunro 2ga Seoul, 2004**

I went to a small park as Jahid called me. He asked me to take
a photograph of him with autumn leaves as there is no such
a thing in Bangladesh. A few days later, Jahid was deported
back to Bangladesh after a fight against a Korean man.

10월 │ **자히드, 서울 신문로2가, 2004**

자히드가 사진을 찍어 달라는 부탁에 작은 공원으로 갔다. 방글라데시에는
단풍이 없다며, 단풍과 함께 찍어 달라고 했다. 며칠 후 자히드는 한국
사람과 싸움을 해 강제추방을 당했다.

December │ **Muhbub and Manic, Hongdae Seoul, 2004**

Muhbub a Bangladeshi man and Manic a Korean woman
got married at a club of Hongdae with the blessings of
many friends. It was a wedding so passionate and full
of fun and joy. Muhbub asked me to call this wedding
'Partnership party' not a wedding.

12월 │ **마붑과 매닉, 서울 홍대, 2004**

방글라데시인 마붑씨와 한국인 매닉씨는 주변 동료들의 환영을
받으며 홍대 클럽에서 결혼식을 했다. 정말 열정적이고 신나는
결혼식이었다. 마붑은 결혼식에 찍은 사진을 보면서 결혼식이 아니라
'파트너쉽 파티'라고 불러달라고 했다.

스테이튼 아일랜드 여객선 사람들
Ferry Commuters in Staten Island, Photography, 2004~2006

Common Ground

Migration

Ferry Commuters in Staten Island

경동의 기반

이주 移住

스테이튼 섬 사람들

Ferry Commuters in Staten Island

The ferries shuttle 24 hours between Manhattan and Staten Island N.Y. Staten residents who commute by the ferries are manual workers in Manhattan. They may be grouped into new immigrants or illegal aliens who hope to be immigrants. More than 40% of the U.S. population is immigrants which accountsfor one third of the population growth in the U.S. As such, the U.S. is a country of immigrants and the U.S. will cease to exist as it does now without them. If the immigrants stopped working in the cities of the U.S. including Manhattan, the entire U.S. economy will crumble. In 2006, people marched on the streets in protest of the new immigration law. The picket that they held read "We are America!" While on the ferry, they put aside the harsh reality for a while and givethemselves up to the sweet American dream that 'American is the land of opportunity.' Perhaps, it is their happiest time although it lasts only for less than thirty minutes on the ferry between the Staten Island and Manhattan.

스테이튼 아일랜드 여객선 사람들

뉴욕 맨해튼과 스테이튼 섬 사이를 오가는 배는 24시간 끊임없이 왕복한다.

이 배를 이용하는 스테이튼 섬에 사는 사람들은 대부분 맨해튼에서 육체노동자로 살아가는 사람들이다.

이들은 두 부류로 나뉘는데 미국에 막 이민 왔거나, 이민을 희망하는 불법 체류자들이다.

미국 인구의 40%이상이 이민자이다. 그리고 인구 증가의 1/3이 이민자이다. 이처럼 미국은 이민자들을 빼놓고 생각할 수 없는 나라이며 또한 이민자들이 세운 국가이기도 하다. 만약 맨해튼을 비롯한 여러 도시에서 이민자들이 일을 그만둔다면 아마도 미국 전체가 마비될 것이다.

지난 2006년 새로운 이민법에 반대하며 길거리에 나섰던 이들의 손에는 "우리가 미국이다! (We are America!)"라는 구호가 적힌 피켓이 들려 있었다….

배를 타고 건너가는 그 시간 동안 이민자들은 고단한 현실을 잠시 잊은 채 환상 속으로 깊이 빠져든다. 그것은 가슴 속에 여전히 품고 있는 희망 '훨씬 많은 기회와 가능성, 아메리칸 드림'이라 불려지는 것들이다.… 아마도 이 시간은 이민자들에게 가장 행복한 시간일 것이다.

스테이튼섬과 맨해튼 사이의 시간은 30분이 채 걸리지 않는다.

▶

스테이튼 아일랜드 여객선 사람들
Ferry Commuters in Staten Island, Photography, 2004~2006

Common Ground

Migration

Brief chronology of U.S. immigration laws

공동의 기반

이주 移住

미국 이민법 역사

Brief chronology of U.S. immigration laws:

U.S. Immigration and the Law: A Chronology. Source: The Politics of Immigration
1907: Expatriation Act of 1907. For the first time defines the citizenship of women married to foreigners. Women assume the citizenship of their husbands, and a woman with US citizenship forfeits it if she marries a foreigner, unless he becomes naturalized. Repealed by the Married Women's Act of 1922 ("Cable Act").

1913 California's Alien Land Law prohibits "aliens ineligible to citizenship" from owning property in the state. This law was aimed principally at Asians.

1917 Immigration Act of 1917 ("Asiatic Barred Zone Act"). Denies entry to immigrants from the "Asiatic Barred Zone"–much of eastern Asia and the Pacific Islands. It also sets a literacy requirement for immigrants over 16 and a head tax for entry into the country; it bars entry by "idiots," "feeble-minded persons," "epileptics," "insane persons," alcoholics, "professional beggars," all persons "mentally or physically defective," polygamists, and anarchists.

1917 Jones-Shafroth Act of 1917 ("Jones Act"). Extends US citizenship to all citizens of Puerto Rico.

1921 Emergency Quota Act of 1921. Limits immigration to a total of about 350,000 a year, with no more from each country than three percent of the number of immigrants from that country living in the US in 1910. This is intended to freeze immigration from Eastern or Southern Europe at the 1910 level.

1922 Supreme Court decision in Ozawa v. United States. Upholds government's power to deny naturalization to an Asian immigrant under the 1790 and 1795 laws.

1924 Immigration Act of 1924 ("National Origins Act," "Johnson-Reed Act"). Limits immigration to a total of about 165,000 a year through 1928, with no more from each country than two percent of the number of immigrants from that country living in the US in 1890. Prohibits most immigration of people who are "ineligible to citizenship"– principally Asians. There is no limit on immigration from the Western Hemisphere, although legal immigration is restricted by entry requirements, such as head taxes and literacy requirements.

1924 The Border Patrol is established. The government recruits 450 people, mostly chosen from a list of applicants for jobs as federal railway postal clerks, to patrol the 1,950-mile border.

1929 National Origins Formula. As provided for in the 1924 law, this establishes a permanent quota system. It reduces the number of immigrants to 150,000, and sets quotas based on the ratio of national origin of all US residents as of 1920. This tightens the limits on immigration from Eastern and Southern Europe even more than the 1924 law, since in 1920 US residents of Northern European origin greatly outnumbered those of Eastern or Southern European origin.

1934 Tydings-McDuffe Act. Grants the Philippines independence from the US on July 4, 1946, but ends the extension of US nationality to Filipinos and severely restricts Filipino immigration to the US.

1940 The Alien Registration Act of 1940 ("Smith Act"). Requires the registration and fingerprinting of all aliens in the US over the age of 14; bans "subversive acts" such as advocating the overthrow of the US government.

1943 Chinese Exclusion Repeal Act of 1943 ("Magnuson Act"). Extends naturalization law to cover Chinese immigrants and ends their exclusion, but limits entry to 105 Chinese a year.

1948 Displaced Persons Act of 1948. Allows the entry of about 200,000 refugees from Europe without regard to the quota system.

1952 The Immigration and Nationality Act of 1952 (INA, "McCarran-Walter Act"). This is the first comprehensive law covering immigration and naturalization; it ends all racial restrictions on naturalization but maintains the quota system from 1924 and increases the government's power to exclude or deport immigrants suspected of Communist sympathies.

1954 Supreme Court decision in Galvan v. Press. Upholds power of Congress to deport immigrants because of past membership, however brief, in the Communist Party.

1965 Immigration and Nationality Act Amendments of 1965 ("Hart-Celler Act"). End all quotas based on national origin; replace them with a system of preferences, some based on family relations to US residents, some on labor qualifications. Includes the first formal restrictions on immigration from the Western Hemisphere. Total immigration is limited to 170,000 year for the Eastern Hemisphere; a 120,000 annual limit is set for the Americas, to start in 1968.

1966 Cuban Adjustment Act. Allows Cuban immigrants to apply for permanent resident status after two years in the US, even if they entered illegally. (The two-year wait was reduced to one year in 1980.)

1980 Refugee Act of 1980. Distinguishes refugees (people who apply for refugee status from another country and come to the US if they are accepted) from asylum seekers (people who enter the US and then apply for asylum). Allows acceptance of about 90,000 refugees and 5,000 asylum seekers.

1982 Supreme Court decision in Plyler v. Doe. Strikes down a Texas law denying public funding for the education of undocumented immigrants. Decision is based on the "equal protection of the laws" requirement of the 14th Amendment; notes that undocumented children are not responsible for their immigration status.

1986 Immigration Reform and Control Act of 1986 (IRCA). Allows undocumented immigrants who had been in the US before 1982 to apply for legal residence; same provisions for people who had worked 90 days in agriculture in the year ending May 1, 1986; establishes penalties for employers who hire undocumented immigrants and requires employers to obtain proof of work eligibility from all new hires; establishes "diversity visas" for countries with low immigration levels (also known as the "visa lottery") for 1987 and 1988.

1990 Immigration Act of 1990. Modifies numbers of immigrants admitted (worldwide and by country); modifies asylum requirements and family preference requirements; makes the visa lottery permanent; creates a new visa category for millionaire investors.

1994 "Proposition 187." California voters approve a state referendum mandating laws against the use of false immigration documents and cutting off state funding for all "public social services," "publicly funded health care," and public education (including elementary and secondary education) for undocumented immigrants. Teachers and health workers would be required to turn in students and parents suspected of being undocumented. Federal courts struck down parts–notably those affecting education, which violated the 1982 Plyler v. Doe decision, and health care.

1996 Antiterrorism and Effective Death Penalty Act (AEDPA). Allows exclusion or deportation of foreigners supporting organizations that the president designates as terrorist.

1996 Illegal Immigration Reform and Immigrant Responsibility Act of 1996 (IIRIRA). Cuts filing deadline for asylum cases to one year; allows immigration officers to deny entry to asylum applicants; drastically increases the number of crimes for which a legal resident can be deported; requires detention for immigrants convicted of certain crimes; requires expansion of the Border Patrol.

1996 Personal Responsibility and Work Opportunity Reconciliation Act (PRWORA). Drastically reduces public assistance for lawful permanent residents who entered the US after August 1996, including food stamps, Supplemental Security Income (SSI), Temporary Assistance for Needy Families (TANF) and Medicaid; bars federal welfare funding for undocumented immigrants.

1997 Nicaraguan Adjustment and Central American Relief Act (NACARA). Allows Nicaraguans and Cubans to apply for permanent residence; gives some out-of-status Guatemalans, Salvadorans and former Soviet bloc nationals a chance to seek suspension of deportation.

1998 Haitian Refugee Immigration Fairness Act (HRIFA). Allows nearly 50,000 Haitians to seek permanent residence under a process similar to that granted to Cubans and Nicaraguans under NACARA.

1999 Supreme Court decision in ADC v. Reno ("LA Eight"). Rules that immigrants can be deported based on their political affiliations and don't have the right to challenge such selective targeting in federal court.

2001 Supreme Court decision in Zadvydas v. Davis. Holds that immigrants cannot be detained indefinitely if they are deemed deportable but have no country to return to; rules that detention in these cases generally should not exceed six months. This decision overturns the 1953 Shaughnessy v. US ex Rel. Mezei decisions.

2005 Supreme Court decision in consolidated cases of Clark v. Martinez and Benitez v. Rozos. Extends Zadvydas to "inadmissible" detainees; the plaintiffs are Cubans who came to the US in the 1980 Mariel boatlift.

2005 REAL ID Act of 2005. Increases restrictions on political asylum, sharply reduces habeas corpus relief for immigrants, increases immigration enforcement, alters judicial review, imposes federal restrictions on the issuance of state driver's licenses.

2006 Secure Fence Act of 2006. Authorizes the construction of 700 miles of fencing along the US-Mexico border.

Korean-Americans, Photography, 2003-Present

Common Ground

Migration

Korean-Americans

공동의 기반

이주 移住

Korean-Americans

Korean-Americans

The 1992 L.A. riot that started from the south central district in L.A. heavily populated by blacks and rapidly spread to the Korean town, left 57 killed and 2,500 injured in 5 days. More than five thousand fires erupted, rendering the riot stricken area like a battlefield. Fifteen years after the L.A. riot, we witness the Virginia Tech massacre this year as the wound from the L.A riot is still fresh in the hearts of Korean-Americans. When the gunman of the Virginia Tech shooting was named, the Korean community in L.A. responded immediately. They held emergency meetings and mourned the tragic deaths of the victims in candlelight vigils and services. They were worried if the incident might lead to another L.A. rioting. The Korean government also responded more promptly that it normally would with diplomatic matters. Some American media ridiculed the Korean government and the Korean community in America for overreacting, saying no one would blame the Koreans for the shooting committed by some lunatic who happened to be Korean. However, the Korean government and the Korean community in America had very practical reasons to respond as they did. In 1992, Korean-Americans in L.A. lost everything that they built so hard over night. Also the Korean government's reaction reflected the state of relationship between Korea and the U.S. under "the R.O.K- U.S. alliance."

The Korean-American story goes back to 1903 when hundreds of Koreans set sail from In-cheon port for a better life in Hawaii as advertised. What they found in Hawaii, however, was a life that was harder than ever. Present Korean-Americans are descendents of the Korean immigrants who set foot on Hawaii for the first time removed by three to four generations.

The early generations of Korean-Americans spread to the west and east parts of America to form a minority of approximately 2-million population today. It is not difficult to find a Korean-American working in every corner of the American society. From 2002 I have been interviewing Korean-Americans who have settled in America. I've found there is more to their lives than meets the eye. Their life stories and family histories resemble the history of contradiction of modern Korea, as illustrated by the recent incident where the Korean government and people alike scrambled to apologize for a crime committed by one individual. Koreans were forced to move to the world stage in the 20th century. The Korean-Americans' stories provide an insight into or a basis of the contemporary history of Korea. I listen to them and record them, drawing parallels with Kosians who are struggling to settle in the Korean society.

1992년 4월 29일, 로스앤젤레스의 흑인 밀집 지역인 사우스센트럴에서 발생해
코리안타운으로 급격하게 번진 폭동으로 단 5일만에 57명이 사망하고 2천5백여명이
부상당했다. 5천건이 넘는 방화로 피해지역은 전쟁터를 방불케 했고 당시 남긴
상처는 미국에 살고 있는 한인들의 뼛속 깊이 파고들었으며, 15년이 흐른 지금
우리는 버지니아 참사를 목격하고 있다. 버지니아공대 사건의 범인이 밝혀졌을때
로스앤젤레스 지역의 한인 사회는 즉각 반응했다. 한인사회는 긴급 대책회의를
열었고 촛불예배를 열어 희생자를 추모했다. 혹시나 한인사회로 불똥이 튀지
않을까 하는 우려는 바로 4.29폭동의 깊은 상처에서 비롯된 것이다. 한국정부의
대처도 다른 외교적 처리 사안에 비하면 매우 즉각적이었다. 일부 미국 언론들이
"한 정신이상자가 대학에서 총을 쐈다고 해서 한국정부나 한인들이 모두 자신들의
잘못으로 돌리는 것은 생각이 짧은 것"이라고 비난했지만 어렵 게 일군 삶의 터전을
한 순간에 날려버리고 잿더미 위에서 망연자실 했던 한인들과 한미동맹이 표상하는
정치적 관계에서 한국정부의 반응은 매우 현실적인 이유가 있었다.

이 이야기는 1903년부터 시작된다. 그 해 인천을 출발한 배에는 하와이로 가는
한국인들이 타고 있었다. 보다 나은 삶을 약속하는 광고를 보고 인생을 기탁한
수백의 한국인들에게 이방의 땅에는 한국에서 보다 더 고단한 삶이 기다리고
있었다. 이제 이들의 3, 4세대 후손들은 선대의 희생 속에 자신들의 공동체를
일구어 삶을 영위하고 있다. 첫 한국 이민자들은 하와이 그리고 서부, 동부로
퍼져 나갔고, 현재 약 200만 명의 소수 마이너리티를 형성하고 있다. 각 분야에서
활동하는 한국 사람들을 만나는 것은 더이상 낯설지 않다. 나는 2002년부터
지금까지 아메리카 대륙에 정착한 '코리안 아메리칸'들을 만나고 있다. 그들의 삶의
이야기는 우리가 생각해 볼 수 있는 그 이상의 것들이 많다. 그들 자신과 가족들의
이야기는 한국 현대사에 나타난 발전의 모순과 그대로 닮아 있다. 마치 한 개인의
사고에 대해 국가가 나서서 사과하고 있는 것처럼 말이다.

20세기에 들어서면서 한국인들은 자신의 의지와는 상관없이 전세계로 삶의 무대를
이동해야 했다. 이들의 이야기는 현대사의 뒷부분, 아니 깊은 바닥에서 여전히
숨을 쉬고 있다. 나는 이들을 이야기를 듣고, 기록하는 중이다. 지금 우리사회에
정착하고자 하는 코시안들을 생각하며….

공동의 기반

이주 移住

Eunice Im,
Princeton, NJ

Second Generation

Korean-Americans, Photography, 2003-Present

Common Ground

Migration

Korean-Americans

공동의 기반

이주 移住

Korean-Americans

late Rhim Soon Man, Riverside Church, NY

First Generation

David,
Bronx, NY

Second Generation

Common Ground

Migration

Korean-Americans

공동의 기반

이주 移住

Korean-Americans

Mrs. Choi, UpperWestside, NYC

First Generation

▸

Jang Hye Won,
Leonia, NJ

First Generation

◂

Po Kim,
Lower Manhattan,
NYC

First Generation

Aiyong Choi,
Long Island, NY

First Generation

Memories 기억 記憶

Let us walk in beauty
and make our eyes
ever behold the sunset.
Make our hands respect
the things you have made
and our ears sharp
to hear your voice.

나로 하여금 아름다움 안에서 걷게 하시고
내 눈이 오랜 동안 석양을 바라볼 수 있게 하소서.
당신이 만드신 모든 만물들을 내 두 손이 존중하게 하시고
당신의 말씀을 들을 수 있도록 내 귀를 열어주소서.

원은 부서지지 않는다
The Circle Never End, Photography, 2005

361

Common Ground

Memories

Walking in Cold Water

공통의 기반

기억 記憶

차가운 물속을 걷다

Walking in Cold Water

Every December, sturdy horses break into a fierce gallop across the winter plains in South Dakota, United States. While some ten riders ride across the field at first, several hundred soon follow, trailing a cloud of hot breaths on the snow-covered prairies. The surroundings boom with the clatter of hooves. By the time the group that was rushing across the snowfield a moment ago disappears beyond the distant horizon and their echo turns into silence, you start to wonder whether the reverberations that you just heard weren't in fact communications with heaven itself.

The "Future Generation Ride" introduced in this volume is a ritual performed by Native Americans today to remember their ancestors. Begun to commemorate their forefathers, who had fought against white men in the 1800's, and to appease their souls, it has become an official, annual event for Native Americans. Conducted on horseback, this event starts every December 15 on the Standing Rock Indian Reservation in North Dakota, where Native American chieftains were murdered in succession, and covers a distance of approximately 311 miles. Today, this horseback riding event serves as an opportunity for young Native Americans to find their cultural identity and for older Native Americans to raise their voices against mainstream American society and to remember their ancestors' spirit of independence. The historical context and origins of the event are as follow.

During the final week of December 1890, Chief Big Foot, together with his people, walked down to Pine Ridge, covering a distance of 150 miles. This was because, earlier, on December 15, Sitting Bull, another great chieftain, had been shot to death by the government-affiliated Native American police. Hearing the news, Chief Big Foot felt possible threat from American government troops and therefore decided to seek refuge with Chief Red Cloud, who was on relatively good terms with the United States military. However, he and his tribesmen were arrested on December 28 at a creek near Wounded Knee by Major Samuel Whitside and his detachment of the Seventh Cavalry. The next morning, they were massacred in the same spot. By coincidence, it was also here that, 13 years before, in 1887, the great chieftain Crazy Horse had been buried.

When Chief Big Foot and his people were passing Wounded Knee, the some 500 members of the Seventh Cavalry had already surrounded the area. While the arrested Chief Big Foot and his tribesmen were spending the night in a camp, Colonel James Forsyth ordered four Hotchkiss guns to be placed around the Native Americans' tepees. During the American soldiers' disarmament of the Native Americans next morning, there was a gunshot after a minor skirmish between the two parties. Then the United States troops opened fire. By the time gunfire ceased, nearly all tribesmen had fallen on the snowfield. Although the American military's pretext for the arrest and disarmament had been hidden weapons, only two guns were found among the Native Americans. Out of the 350 tribesmen, 250 were women and children, and over 300, including them, were murdered. When a snowstorm arose after the massacre, the United States troops left, abandoning the bodies of Chief Big Foot and his tribesmen. When they returned in early January 1891 for burial, the bodies were still strewn on the ground, frozen in their last moments of horror and pain. The soldiers then dug a large hole and dumped all the bodies in it. This is what has come to be known as the "Wounded Knee Massacre."

Between winter 1968 and 1969, scores of years after the Wounded Knee Massacre, a young Native American named Birgil Kill Straight was suffering from a repeated dream. In the dream, he would be following, together with other Native Americans, the path that Chief Big Foot had trod. Upon hearing the story of this dream, the boy's father suggested that they perform rituals to commemorate their ancestors. Thus begun, these commemorative rituals paved the way for the horse-riding event today.

However, Birgil once again had the same dream for 3 years from 1982. He finally told

차가운 물속을 걷다

해마다 12월이면 미국 사우스다코타 주에서는 말들이 힘차게 겨울 평원을 내달린다. 열 명 남짓의 기수들이 말을 타고 들판을 가로지르는 것으로 시작해 나중에는 수백 명이 눈 덮인 평원에 뜨거운 기운을 몰고 간다. 주변은 온통 말발굽 소리로 진동한다. 설원을 달리던 무리가 먼 지평선 너머로 사라지고 그 울림이 적막으로 변할 때면 방금 전의 그 공명은 지나간 이들이 하늘과 소통하는 순간이 아니었을까 생각하게 된다.

이 책에 소개되는 '미래를 향한 말타기Future Generation Ride'는 오늘날 미국 원주민들이 지내는 조상에 대한 제의다. 1800년대 백인들에 맞서 싸웠던 원주민 선대의 뜻을 기리고 그들의 영혼을 달래는 취지에서 시작된 이 행사는 이제 원주민들의 공식적인 연례의식으로 자리잡았다. 말을 타며 진행되는 이 행사는 매년 12월 15일 원주민 추장들이 연이어 죽임을 당한 현장인 노스다코타의 스탠딩록 보호구역에서 시작되며, 여정은 총 500km에 이른다. 오늘날 이 말타기 행사는 자라나는 원주민들에게는 조상들의 아픔을 배우고 자신의 정체성을 찾아가는 시간이며, 기성세대 원주민들에게는 미국 사회에서 발언권을 키워 나가며 조상들의 독립정신을 계승해 나가는 계기가 된다. 행사의 기원과 역사적 맥락을 살펴보면 다음과 같다.

1890년 12월의 마지막 일주일, 큰발Big Foot 추장은 부족민을 이끌고 150마일을 걸어 파인리지를 향해 내려간다. 이유인 즉, 얼마 전 12월 15일, 또 한 명의 대추장인 앉은소Sitting Bull가 원주민 경찰에게 사살당한 사건이 일어났기 때문이다. 소식을 접한 큰발 추장은 미군의 위협을 감지하고 피신처를 찾기 위해 미군과 비교적 우호적인 관계를 유지하고 있는 붉은구름Red Cloud 추장을 찾아가기로 결정한다. 그러나 이들 일행은 여행 도중 12월 28일 운디드니 근처의 샛강에서 새뮤얼 위트사이트 대장이 이끄는 미국 제7기병대에 체포된다. 그리고 다음 날 아침 결국 그곳에서 학살당한다. 공교롭게도 이곳은 그로부터 13년 전인 1887년 위대한 추장 성난말Crazy Horse이 묻힌 장소이기도 하다.

큰발 추장 일행이 운디드니를 지날 때 제7기병대 군인 500여명은 이미 이곳을 포위하고 있었다. 미군에게 체포당한 큰발 추장과 부족민들이 야외 캠프에서 하루를 보내는 동안 제임스 포시스 장군에 의해 원주민 티피 주변에 기관총 4정이 설치되었다. 다음 날 아침 미군이 원주민들을 무장해제하는 도중 사소한 다툼 끝에 총소리가 났고 동시에 미군의 발포가 시작되었다. 총성이 그치자 거의 모든 부족민이 흰 눈밭 위에 쓰러졌다. 원주민들이 무기를 숨기고 있을 거라며 미군이 찾고자 했던 총은 겨우 두 자루 밖에 나오지 않았다. 부족민 350명 가운데 250명이 여자와 어린아이였고, 이들을 포함해 300명 이상이 희생되었다. 학살이 끝나고 눈보라가 몰아치자 미군은 쓰러진 큰발 추장과 부족민들을 두고 떠났다. 그리고 다음해인 1891년 1월초 매장을 위해 돌아왔을 때 시체들은 끔찍한 모습으로 얼어버린 채 눈밭 위에 널려 있었다. 군인들은 큰 구덩이를 파고 얼어붙은 시신을 집단 매장했다. 이것이 '운디드니 학살'이라고 불리는 사건의 전모다.

운디드니 학살이 있은 후 몇십 년이 지난 1968년 겨울과 1969년 사이, 명사수버질Birgil Kill Straight이라는 한 원주민 청년은 반복되는 꿈에 시달리고 있었다. 큰발 추장이

Common Ground

Memories

Walking in Cold Water

공통의 기반

기억 記憶

차가운 물속을 걷다

a medicine man of his dream, and, after discussion with those around him, decided to retrace Chief Big Foot's path on December 22, 1986, together with seventeen other riders and starting in Bridger, Cheyenne River Indian Reservation, to appease the ancestors' spirits. Dubbed the "Chief Big Foot Memorial Ride" and continued for 5 years, this event came to a climactic conclusion in 1990, the centennial of the Wounded Knee Massacre, with the participation of several thousand Native Americans.

From then on, this event was continued by new, young leaders. In 1988, at the suggestion of Ron, His Horse Is Thunder, the leader of the Standing Rock Indian Reservation, leaders of other tribes gathered to change the original route, which covered 150 miles from Bridger to Wounded Knee, so that it now covered 300 miles, encompassing Sitting Bull's Camp on the Standing Rock Indian Reservation. Paused in 1991 but resumed in 1992, this trip is called "Omaka Tokatakiya Future Generation Ride" in Native American society. This horseback journey continues for 2 weeks in the bitter cold of -4° F to -22° F. Because the event is held in winter, some have also dubbed it the "Winter Sun Dance." Unlike most Americans, who spend Christmas and the New Year's Day in comfort, Native Americans withstand this period by making a fire in cold gyms or outdoors to warm themselves.

In 2005, 14 years after the creation of the official title "Future Generation Ride," I finally had a chance to take part in this event, which I had heard of so much. During the 2-week period, I was able to have a glimpse of Native Americans' lives today. Even though it is in form a ritual, the event is in fact a microcosm of Native Americans' lives, demonstrating their history, culture, and spiritual world.

In the process of working on this project, I met countless Native Americans and got to know of their past and present lives. Some 500 nations peacefully coexisted all over the continent before Europeans' arrival in 1492. After that fateful year, 250 nations became extinct over the next four centuries due to white men's invasion and genocide. The survivors live on, divided and committed to 274 Indian reservations.

The most impoverished areas in the United States today are in fact the Indian reservations. Most of our misconceptions about Native Americans stem from the United States government's policy on these peoples. Things that are prohibited by state laws are condoned on Indian reservations. Native Americans are carelessly left to fend for themselves in places where nuclear waste storage facilities and uranium mines are established, drug trafficking is rampant, and welfare facilities are nearly nonexistent. Health problems are equally critical. The majority of Native Americans are exposed to diabetes and stress-induced high blood pressure. Moreover, drug abuse, alcoholism, suicide as well as infant mortality rate are the highest among these peoples than in any other population group in the United States. Considering all of this, it should be no surprise that the average lifespan should be 48 for men and 52 for women on the Pine Ridge Indian Reservation.

For these peoples, who have been bereft of their traditional ways of life, the annual "Future Generation Ride" is akin to a ritual of salvation. Indeed, many have overcome drug abuse or alcoholism through participation in this event, and the recovery rate amounts to 80%. During the long, 300-mile trip, they each grow a seed of hope in their hearts. Native American leaders explain that the "Future Generation Ride" is significant because it awakens in participants the value of their cultural identity. Perhaps for this reason, recent years have seen an increase in adults who take part in the event together with their children.

The "Future Generation Ride" is a natural outgrowth of the American Indian Movement, which arose in the 1970's. Indeed, the movement signaled the first difficult but determined step in recovering Native Americans' identity. These peoples declared freedom from oppression and sought political liberation, saying "no" to institutions and laws that had hitherto repressed them. Even though this called for a great deal of sacrifice, these

지나갔던 길을 여러 원주민들과 함께 걷는 꿈이었다. 소년 버질이 이야기를 아버지에게 들려주자 그의 아버지는 조상들께 제례를 올리자고 제안했다. 이렇게 시작된 이들 부자의 제사는 오늘날 말타기 행사의 기원이 되었다.

하지만 버질은 이후 1982년부터 3년 동안 똑같은 꿈을 다시 꾸게 된다. 결국 그는 주술사를 찾아가 꿈 이야기를 전한다. 그는 주변 사람들과 상의한 끝에 조상들의 영령을 위한 제례 행사로서 1986년 12월 22일 샤이엔 강 보호구역에 있는 브리저에서 17명의 기수와 더불어 큰발 추장이 지나간 길을 따라 달리게 된다. '큰발 추장 추모 말타기Chief Big Foot Memorial Ride'라고 불리며 5년 동안 계속된 이 행사는 운디드니 학살 100주년이 되던 해인 1990년에 수천 명의 부족민이 운집한 가운데 정점을 이룬 후 긴 일정을 끝낸다.

이후 이 행사는 새로운 젊은 지도자에 의해 맥을 잇게 된다. 1988년 스탠딩록 보호구역의 지도자 천둥말을가진 론 Ron, His Horse is Thunder의 제안으로 여러 다른 부족의 지도자들이 모여 본래 루트인 브리저에서 운디드니까지의 150마일에다 스탠딩록 보호구역의 앉은소 캠프를 이어 총 300마일의 새 루트를 정했다. 1991년 한 해를 쉰 뒤 1992년 다시 시작된 이 여행을 오늘날 원주민 사회에서는 '오마카 토카타기야Omaka Tokatakiya, 미래를 향한 말타기'라고 부른다. 이 말타기 여행은 영하 20~30℃의 혹한 속에서 2주간이나 계속된다. 겨울에 열리는 원주민 제의인 만큼 사람들은 이를 '겨울 선댄스'라고도 부른다. 연말과 크리스마스 시즌을 편안하게 보내는 보통 미국인들과 달리 이들은 차가운 체육관이나 야외에서 불을 피우고 몸을 녹이며 이 기간을 견뎌내는 것이다.

'미래를 향한 말타기'라는 정식 명칭이 붙은 지 14년이 되는 2005년에 나는 그동안 들어만 보았던 이 행사에 몸소 참여하게 되었다. 보름간의 여정에 동참하면서 나는 현재 미국 땅에서 살고 있는 오늘의 원주민의 모습을 엿볼 수 있었다. 이 행사는 형식적으로는 하나의 제의지만 원주민의 역사와 문화 그리고 정신세계를 보여주는 미국 원주민 생활사의 축약본이라 할 수 있다.

이 프로젝트를 진행하는 동안 나는 많은 원주민들을 만났고 그들의 과거와 현재에 대해서 알게 되었다. 한때 아메리카 대륙을 수놓았던 원주민들은 1492년 유럽인들이 상륙하기 전까지 약 500개 부족이 대륙 전역에 흩어져 평화롭게 살고 있었다. 그 후 백인들의 침략과 학살로 400년 동안 250개 부족은 완전히 멸족되었고 나머지는 오늘날 274개의 보호구역에 분산 수용되어 삶을 이어가고 있다.

오늘날 미국에서 가장 궁핍한 지역이 바로 원주민 주거지역이다. 원주민에 관해 우리가 잘못 알고 있는 대부분의 상식은 미국 정부의 원주민 정책에 의한 것이다. 미국의 각 주에서 법으로 금지된 일들이 보호구역 경계 안에서는 별탈없이 벌어지고 묵인된다. 핵 폐기물 저장고와 우라늄 광산이 들어서고 마약 거래가 횡행하며 복지시설이 거의 전무한 곳에 원주민들은 방치되어 있다. 보건 문제 또한 심각하다. 원주민들 중 과반수 이상이 당뇨, 스트레스성 고혈압 등에 노출되어 있는 것이다. 더불어 약물 중독, 알코올 중독, 자살률 및 영아 사망률 또한 미국에서 최고 수치를 기록하고 있다. 이를 감안한다면 파인리지 보호구역의 원주민 평균수명이 48세, 여성 52세라는 사실은 그리 놀라운 것이 아니다.

Common Ground

Memories

Walking in Cold Water

공동의 기반

기억 記憶

차가운 물속을 걷다

peoples began to prepare their own future and to create an answer to the question "Who am I?" The "Future Generation Ride," then, is an extension of this silent yet loud Native American Movement.

On my first visit to the snow-covered plains of Wounded Knee in the winter of 2003, I kept staring down at the ground, as if in search for traces of Chief Big Foot. The Native American friends who had accompanied me screamed and raged across the open country on horseback once they arrived. Now, I think I understand why they acted the way they did. In those plains, the dreams of a beautiful people are buried intact. In the world today, not only Native Americans but also small ethnic groups and countries precariously maintain their identities and lives in the face of a few superpowers and their interests. Even though the act of recording the history and lives of such minority communities most likely won't save them from heartbreaking circumstances, records like this have important stories to tell. And the story in this book will bequeath to posterity a new truth and the lives of people who otherwise would be forgotten.

An expression frequently used by the Lakota, one of the Native American nations, "Mitacuye Oyasin" means "We are all related." It expresses these people's lives and philosophy, which respect nature, humans, and animals alike. Why, then, have they declined to such impoverishment today despite such beliefs? By taking part in the "Future Generation Ride," which Native Americans hold to commemorate the souls of their ancestors and to recover their sovereignty and self-identity, I have looked back upon their sorrowful past and had a glimpse of their lives today. "Walking in Cold Water" is the Lakota name that Native American friends honored me with.

원은 부서지지 않는다
The Circle Never Ends, Book, 2005

자신들의 전통적인 생활방식을 거세당한 채 살아가는 이들에게 일년에 한번씩 열리는 '미래를 향한 말타기'는 일종의 구원 의식과 같다. 실제로 많은 이들이 이 행사를 통해 마약이나 알코올 중독을 극복했으며, 그 회복률은 80%에 이른다. 이들은 300마일의 긴 여정을 가면서 가슴 속에 저마다 소망을 지니고 달린다. 미국 원주민 지도자들은 '미래를 향한 말타기'가 원주민 정체성의 소중함을 일깨우는 의미를 갖는다고 설명한다. 그 때문일까. 최근에는 많은 성인 원주민들이 아이들과 함께 이 행사에 참여하고 있다.

'미래를 향한 말타기'는 1970년 이후 시작된 '미국 원주민 운동 American Indian Movement' 과 맥을 같이한다. 이 운동은 미국 원주민의 정체성을 찾는 고단하고 치열한 걸음의 시작이었다. 그들은 억압으로부터 자유를 선언했고 자기들을 억누르던 제도와 법에 대해 '이제 그만'이라고 외치며 독립을 갈구했다. 많은 희생이 뒤따랐지만 그들은 미래를 준비하기 시작했고 '나는 누구인가'라는 자문에 대한 답을 만들어 갔다. '미래를 향한 말타기'는 이같은 소리 없는 미국 원주민 운동의 연장인 셈이다.

2003년 겨울 처음 방문한 운디드니의 눈덮인 들녘에서 나는 큰발 추장의 흔적을 찾으려는 듯 계속 땅을 내려다보며 다녔다. 함께 온 원주민 친구들은 도착하자마자 소리를 지르면서 말을 타고 미친 듯이 들판을 질주했다. 이제는 그 이유를 알 것 같다. 그곳엔 한 부족의 아름다운 꿈이 고스란히 묻혀 있다. 미국 원주민뿐 아니라 오늘날 소수 단위 민족들은 몇몇 강대국의 이해관계에 얽혀 아슬아슬한 운명을 유지하고 있다. 이 소수 공동체를 기록하는 일이 이들을 안타까운 상황에서 구할 순 없겠지만 그 속엔 중요한 이야기가 들어 있다. 이 이야기는 새로운 진실을, 잊혀질 사람들의 삶을 남길 것이다.

'미타큐예 오야신Mitacuye Oyasin'이라는 말은 미국 원주민들의 한 부족인 라코타족이 흔히 쓰는 표현으로, '우리는 모두 동족이다We are all related'라는 뜻을 지녔다. 자연, 인간, 동물 모두를 존중하며 살았던 원주민의 삶과 철학을 나타내는 말이다. 이런 그들이 왜 오늘날 이토록 궁핍하게 살 수밖에 없게 되었을까. 조상의 혼을 기리고 자신들의 빼앗긴 주권과 정체성을 찾아 나가는 '미래를 향한 말타기'에 동참해 그들의 한맺힌 과거를 되돌아보고 오늘날 원주민의 삶을 들여다보았다. '차가운 물속을 걷다Walking in Cold Water'는 원주민들이 선사해 준 나의 라코타식 이름이다.

RESERVATION IN THE UNITED STATES
Map Source: The U.S. Census Bureau.

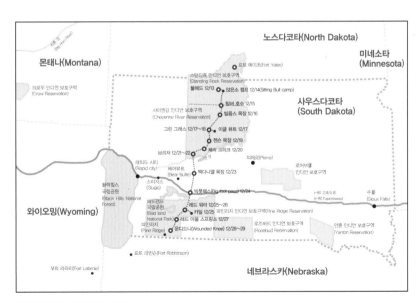

2005년 미래를 향한 말타기 여정과 인근 지역
2005 "Omaka Tokatakiya"-Future Generation Ride

Common Ground

Memories

Brief history of Native Americans

공통의 기반

기억 記憶

아메리카 원주민의 약사

Brief history of Native Americans

In December 1607, John Smith, one of the English colonists in Jamestown, Virginia, was captured by the local Native Americans while traveling upstream along the Chickahominy River to gather food for the winter. When Chief Powhatan ordered the execution of this foreigner, his daughter Pocahontas ran out and threw herself on Smith's body, begging her father to spare his life. Taking this unexpected incident as a divine sign, the chieftain took back his order and released the alien, even providing him with food. Thanks to these provisions, the English colonists were able to survive the winter.

Three hundred years later, in August 1911, in Oroville, a small town near the Sacramento River in northern California, a Native American was captured by the local residents. The sheriff of Oroville jailed and started to interrogate this exhausted, emaciated man. He tried all possible Native American languages in addition to English and Spanish, but to no avail. It was only through the aid of professors of anthropology at the University of California, Berkeley, that the mysterious Indian was finally identified. After attempting a conversation based on their vocabulary list of extinct Native American languages, the scholars realized that this man was a member of the Yahi, a branch of the Yana nation, who had lived at the foot of Lassen Peak nearby but had been massacred. Subsequently named "Ishi," which means "man" in the Yana language, he spent 4 years at the Museum of Anthropology at the University of California, San Francisco, and died in March 1916 of infection from tuberculosis, a disease of civilization. With his death, the Yahi nation was obliterated from the face of the earth.

The two episodes above epitomize the tragic history of Native Americans, who diminished as a result of the intrusion of white Christian civilization. In the early 17th century, when full-fledged exchange between the two civilizations began, North America is thought to have been home to at least 20 million Native Americans with 500 disparate languages. However, by the early 20th century, when Ishi, dubbed the "Last Stone-Age Indian in North America," died, over 250 of the some 500 original Native American nations had been annihilated, and there were only 250,000 survivors in all of North America. Native Americans would never even have dreamed that their encounter with these pale-skinned strangers would lead to such atrocious results in just three centuries. Indeed, they were friendly to white invaders at first. Native Americans guided white men, provided them with food, and taught them to fish and to farm the land. The numerous Native Americans who have been mythologized in white American history such as Pocahontas, Squanto, and Sacagawea attest to such beneficent, amicable relations in the early days. The friendly relations between the two parties did not last long, however. As they became accustomed to the unfamiliar environment and increased in numbers, white colonists began to covet and take over the land on which Native Americans had lived for generations. To protect their homeland, Native Americans had no choice but to

원주민 마을
Great Plain

성난말 조각상
Crazy Horse Memorial, SD 2004

fight back against such greed and despoliation.

In this struggle, however, Native Americans nearly always lost to white men, who were armed with the superior technology of their civilization. Consequently, the battle line continued to shift westward. Drawn along the Appalachians when white colonists broke free from British rule and founded the United States, this line moved westward at an increasing rate after independence so that by the 1830's it had shifted to the Mississippi River, then to the Rockies, finally to reach the Pacific coast of California by 1849 thanks to the Gold Rush.

At a history conference organized to commemorate the Chicago World's Fair in 1893, the historian Frederick Jackson Turner called the line of this battle, besmeared with conquest, exploitation, and slaughter, the "meeting point between savagery and civilization" and summarized American history as a history of the movement of the frontier, or one of the progress of civilization in conquering a savage land. Even before this, in 1890, in completing a national census, the United States Census Bureau had defined a "frontier" as any area with a population density of fewer than two people per square mile, declaring that there no longer existed a frontier line in America. This official statement from the United States government that the frontier had disappeared from America held more than a demographic significance. At the end of the same year, on December 29, United States government troops ruthlessly massacred, at Wounded Knee, South Dakota, over 350 members of the Minniconjou, a branch of the Lakota nation, who were among the last to continue opposing the federal government's land expropriation policy. The struggle of Native Americans against white men, which had been put up locally in the South and the West following California's admission to the Union in 1850, was finally brought to a close with this enormity.

Native American nations who had avoided extinction and survived into the 20th century continued to lead lives of banishment on their own land, out of touch with the rest of the world and dependent on rations and pensions doled out by the United States government, on the designated areas of "reservation." Nor, for that matter, was white men's infiltration quite over. White men all too often would trespass on the reservations in pursuit of the cattle they had put to graze; dug up Native Americans' abodes in search of ore, uranium, or oil; and once again forced them to relocate, on the pretext of building dams and power plants. After a century of such calamities, the Native American population has increased to approximately 2.5 million today. However, the majority still suffers from abject poverty, placed on the lowest rung of the social ladder even in comparison with other non-white populations. Moreover, due to prolonged dependence on the government's "protection," they have lost their languages and most of their cultural traditions. Even the few remaining rituals have fallen to the status of spectacles for tourists with the onslaught of commercialism. Few today would accept Turner's view that westward expansion was the progress of civilization. Nor did he himself see the movement purely as a process of transplanting white civilization. Turner stressed that white Christian

선댄스
Sundance

civilization had continued to change and to renew itself after its initial crossing of the Atlantic because of contact with "savagery" and that such modifications had consequently served as the basis of Americans' unique social customs and national character. His argument is problematic, however, because he viewed the process solely from the perspective of the conqueror. Nevertheless, his thesis that a correct understanding of the dynamic interaction between white civilization and Native American civilization must be the heart of American history is valid to this day.

I say this because the history of the conquest of the West, despite the large share that it occupies in the American national memory, fails to garner the spotlight that it deserves and needs. As Patricia Nelson Limerick, the author of the outstanding The Legacy of Conquest: The Unbroken Past of the American West (1998), has stated with concern, the West remains on the periphery of mainstream American history. The experience of African-Americans, yet another group victimized in the Americanization process, by comparison, has won considerable attention as a result of the civil rights movement and in relation to racial discrimination, which continues to be a serious social problem. On the contrary, the conquest of the West and its legacy have yet to be discussed in full. It is difficult to deny that, consequently, the West in the American popular imagination is still colored by Hollywood's romanticized aura and seen as the site of struggle between lonely, brave white pioneers and evil "Injuns." Recent discussions that examine the opening of the West in terms of colonialism or imperialism urge us to see the situation from a balanced perspective by placing the focus not on the conquerors but on the conquered, the Native Americans. However, even such efforts have been limited by the fact that Native American cultures were fundamentally oral. Without records, it is difficult to obtain the testimony of the defeated that can cancel out the victors' one-sided rhetoric. This is why the history not only of the West but also of the United States is liable to double distortion. We must therefore examine the system of doxa, the idées fixes and popular myths incited by white men's one-sided records, if we are to grasp the West correctly and to arrive on the basis of such an understanding at in-depth knowledge of American society. Such a task includes and demands, as I have mentioned above, the effort to resurrect the voices of the others who have been marginalized and silenced by the language of power and, at the same time, to resist the temptation of historical simplification and schematization. In other words, even progressive stances on the side of history's losers can unwittingly depreciate Native Americans' active, autonomous participation in the historical process by depicting them solely as the victims of white expansionism.

Although it has been dominated largely by a logic of violent force, the relationship between Native Americans and white men has at times been one of dialogue and compromise as well. From 1632, when Chief Powhatan and English colonists in Virginia contracted a peace treaty, to 1871, when the United States government decided no longer to contract such treaties

AIM 로고와 심볼
AIM(American Indian Movement) logo & Symbol

검은고라니
Black Elk

with Native Americans, a total of 389 treaties were signed between the two parties. As the Lakota chieftain Sitting Bull argued, almost none of these treaties were faithfully adhered to. However, the responsibility for breaching the treaties did not lie solely with white men, either. Internal conflict and dissension among Native Americans had a considerable effect as well. Sitting Bull himself was the chieftain of the Lakota nation, which consisted of seven branch nations; Powhatan was the head of a federation of 32 nations spread out in the Chesapeake Bay area. Consequently, depending on their respective self-interest, even branches ultimately belonging to the same nation could either collaborate with or resist against white men. In other words, because Native Americans who collaborated with or maintained armed resistance against the United States government were all acting on complex motivations, collaborators cannot be seen solely as traitors and resistance may not always have been motivated by tribal loyalty.

The same holds true for white men as well. While citing "Manifest Destiny" to justify its conquest of the West, white society at times has betrayed contradictory attitudes and perspectives depending on the situation. This was because white men could not but hesitate when they felt that their policy of imperialistic aggression went against social conscience or the cause of justice. A pluralistic and complex viewpoint is therefore all the more needed, as I have stressed above.

The United States has been Korea's foremost partner throughout the modern era. Despite such close relations, however, it is doubtful whether we are as knowledgeable of American society as we should be. Indeed, it would be no exaggeration to say that our understanding of American society focuses either on political relations as represented by the Korean-American alliance or on superficial images distorted through the prism of pop culture such as Hollywood. America remains a close yet far country, a familiar yet unfamiliar society.

Shin Moonsu
Professor of American Literature, Seoul National University

아메리카 원주민 약사

주술바퀴
medicine wheel

1607년 12월, 버지니아 제임스타운의 이주자 중의 한 사람이었던 존 스미스John Smith는 월동할 식량을 구하기 위해 치카호미니 강을 거슬러 올라가다가 원주민의 포로가 되었다. 원주민 추장 포우하탄Powhatan이 스미스를 죽이려고 하자 그의 딸 포카혼타스Pocahontas가 달려나와 스미스의 목을 껴안고 살려주기를 간청했다. 포우하탄은 이 뜻밖의 사태를 신의 계시로 생각하고 스미스를 죽이라는 명령을 거둠과 동시에 식량을 주어 그를 돌려보냈다. 영국인 이주자들은 이 식량 덕분에 그해 겨울을 무사히 넘길 수 있었다.

그로부터 300년이 흐른 1911년 8월, 캘리포니아 북쪽 새크라멘토 강 인근의 소읍 오로빌에서 한 원주민이 마을 사람들에게 붙잡혔다. 오로빌의 보안관은 바싹 야위고 기진맥진한 이 원주민을 감방에 가두고 심문을 시작했으나 그의 신원을 파악할 수가 없었다. 영어와 스페인어는 물론 가능한 여러 원주민 부족어로 말을 걸었으나 허사였다. 그의 신원의 베일이 벗겨진 것은 버클리의 캘리포니아 대학 인류학 교수들을 통해서였다. 이들이 채록해 놓은 사멸한 원주민족의 어휘 목록으로 대화를 시도한 끝에 그가 인근 랏센 산 기슭에서 살다가 집단 학살당한 야나족의 일족인 야히족임이 밝혀졌다. 야나어로 사람이란 뜻의 이시Ishi라고 명명된 그는 캘리포니아 대학 박물관에서 4년여 동안 지내다가 1916년 3월, 문명의 병인 결핵에 감염되어 사망했다. 그의 죽음과 함께 야히족은 지구상에서 완전히 절멸되고 말았다.

백인 기독교 문명의 내습에 시달리다가 쇠망한 북미 원주민의 고난의 역사가 이 두 가지 에피소드에 압축되어 있다. 두 문명의 교류가 본격적으로 시작된 17세기 초엽만 해도 북미 대륙에는 500여개의 서로 다른 언어를 쓰는 최소 2천여 명의 원주민이 살았다고 추정된다. 그러나 '북미 최후의 석기인' 이시가 사망한 20세기 초에는 500여 부족 중 절반에 해당하는 250여 부족이 절멸된 상태였고, 북미 대륙 전체에서 원주민 생존자는 25만 명에 불과했다. 원주민들은 낯선 이방인과의 만남이 불과 3세기 만에 이처럼 참혹한 결과를 빚으리라고는 꿈에도 상상하지 못했을 것이다. 처음에 그들은 백인 침입자들을 우호적으로 대했다. 그들은 백인들에게 길을 안내해 주고, 식량을 제공하고, 고기 잡는 법과 농사법을 일러주었다. 포카혼타스, 스콴토Squanto, 사카가웨아Sacagawea 등 백인의 역사 속에서 신화화된 적지 않은 원주민 인물들은 초창기의 이러한 시혜적 선린 관계를 증언한다. 그러나 양자의 우호 관계는 얼마가지 않았다. 백인 이주자들이 낯선 환경에 익숙해지고 그 수가 늘어나자 좁은 정착지 너머로 시선을 돌려 원주민들이 대대로 살아온 삶의 터전을 넘보기 시작했기 때문이다. 원주민들은 고향을 지키기 위해 이 탐욕과 침탈에 맞설 수밖에 없었다.

커스터 장군
General George Custer

그러나 이 싸움에서 원주민은 우수한 기술 문명을 앞세운 백인에게 거의 언제나 패배했다. 그리하여 싸움의 전선은 서쪽으로 계속 이동해 갔다. 이주자들이 미합중국을 세워 독립할 무렵에 애팔래치아 산맥에 머물러 있던 전선은 그 후로 서진 속도가 급속하게 빨라져, 반세기 뒤인 1830년대에는 미시시피 강으로, 이어 로키 산맥으로, 그리고 20년 뒤인 1849년에 이르러 골드러시와 함께 급기야 캘리포니아의 태평양 연안에까지 닿게 되었다.

1893년 시카고 만국 박람회를 기념하는 미국 역사학 대회에서 역사학자 프레더릭 터너Frederick J. Turner는 정복과 수탈과 살육으로 얼룩진 이 싸움의 전선을 "문명과 야만의 접촉점"이라고 규정짓고,

미국사는 이 프런티어가 이동해 가는 역사, 다시 말해, 미개지를 정복해 가는 문명의 전진사라고 요약했다. 그보다 앞선 1890년 전국 인구조사를 마무리하면서 미국 인구조사국은 인구밀도가 1평방마일당 2명 미만인 지역을 프런티어로 정의하고, 이제 미국에는 더 이상 프런티어 라인이 존재하지 않는다고 선언했었다. 기실 프런티어가 미국 땅에서 사라졌다는 정부의 공식적 언명은 인구통계 이상의 함의가 내포되어 있었다. 그해가 끝나는 12월 29일, 미국 정부군은 사우스다코타주의 운디드니에서 연방정부의 토지수용 정책에 마지막으로 저항하던 라코타족의 일족인 미네콘주족 350여 명을 무차별 학살했다. 이로써 캘리포니아가 연방에 편입된 1850년 이후 백인의 정복에 맞서 남부와 서부에서 국지적으로 전개되어온 원주민의 저항은 완전히 종식되었다.

절멸을 면하고 살아남은 원주민 부족들은 20세기에 들어서서 미국 정부가 지정한 보호구역에서 배급과 연금에 의탁한 채 외부 세계와 단절된 유폐의 생활을 이어나갔다. 그렇다고 백인의 침투가 멎은 것은 아니었다. 백인들은 방목한 소떼를 쫓아서 보호구역을 넘어오기 일쑤였고, 광석과 우라늄 혹은 석유를 찾기 위해 그들의 주거지를 파헤쳤고, 댐과 발전소를 건설한다는 명목으로 또다시 이주를 강요하기도 했다. 이런 시련 속에서도 한 세기가 흐른 오늘날 원주민 인구는 약 250만 명으로 증가했다. 그러나 그들 대다수는 여전히 절대적 빈곤에 허덕이며 백인은 물론 다른 인종 집단에 비해 몹시 열악한 생활을 하고 있다. 더욱이 정부의 '보호'에 안주한 생활이 오래 지속되다 보니 고유 언어와 문화 양식은 대부분 잊혀졌고, 전래되어온 몇몇 전통 의식마저 상업주의의 물결에 휩쓸려 관광객을 위한 구경거리로 전락하기도 했다.

서부 개척이 곧 문명의 전진 과정이라는 터너의 시각을 오늘날 그대로 수용하는 사람은 드물 것이다. 터너 자신도 그것을 백인 문명의 순수한 이식 과정으로만 본 것은 아니다. 그는 대서양을 건너온 백인 기독교 문명이 '야만'과 접촉하면서 끊임없이 쇄신되며 거듭나는 과정을 겪었음을 강조했고, 그렇기에 그것이 미국의 독특한 사회직 관습과 미국적 성격 형성의 밑바탕이라고 주장했다. 터너의 한계는 전적으로 정복자의 시선으로 그 과정을 바라본 데 있다. 하지만 백인 문명과 토착 원주민 문명의 역동적인 상호 교섭의 바른 이해가 미국사의 중심이어야 한다는 그의 지적은 오늘날에도 여전히 유효하다.

이렇게 말하는 것은 서부 정복의 역사가 국민적 기억의 큰 부분을 차지하고 있음에도 불구하고 여전히 그것에 상응하는 조명을 받고 있지 못하기 때문이다. 『정복의 유산』(1998)이란 뛰어난 저서를 쓴 패트리샤 리머릭Patricia Limerick의 우려대로 서부 역사는 여전히 미국사의 변두리에 머물러 있을 뿐이다. 미국화 과정의 또 다른 희생자인 흑인의 타자화 역사는 민권운동의 여파로, 또 심각한 사회적 이슈인 인종차별 문제와 결부되어 근래에 상당한 주목을 받고 있지만, 서부 정복과 그 유산에 대한 논의는 아직 충분치 못한 편이다. 그 결과 미국의 대중적 상상력에서 서부는 고독하고 용감한 개척자와 사악한 원주민의 싸움터라는 할리우드식 낭만적 아우라로 채색되어 있음을 부인할 수 없다. 서부 개척을 식민주의 혹은 제국주의적 시각에서 새롭게 살피는 최근의 논의들은 저울추의 중심을 정복자 편에서 희생자인 원주민 편으로 옮겨 놓아 균형 잡힌 사태 파악을 촉구하고 있다. 그러나 이런 노력도 원주민 문화가 근본적으로 기록 중심의 문화가 아니라는 한계로 어려움을 겪어 왔다. 승자의 일방적인 수사修辭를 상쇄할 수 있는 패자의 증언을 구하기 어렵기 때문이다. 그렇기에 서부의 역사, 더 나아가 미국사 일반은 두 겹으로 굴절될 위험을 안고 있는 것이다. 따라서 서부에 대한 정당한

앉은소 추장
Naca Sitting Bull

빅풋 추장
Naca Big Foot

이해, 그리고 그것을 바탕으로 한 미국 사회의 심층적 이해를 위해서는 백인의 일방적인 기록이 부추긴 고정 관념, 대중적 신화, 그 독사doxa의 체계를 비판적으로 꿰뚫어 보지 않으면 안 된다. 그것은 앞서 말한 대로 권력의 언어로부터 비껴선 타자의 목소리를 부활시키려는 노력과 동시에 역사적 단순화^도식화의 유혹에서 벗어날 것을 요구한다. 다시 말해 역사의 패자 편에 선 진보적 시각도 원주민을 백인 팽창주의의 희생자로만 부각시켜 역사의 과정에 그들 나름대로 주체적으로 참여한 몫을 과소평가하는 것은 아닌지 되돌아볼 필요가 있는 것이다.

원주민과 백인의 관계는 전반적으로 폭력적인 힘의 논리에 지배되었지만, 그것은 또한 종종 대화와 타협의 관계이기도 했다. 버지니아의 포우하탄 추장과 식민자들이 평화협정을 체결한 1632년부터 미국 정부가 원주민과 더 이상 협약을 맺지 않기로 선언한 1871년까지 양자 사이에는 389번의 협약이 있었다. 라코타족의 추장 앉은소의 주장대로 그중 충실히 지켜진 협약은 거의 없다. 그러나 조약 파기의 책임이 전적으로 백인에게만 있는 것은 아니었다. 거기에는 원주민들의 내분과 갈등 또한 큰 영향을 미쳤다. 앉은소만 하더라도 7개의 부족으로 이루어진 라코타족의 추장이었고, 포우하탄은 체사피크 만灣에 흩어져 살던 32개 부족 연맹의 수장이었다. 같은 종족에 속하더라도 이해관계에 따라 백인에게 협력하는 부족도, 저항하는 부족도 있는 것이다. 다시 말해 미국 정부에 협조한 원주민이나 무력 저항을 고수한 원주민이나 모두 나름대로의 복합적인 동기에 입각해 있기 때문에 협조자를 변절자로만 볼 수도 없고, 항쟁의 기치가 반드시 애국심의 발로만이 아닌 경우도 있는 것이다.

이는 백인 편에서도 마찬가지이다. 백인 사회 또한 '명백한 운명'을 내세워 서부 정복을 정당화하면서도 그때그때의 상황에 따라서 상반된 태도와 시각을 노정하기도 했다. 백인들도 제국주의적 침탈 정책이 사회적 양심이나 대의명분과 상치된다고 느낄 때 머뭇거리지 않을 수 없었기 때문이다. 그렇기에 거듭 말하거니와 다원적이고 복합적인 시선이 요청되는 것이다.

미국은 그 어떤 나라보다도 중요한 우리 현대사의 파트너였다. 하지만 우리가 그런 밀접한 관계에 걸맞게 미국 사회를 잘 알고 있는지는 의문이다. 미국 사회에 대한 우리의 이해는 한미동맹이 표상하는 정치적 관계나 할리우드식 대중문화의 프리즘으로 굴절된 피상적인 차원을 넘어서지 못한다고 해도 지나친 말은 아니다. 미국은 여전히 가깝고도 먼 나라이며 친숙한 듯하면서도 낯선 사회다.

운디드니
Wounded Knee, Naca Big Foot, 1891

신문수 | 서울대 교수 · 미국문학

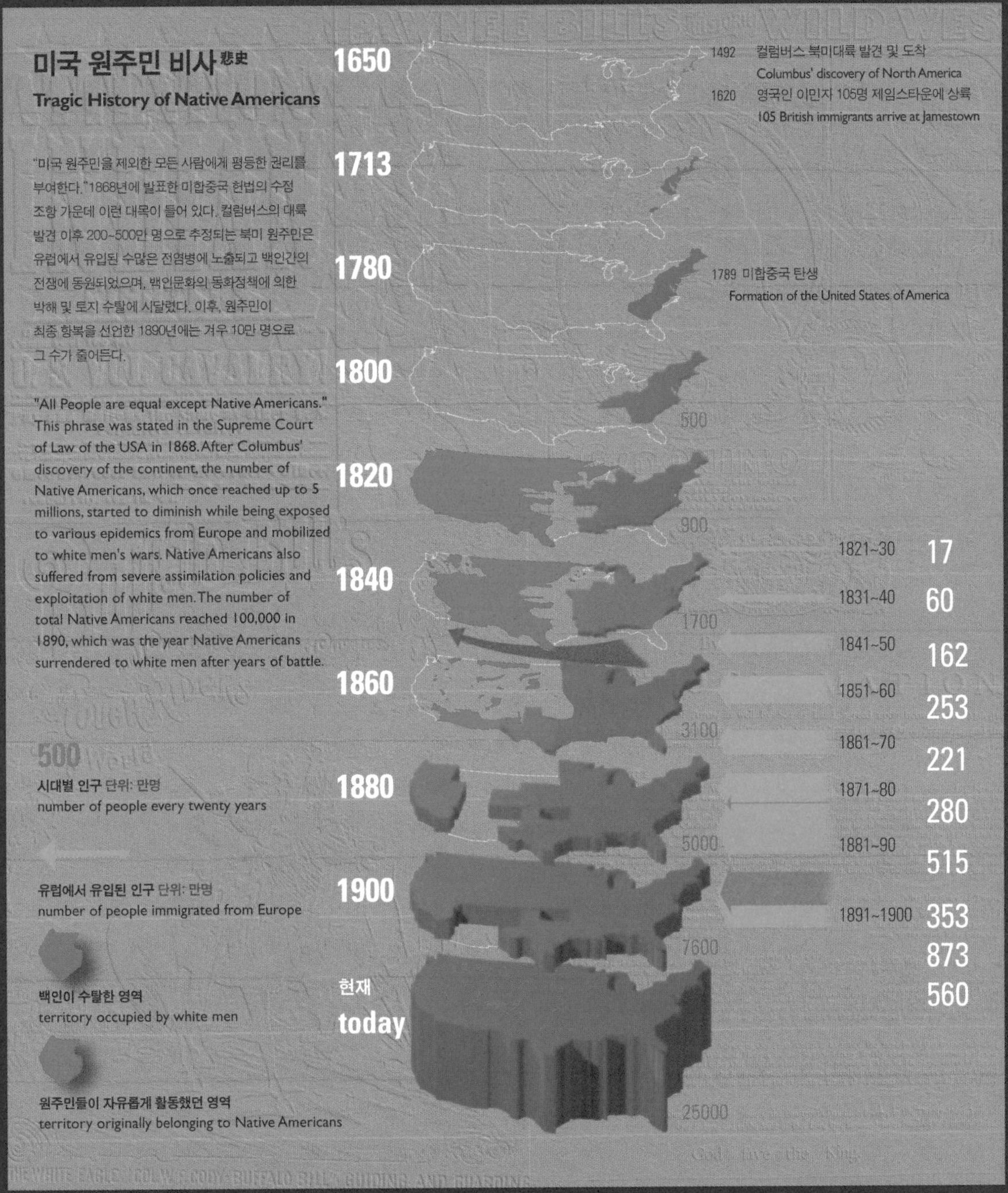

미국 원주민 비사悲史
Tragic History of Native Americans

"미국 원주민을 제외한 모든 사람에게 평등한 권리를 부여한다."1868년에 발표한 미합중국 헌법의 수정 조항 가운데 이런 대목이 들어 있다. 컬럼버스의 대륙 발견 이후 200~500만 명으로 추정되는 북미 원주민은 유럽에서 유입된 수많은 전염병에 노출되고 백인간의 전쟁에 동원되었으며, 백인문화의 동화정책에 의한 박해 및 토지 수탈에 시달렸다. 이후, 원주민이 최종 항복을 선언한 1890년에는 겨우 10만 명으로 그 수가 줄어든다.

"All People are equal except Native Americans." This phrase was stated in the Supreme Court of Law of the USA in 1868. After Columbus' discovery of the continent, the number of Native Americans, which once reached up to 5 millions, started to diminish while being exposed to various epidemics from Europe and mobilized to white men's wars. Native Americans also suffered from severe assimilation policies and exploitation of white men. The number of total Native Americans reached 100,000 in 1890, which was the year Native Americans surrendered to white men after years of battle.

시대별 인구 단위: 만명
number of people every twenty years

유럽에서 유입된 인구 단위: 만명
number of people immigrated from Europe

백인이 수탈한 영역
territory occupied by white men

원주민들이 자유롭게 활동했던 영역
territory originally belonging to Native Americans

1650

1713

1780

1800

1820

1840

1860

1880

1900

현재
today

1492 컬럼버스 북미대륙 발견 및 도착
Columbus' discovery of North America
1620 영국인 이민자 105명 제임스타운에 상륙
105 British immigrants arrive at Jamestown

1789 미합중국 탄생
Formation of the United States of America

1821~30	17
1831~40	60
1841~50	162
1851~60	253
1861~70	221
1871~80	280
1881~90	515
1891~1900	353
	873
	560

matsuda yukimasa, Tragic History of Native Americans, Poster

MASSACRE OF W

(CONTINUED)
9:00 a.m. by a line of foot soldiers and cavalry. Chief Big Foot,
Forsythe, in the center of the camp. A white flag flew there, place
was a dry draw, running east and west.
The Indians were ordered to surrender their arms before pro
began searching the teepees for hidden weapons. During this excite
blowing on an eaglebone whistle, inciting the warriors to action, de
protect them from the soldier's bullets. A shot was fired and all
Council warriors, killing nearly half of them. A bloody hand-to-hand
were armed mostly with clubs, knives, and revolvers. The Hotchkiss
inately killing warriors, women, children, and their own disarming s
in this desperate engagement.
Surviving Indians stampeded in wild disorder for the shelter
east in the draw, and north down Wounded Knee Creek. Pursuit
women and children, causing this battle to be referred to as th
men, women and children lay dead in Wounded Knee Creek va
of two miles from the scene of the encounter. Twenty soldiers
Wounded soldiers and Indians alike were taken to Pine Ridge
fall gathered up the Indian dead and buried them in a common
ument marks this grave.
"Ghost Dancing" ended with this encounter. The Wounded
tween the Sioux Indians and the United States Army

윤디드니, 파인리지 보호구역
Wounded Knee. Pine Ridge Reservation, SD, 2005

미국 원주민 노동자 초상 프로젝트
Native American Worker's Portrait, Photography 2005-present

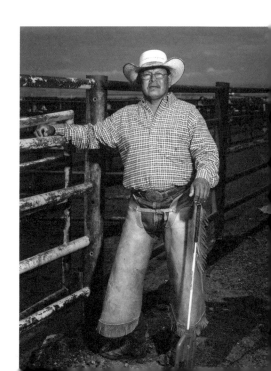

나바호 원주민 어린이들
Childrens, Navajo Reservation,shiprock, NM, Photography 2005-present

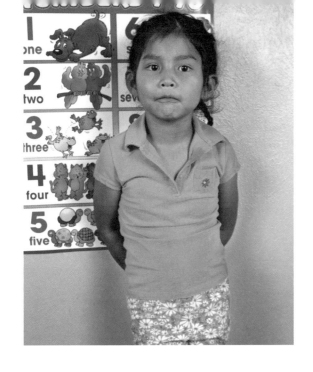

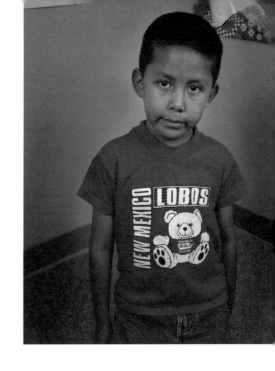

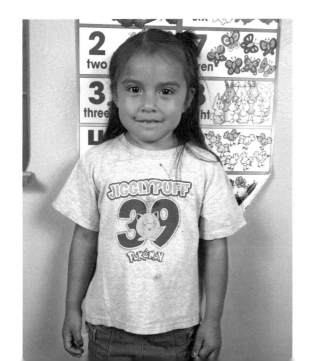

Oh, Great Spirit

O Great Spirit, whose voice we hear in the winds
and whose breath gives life
to all the world,
hear us.
We are small and weak.
We come to you to find strength and wisdom.
Let us walk in beauty
and make our eyes
ever behold the sunset.
Make our hands respect
the things you have made
and our ears sharp
to hear your voice.
Make us wise
so that we may understand
the things you have taught our relatives.
Let us learn the lessons you have hidden in every leaf and rock.
We seek strength,
not to be greater than our brothers and sisters,
but to fight our greatest enemy-ourselves.
Make us always ready to come to you
with clean hands and straight eyes.
So when life fades, as the fading sunset our spirit may come to you
without shame.

Prayer composed by Chief Yellow Lark, a Blackfoot Native

바람 곁에 당신의 음성이 들리고
당신의 숨결이 자연에게 생명을 줍니다.
나는 당신의 수많은 자식들 중에
힘없는 조그만 어린아이입니다.
내게 당신의 힘과 지혜를 주소서.

나로 하여금 아름다움 안에서 걷게 하시고
내 눈이 오랜 동안 석양을 바라볼 수 있게 하소서.
당신이 만드신 모든 만물들을 내 두 손이 존중하게 하시고
당신의 말씀을 들을 수 있도록 내 귀를 열어주소서.

당신이 우리 선조들에게 가르쳐준 지혜를
나 또한 배우게 하시고
당신이 모든 나뭇잎, 모든 돌 틈에 감춰둔 교훈들을
나 또한 깨닫게 하소서.

다른 형제들보다 내가 더 위대해지기 위해서가 아니라
가장 큰 적인 나 자신과 싸울 수 있도록
내게 힘을 주소서.
나로 하여금 깨끗한 손, 똑바른 눈으로
언제라도 당신에게 갈 수 있도록 준비시켜 주소서.

그리하여 저 노을이 지듯이 내 목숨이 다할 때
내 혼이 부끄럼없이 당신 품안으로 돌아갈 수 있도록
나를 이끌어 주소서.

자연과 사람을 위한 기도문 : 수우족 구전 기도문

느린희망

Alternative Created 대안을 생성하다

Such expression of faith presupposes analysis of numerous social issues; solutions and solicitations; persuasions and persecution; assertions and appeals; desire for power and struggle; and propaganda and publicity.

그 의사표명에는 한국 사회가 떠안고 있는 많은 문제와 그에 대한 수많은 대안과 설득, 권유와 호소, 주장과 비판, 권력을 향한 욕망과 투쟁, 선전과 홍보 텍스트들의 소통이 전제되어 있다.

Post Design: New Gener

포스트 디자인 : 새로운 디자이너의 탄생?

The modern boundary betweer

예술과 비예술_자율성과 타율성이라는 근대적 경계는 이제 해체되고 있다.

and heteronomy is being blurr

이러한 경계의 탄생과 직접적인 관계가 있는 디자인의 역사적 정체성 역시 이제 해체되고 있다.

# of design which necessitated s

이제 사람들은 더이상 관리와 계몽의 대상인 국민_타율의 디자이너_자율의 예술가등으로 자기를 동일시하지 않는다.

Now people do not identify the

그렇다고 권력에 일탈하고 저항하면서 자기를 반동일시하지도 않는다.

heteronomousdesigners or aut

이제 디자이너들은 이데올로기에 대한 '순응' 혹은 '저항'_'일탈'과 같은 대안없는 진실보다는

Nor do they counter-identify th

그러한 역사와 정체성을 해체하고 자기의 정체를 역동일시하기 시작한다.

They seek no solution in ideolo

디자인과 디자이너의 정체성이 새롭게 구성되고 있다.

deviation. Rather, they attempt

〈de—sign korea: 디자인의 공공성에 대한 상상〉 중에서

by way of disidentification. The

on of Designers?

rt and non-art and autonomy

Unclear is the historic identity

h boundary in the first place.

selves with the controlled,

omous artists any longer.

selves in defiance of authority.

cal conformity or defiance or

undo the past identifications

are recreating their identity.

de-sign Korea

'de-sign Korea: Imagination for Public Design' is an exhibition where designers raise issues about public design in social environment and imagine alternative solutions. Through the exhibition covering nine public categories ranging from public documents to concessionary booths to textbooks, bus stops, street toilets, odds and ends of yardage in the city and cyber space, designers and proactive design consumers vibe on the need to explore new possibilities as an alternative to the conventional pubic visual design that people have come to accept automatically and imagine about design that can be shared by the state and the people alike.

de-sign korea : 디자인의 공공성에 대한 상상

'de-sign korea : 디자인의 공공성에 대한 상상'은 우리를 둘러싼 환경과 공공디자인에 대해 디자이너들이 직접 문제를 제기하고 그에 대한 대안적 상상을 모색고자 마련된 전시이다. 이러한 맥락에서 그동안 수동적인 입장에서 무의식적으로 자연스럽게 받아들여왔던 일상의 공공적 시각 환경에 대해 이제 디자이너로서, 혹은 능동적인 디자인 사용자로서 새로운 디자인의 가능성을 탐색해야 한다는 필요성을 나누고자 한다. 증명서에서부터 거리상점, 교과서, 정류장, 거리화장실, 도시의 자투리 땅, 사이버공간까지 9가지 다층적인 공공환경을 아우르는 이 전시는 국가와 시민이 서로 공유할 수 있는 디자인을 상상하고자 마련되었다.

de-sign Korea 전시 로고와 심볼
de-sign Korea Exibition, Logo & Symbol, 2001

Quiet Aspiration

Alternative Created

Presidential Campaign Poster – Political Spectacle

노린캠핑

대인을 생상한다

대통령 선거포스터 스타 – 정치라는 이름의 스펙타클

Presidential Campaign Poster
– Political Spectacle

We are conscious of an election campaign season. Obviously, what we do during the campaign season is to choose some one. This is to exercise our right as citizens of a sovereign nation. An election, a defined procedure for exercise of sovereign right, is the expression of our faith that the person we chooseis capable of deciding public matters on our behalf. Such expression of faith presupposes analysis of numerous social issues, solutions and solicitations, persuasions and persecution, assertions and appeals, desire for power and struggle and propaganda and publicity. All these permeate our daily lives during campaign seasons walls plastered with posters and placards, stump speeches, infomercials on TV, radio and the internet, talks in restaurants, taxis, subways, etc. All campaign communications boils down to the "who" question. Who is it going to be? This "who" question determines the "what" question in the future of the nation's politics. The commander in chief is not only an individual but also the symbol of a nation's politics. That's why presidential campaign posters are worthy of notice.

대통령 선거 포스터
Presidential Campaign, Poster, 2001

대통령 선거 포스터 ─ 정치라는 이름의 스펙타클

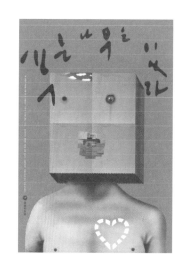

"국민연금이 바닥이라면서, 정권이 바뀌면 무슨 대책이라도 있나?" "JJ가 집권하면, 집값이 많이 뛸 거야." "내년에도 집 장만은 꿈도 못 꾸겠는걸." "KT가 당선되면, 경제문제 걱정은 좀 덜 수 있지 않겠어?" "어차피 그 밥에 그 나물 아니겠어?" "그래서 자네는 누굴 찍을 건가?"

우리는 선거철이라는 특정한 시간 구분을 인식하면서 살고 있다. 우리가 선거철이라는 특정한 시간 속에서 하게되는 행위는 누군가를 선택하는 일, 주권을 행사하는 것임은 두말할 것도 없다. 주권을 행사하는 합리적인 절차로서 선거는 특정한 인물을 선택함으로써 공공의 문제를 해결할 수 있는 핵심주체, 대표를 세우겠다는 전 국민의 의사표명이다. 그 의사표명에는 한국사회가 떠안은 많은 문제와 그에 대한 수많은 대안과 설득, 권유와 호소, 주장과 비판, 권력을 향한 욕망과 투쟁, 선전과 홍보 텍스트들의 소통이 전제되어 있다. 그러한 이야기들은 벽보와 포스터가 붙어 있는 거리, 유세장, 안방의 TV, 라디오, 인터넷, 그리고 식당과 택시, 지하철 같은 우리가 일상적으로 생활하는 공간을 가로지른다. 그러나, 무엇보다도 그 수많은 텍스트들은 특정한 인물에 대한 정보를 중심으로 분산되고 통합된다. 즉, 누구를 선택할 것인가에 대한 문제는 한 국가의 정치 향방을 결정하는 것과 다름없다. 따라서 한 국가의 최고 통치권자인 대통령은 개인으로서 구체적 실체이기도 하지만, 한 국가를 가늠하는 정치문화의 상징적 표상이기도 하다. 우리가 대통령 선거 포스터에 주목하려는 이유가 바로 여기에 있다.

대통령이 국가권력과 국가정책을 포함한 정치문화의 상징적 표상이라는 명제를 수긍한다면, 거리의 벽보와 포스터에서 대통령을 만나는 것은 단순히 대통령 후보의 얼굴을 구경하는 것이 아니라, 국가권력을 상징하게 될 공적인물과 대화하려는 의지를 담보하고 있음을 염두에 두어야 한다. 대통령 선거는 곧 한국사회의 정치커뮤니케이션이 의식적으로 이루어지는 핵심적인 현장이다. 우리는 전통적 기능을 담보하는 포스터는 물론이거니와 정치커뮤니케이션의 상징적 지면형식으로서 대통령 선거 포스터를 상상하고자 한다.

Quiet Aspiration

Alternative Created

Presidential Campaign Poster – Political Spectacle

느린걸음

대안을 생성하다

대통령 선거포스터 – 정치라는 이름의 스펙터클

선거와 우리 : 1997년 대통령 선거를 기억하며

대통령 선거 포스터에 대한 디자인적 상상은 우리의 정치 커뮤니케이션이 이루어지는 '환경'과 '조건'을 이해하는 것으로부터 시작된다. 1997년 선거는 3김시대가 드디어 끝나는가 싶은 묘한 안도감과, 여야 정권교체, 지역분할구도의 재편성 등 몇몇 정치사적 의미가 있는 선거였다. 출발은 그런대로 괜찮았다. 그러나, 정권이 교체되자마자 우리는 국가적 위기라고 떠들썩했던 IMF체제에 발을 들여 놓았고, 획기적인 전환은커녕 오히려 이전 정권의 짐마저 몽땅 떠안고 어둡고, 무겁게 출발할 수밖에 없었다. 1997년 선거에 대한 기억을 우리가 상상하고자 하는 지면형식의 입구로 삼은 것은 거기에 우리의 상상이, 미래가 숨어 있기 때문이다. 선거는 우리에게 어떤 의미가 있는가. 선거가 이루어지는 지역적 조건은 무엇인가? 유권자는 얼마나 되며, 유권자가 생각하는 대통령의 이미지와 능력에 대한 여론조사는? 선거는 어떤 합리적 절차와 과정을 밟게 되는가. 출마를 선언하고, 예쁘게 단장하며, 유세와 선거운동, 각종 선전 홍보, 미디어 정치를 거쳐 투표, 개표와 취임까지 선거가 이루어지는 동안 동시적으로 우리 일상의 모습은 어떠했는가. 전 대통령 아들의 비리, 북한 수뇌부의 망명, 청소년 폭력, 장애인 홀대, 비행기 추락, 지하철 사고, 쓰레기 매립문제 등등. 1997년 우리의 일상에는 선거가 이루어지는 기간에도 수많은 의제가 발생했고, 이슈화되었다. 대통령의 이미지는 모두 이러한 제반 환경, 조건과 밀접한 관련이 있음은 두말할 것도 없다. 따라서, 개인과 집단의 정치 커뮤니케이션, 지역과 미디어 정치 커뮤니케이션을 중심으로 지면형식을 재구성하는 이유는 바로 거기에 있다.

선거와 우리 : 1997년 대통령 선거를 기억하며
Election and Us, Exibition Graphic, 2001

코리안특급 박찬호 신드롬

10.25

원화값 폭등사태

11.08

남양주시 차산리 주민들,
8년 투쟁 끝 골프장 건설 저지

11.13

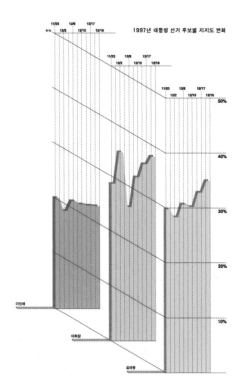

1997년 대통령 선거 후보별 지지도 변화

1997년 대통령 선거 지역별 득표율

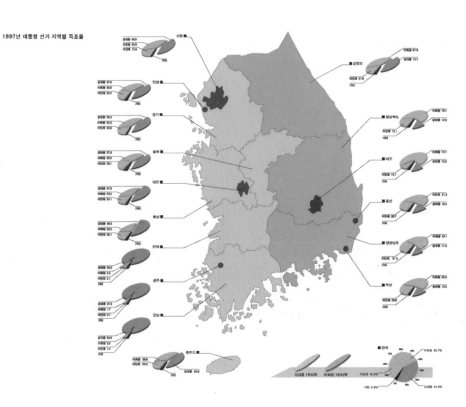

선거와 우리 : 1997년 대통령 선거를 기억하며
Election and Us, Exibition Graphic, 2001

대통령 선거 포스터: 사고와 행위의 주체로서 인물

누구나 지난 사진첩이나, 주민등록증에 박혀 있는 과거의 얼굴을 볼 때마다 그 촌스러움과 낯선 모습 때문에 한바탕 웃게 마련이다. 보고 있으면 웃음을 참을 수 없는 포스터가 있다. 바로 대통령 선거 포스터다.

지난 대통령 선거 포스터를 보고 웃는 것은 동시대를 사는 우리의 미학적 감수성으로는 동의할 수 없는 촌스러운 반명함판 증명사진과 표정의 심각함 때문이지만, 우리가 정말 그들을 우습게 여기는 것은 그 비장하고 권위적인 이미지와 그들의 실체가 동일하지 않다는 사실을 누차 확인했기 때문이다. 그래서 누군가 그 얼굴에 콧구멍을 파고 눈썹을 지우지 않아도, 그것과 똑같은 반응을 보이는 것이다. 대통령 선거 포스터를 늘어놓고 보고 있으면 먼 과거뿐만 아니라 비교적 가까운 과거 역시 비슷한 형식을 유지하고 있음을 알게 된다. 이미지의 생생한 현장성, 감흥이나 사색의 여지가 없는 박제된 메시지. 상당부분 이미지는 후보의 얼굴로 제한되고, 이미지와 슬로건은 따로국밥이기가 십상이다.

왜 대통령 선거 포스터는 이미 성장과 발전을 거듭한 커뮤니케이션 환경 속에 사는 국민에게 낡은 형식을 강요하고 있는 것인가. 여전히 공존하는 대중의 저급한 시각적 감수성을 탓할까? 디자이너의 무책임한 조형행위를 탓할까? 1990년대 들어서 유화된 표현과 광고 마케팅이 차입된 선거포스터가 나붙고, 우리의 정치커뮤니케이션 생산물도 변모하는 기색이 감돌았다. 그러나 대중을 의식한 그러한 표현 방식들은 인물의 질적 변화를 담보하는 방식으로 승화되지 못하고, 오히려 일방적 내뱉기로 대중을 수동적 수신자로 가두게 되었다. 결국, 한국사회의 정치적 상상력의 부재는 이미지와 타입을 통한 풍부한 소통의 확장 가능성을 가로막는 셈이다.

모든 디자인된 생산물은 그 생산물이 만들어지는 환경과 조건에 의해서 결정되며, 그것은 사회문화적인 의제를 포함하기 마련이다. 우리가 웃게되는 정치포스터는 우리의 정치현실을 반영하고 있다고 해도 과언이 아니다. 따라서, 역으로 정치와 선거 제도에 대한 성찰과 상상력의 부재, 미결된 공동의 문제가 산재한 사회는, 낡은 형태의 선거포스터, 동일한 메시지의 재생산, 내용이 부재한 형식주의를 거듭하게 되는 것이다. 그렇다면 고도로 상업화된 메커니즘을 더욱 견고히 하고 새로운 조형, 이상적인 인물 만들기, 세련된 색, 멋진 레이아웃, 이런 것들이 이상적인 정치 커뮤니케이션을 보장해줄까? 그렇다면, 어떤 지면형식을 말하는 것인가?

대통령 선거 포스터의 지배적인 현상은 인물 중심이다. 우리도 결국, 인물을 이야기하게 될 것이다. 인물을 제외하고는 그의 존재를 증명할 길이 없고, 상상할 수도 없다.

그렇다면 그동안의 선거 포스터는 인물을 보여주지 않았는가? 물론 인물이 있다. 문제는 인물만 있다는 것이다. 그의 얼굴만 있다는 것이다. 우리는 인물로서 '나'라는 의식적인 존재가 정말 거기 있느냐를 질문한다.

대통령 선거 포스터: 사고와 행위의 주체로서 인물
Personality Information Graphic, Poster, 2001

Quiet Aspiration

Alternative Created

Presidential Campaign Poster - Political Spectacle

논현경남

대인월을 생성하다

대통령 선거포스터 - 정치라는 이름의 스펙타클

인물이 거기, 포스터 안에 있다는 것은 생명력 있는 모습으로 유권자에게 다가가야 한다는 것이다. 대통령도 메이크업을 한다는 사실을 알았을 때 코웃음이 나온 기억이 있다. 임기 말에 가까워져, 동정표를 얻고 싶을 때는 머리를 희끗하게 하고, 대통령이 노령 때문에 일이나 잘할까 싶은 의혹이라도 들면 두터운 분치장에 새까맣게 염색도 한다. 어떤 전직 대통령은 엄청난 범죄를 저지른 범법자에서, 가신들을 끝까지 보살펴 준 웃지 못할 미담의 주인공으로 변신하기도 했다. 특정 '도' 출신이라는 것만으로 대화합의 상징이 되기도 하며, 그가 출신 고향, 고등학교, 대학교라는 한국판 하이클래스의 연고를 다 갖추었다면 다크호스로 비상하기도 한다. 불심검문을 당하듯 증조부의 고향까지 말해야 하며, 국적은 바꿀 수 있어도 학적은 바꿀 수 없다. 고향과 학벌 등을 대한민국 모든 국민의 운명으로 만들었던 자들은 바로 그들이었다.

이른바 5공청문화를 기억해보자. 버릇 나쁜 권력자들보다 그것을 심판하고 추궁하는 정치인이 주목받고, 그 선명한 희비가 생중계되었으며, 정치인도 스타가 될 수 있음을 증명한 사건으로 기억하는 것도 우리가 아니다. 그들을 스타로 만들어 준 일등공신은 바로 비리 권력자들이었던 셈이다. 그러나, 그때 우리가 잠깐이나마, 정치인을 존경하거나, 정치인을 대접하고 싶게 만들었던 것은 정치인의 발언은 곧 그의 생각이며, 발언하는 정치인은 곧 행위하는 주체임을 목격했기 때문이다. 그러한 경험을 통해서 기억하고 있는 정치인들의 이미지는 지금도 여전히 건재하다.

대통령의 고향과 학벌보다는 다른 것, 인물의 얼굴보다는 생각을 알고 싶고, 인물을 지지하고 변호하는 자들과의 관계보다는 여러 세대와 계층들과의 관계를 알고 싶다. 설사 그의 이름을 몰랐더라도 인물을 알고 있노라고 말할 수 있으면 싶다. 무엇보다도 인물과 국민과의 관계를 알고 싶다.

인물을 어떻게 형상화할 것인가의 문제를 놓고 고민하는 첫 번째 주어는 대통령 후보인 '나'라는 인물이 생각과 행위의 주체임을 밝히는 것이며, 그것은 곧 대통령과 국민과의 관계를 규명하는 일이다. 다시 말해서 사상, 생각, 언어, 의지, 신념, 감정, 행위 등의 주체로서 '나(인물)'를 이루는 안팎의 세계는 서로 간섭하고 관계 맺고 있으며 그것은 국가를 구성하고 있는 국민 혹은 환경과의 관계를 시각적으로 표현함으로써 드러난다. 따라서 대통령 선거 포스터에서 우리가 주목해야하는 것은 인물의 퍼스낼리티를 통해서 세계와의 관계를 표현하는 방식, 시각적 설득의 기술과 그것을 결정해나가는 과정이다. 그렇다면, 일상을 채우고 있는 많은 사물들, 사람들, 말하고자 하는 진지한 이야기 등은 인물과의 관계 속에서 또 다른 의미작용을 만들어 낼 것이다. 인물의 얼굴이 작으면 어떤가. 옆모습과 등을 보이면 어떤가. 인물을 상징하는 사물과 주변의 인물이 적극적인 소통을 유도하면 어떤가. 세트장의 답답한 증명사진이 아니라 그에 대한 성실한 다큐멘터리면 어떤가. 숫자가 작아지면 안되나, 숫자가 없으면 안되나, 이름이 없으면 안되나. 이미 지면의 모든 구성요소들이 인물을 이야기하고 있는데 말이다. 그러한 말하기 방식이 결정되면, 기왕에 존재하는 그래픽 요소들은 본래의 기능(숫자와 슬로건, 활자는 잘 보여야 하며, 생각은 분명히 전달되어야 하고, 이미지가 전달하고자 하는 메시지 역시 분명해야 한다)을 다하면서 인물의 이미지를 창출하는데 기여해야 하며, 구성요소들은 모두 인물을 중심으로 통합되어야 한다. 예컨대 숫자의 모양은 왜 뾰족해야 하는지, 왜 두꺼워야하는지, 인물의 행위와 숫자 모양의 관계는 어떻게 해석할 수 있는지, 슬로건은 어디에 두어야 하는지, 서체는 그 메시지를 제대로 읽을 수 있도록 선택되었는지 등에 대한 통합적 노력이 필요하다. 그리고 이 모든 지면 요소의 통합은 최종적으로 대통령 후보의 전체적인 '이미지'를 형성하고, 전달하는 것이다.

정치커뮤니케이션의 말하기 방식에 대한 상상이 시작되었다면, 우리는 조금 더 나아가서 더 현실적이며, 역동적이고, 생산적인 활동을 지원하고 설득하는 여러가지 형태의 기능적 포스터도 얼마든지 생산할 수 있을 것이다. 한국사회의 정당 간의 공방은 언론이나 전당대회 등을 통해서 이루어진다. 시각언어의 힘에 대한 일천한 경험과 인식의 부족 탓이겠지만, 하나의 이슈를 놓고 정당 간의 합법적 공방이 이루어진다고 상상한다면, 보다 풍부한 시각언어의 확장을 통해서 정치문화의 성숙을 이루어 낼 수도 있을 것이다. 그 밖에도 기왕에 이루어지는 선거라면, 그 권력창출의 이벤트를 보다 신명나게, 투명하게 즐기고 기념할 수 있는 풍토를 만드는 다양한 기능적 포스터, 예컨대 기념 포스터나 참여포스터 등도 충분히 상상할 수 있어야 한다. 아무리 생각해도 그게 좋지 않겠는가. 쓸데없이 향응을 베풀고, 기권표는 늘어나고, 금권에 놀아나는 것보다, 우리가 다함께 공유할 수 있는 메시지를 안방에 걸어 놓고 두고두고 볼 수 있는 정치문화 환경을 만드는 것이, 좋지 않겠는가 말이다.

▶
대통령 선거 포스터: 사고와 행위의 주체로서 인물
Presidential Campaign, Poster, 2001

4 상쾌한 전환! 진보정치와 함께 가는 <u>김 우 룡</u>

대통령 선거 정책 커뮤니케이션
Policy Communication Graphic, Exibition Graphic, 2001

대통령 선거 정책 커뮤니케이션 – 정책의 운행과 질서로서 디자인

우리가 대통령 포스터를 디자인할 대상으로 삼고 그것을 상상하는데 있어서, 하나의 축을 인물의 퍼스낼리티에 두었다면, 그 인물이 주체로서 공동의 문제를 해결하려는 구체적인 대안들을 담는 지면형식을 다른 축으로 삼을 수 있을 것이다. 그것은 곧 정책 소통의 문제를 중심에 둔다는 말이다. 한국사회에 존재하는 정당들의 정당정책은 제각각 별로 다를 것도 없고 그렇다고 특별히 같은 것도 없다. 구 정권이 최대의 치적이라 자랑한 정책도 새 정권이 들어서면 없어져야 할 정책으로 변하는 것을 여러 번 목도하지 않았는가. 국민의 삶의 질 운운하며 시행된 정책이 실상은 국민 부담만 가중시키는 경우도 허다하다. 안정성과 형평성을 잃어버린 정책은 옛날이 더 살기 좋았다는 보수적 심리마저 부추긴다. 정책이 각 계급과 계층, 여러 이익집단의 벽을 더 높게 쌓는 결과를 낳을 때 국민들은 너와 내가 법 앞에서 평등한, 주권을 가진 똑같은 국민임을 인정할 수 없게 되는 것이다. 정책의 기초가 합의에 있어야 함은 바로 이 때문이다.

정책이란 모든 국민의 의무와 권리를 조화시키는 일이다. 누군가는 의무만을 지며, 누군가는 권리만을 구가할 때, 상대적 박탈감은 커지며 정책에 대한 신뢰는 떨어진다. 세금이 올라갔다면 오른 만큼의 권리가 어디 있는지도 알려줘야 한다. 정책은 공상이 아니라 땅을 다지는 것이다. 정책이 수립되고, 의결이 이루어지면, 정책은 우리의 일상을 지배하고, 규제한다. 따라서, 정책에 대한 올곧은 이해와 소통이 이루어지지 않는다면 그 정책은 국민들의 분열과 불만, 이익을 위한 분쟁만 낳을 뿐이다. 공동으로 살아남기 위해 해결해야 할 여러가지 문제들을 드러내고, 주목하며, 인지하고, 행동하는 일련의 커뮤니케이션 과정은 선거의 핵심이며, 투표 행위를 결정짓는 중요한 판단기준이 된다.

결국, 국민에게 정보를 전달하고, 설득하고, 교육하고, 호소하는 즉, 정책을 운행하고 질서를 세우는 바로 거기에 커뮤니케이션 디자인의 문제가 발생한다.

그렇다면 우리는 무엇을 대안으로 상상할 수 있을까. 우리가 상상하는 정책의 운행과 질서로서 디자인은 정책정보에 대한 국민들의 인식과 이해를 목적으로 두는 것이다. 예컨대 한 정당의 정책이 20가지라면, 우리는 그 정책을 통합적으로 인식할 수 있는 방법을 모색해야 한다. 정책은 서로 연결되어 있다. 그것은 개별적인 문제임과 동시에 공통적인 문제들로 해석될 수 있다. 예컨대 장애를 이야기하면, 그 안에 인식의 전환으로서 교육, 도로 교통문제, 고용문제, 시설문제 등 복합적인 문제가 얽혀있다. 여성이나 노동, 통일의 문제도 마찬가지다. 모든 정책은 서로 연결되어 있으며 그것은 한두 가지의 문제해결로 해소되지 않는다.

그것을 설명하기 위해서 시각커뮤니케이션의 다양한 방법적 모색이 필요하다. 정보의 동시성을 보여주는 정보그래픽, 통계정보 그래픽을 통한 현실적 설득, 은유와 상징 혹은 리얼리티의 복원을 통한 문제의 인지와 주목, 놀이와 학습을 통한 문제 접근의 용이 등 너무나 다양한 말하기 방식을 생각해 볼 수 있다. 무엇보다도 이러한 정책의 활자화와 이미지화는 국민들의 삶의 결을 헤아리는 혼이 담겨져 있어야 한다. 그것은 일방적인 커뮤니케이션을 거부하겠다는 선언으로부터 시작된다. 예컨대 장애인이 실제 움직이는 거리를 일목요연한 그래픽 타임테이블로 표현한다면, 갯벌 환경파괴에 관한 정책을 설명하고 전달하는데 있어 한 장의 브로슈어가 학습도감의 다각적 기능을 수행한다면, 우리는 정책 자료집을 들고 한달음에 집에 달려와 그것을 읽을지도 모를 일이다. 거기에는 잘 정돈된 활자와 분명하고 아름다운 메시지들이 공존하고 있어야함은 두말할 것도 없다.

어떤 지역사회의 의원이 재임시 내세웠던 정책을 이행하지 않았다는 이유로 고소당한 적이 있다. 물론 법적 판결은 '공약 불이행은 죄가 되지 않는다' 라고 내려졌지만, 도덕적 판결은 그렇지 않을 수 있을 것이다. 왜냐하면 그 시민에게는 그것이 생존의 문제일 수 있기 때문이다. 그의 공약을 철저히 믿었던 순진한 시민에게 측은한 마음이 들지만, 무엇보다도 여전히 우리 사회의 정치적 역량과 문화적 성숙은 갈 길이 멀다는 생각을 하게 된다. 역설적이게도 그의 말, 약속이 활자화된 홍보브로슈어는 비리와 거짓말, 음모와 허세의 물증으로서 기능한 셈 아닌가. 활자와 이미지는 곧 정책에 대한 약속과 그 이행의 보고서로서. 실천에 대한 예언서로서 존재해야함이 마땅하다. 상상하지 못했던 것, 불가능한 것일수록 행동과 실천이 절실하고, 빛나는 법이다. 우리가 말하고자 하는 포스터의 인물과 지면형식에 대한 상상은 '이제 한번 해보자'라는 것이다. 우리는 커뮤니케이터로서 진정으로 대통령과 이야기하고 싶다. 그의 부동의 흉상이 아니라. 국민의 삶의 결을 헤아리고, 국민과의 관계를 끊임없이 규명하려는 멋있는 대통령, 정치문화를 만나고 싶다.

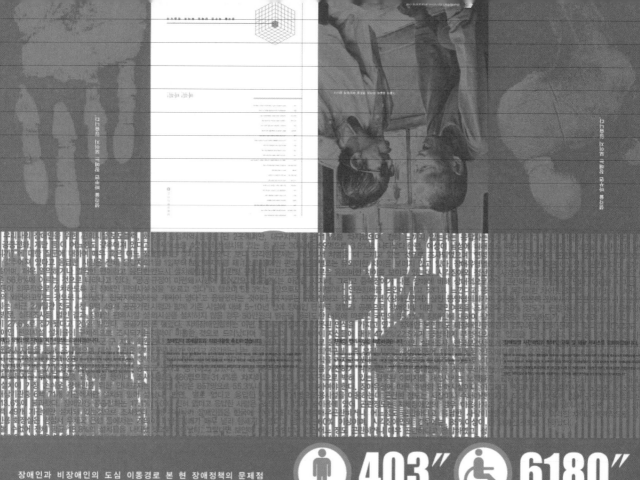

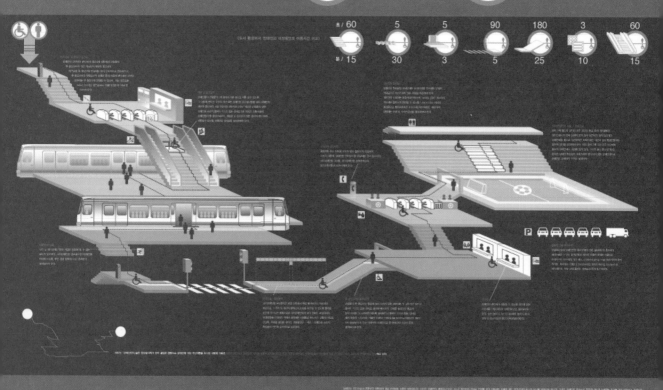

대통령 선거 장애인 정책 브로슈어
Presidential Campaign Disabled People Policy, Broucher, 2001

대통령 선거 여성 정책 브로슈어
Presidential Campaign Women Policy, Broucher, 2001

Promoting Cultural Activism

More than a decade after the 1988 Seoul Olympic Games, Korea became the co-host of another world sporting event. The 2002 FIFA World Cup was the venue of fierce design competition between Korea and Japan as they were the two co-hosts of the Game. While the visual images produced during that period were highly accomplished, the one that astonished Koreans and the world alike was not the work of some famous designer. It was the red tides of 'Be the Reds' that inundated entire Korea. The world press rushed to cover the overwhelming red tides that were unprecedented in the world history. How can we explain the visual identity of the Red Devils? What does it mean? It brought out the strongest from the Korean people that no other event had done in the history of Korea. It made people to pour out onto the streets and join the merry crowd to celebrate the festival, day and night, with the national flag tied around their neck or head. Everybody was proud of being Korean. It is very difficult to interpret the meaning of this identity fully. However, one thing is certain that the festival was initiated by the people. National sporting events often used for political propaganda had been transformed into a new form of cultural activism by people as the civil society matured. This is a series of posters produced by AGI Society in cooperation with the People's Solidarity for Cultural Action in promotion of cultural activism.

문화사회 만들기

88올림픽을 치르고 약 10여 년이 지난 2002년, 또 하나의 세계적 행사인 한일 월드컵이 개최되었다. 한일 월드컵은 말 그대로 두 나라가 공동으로 주최하는 행사라 양국의 경쟁도 만만치 않았다. 이때 만들어진 시각 이미지들은 기술적으로 완성도가 높은 것이었다. 여기서 우리 자신과 세계인을 놀라게 했던 시각문화의 힘은 몇몇 유명 디자이너들만의 작품이 아니었다. 'Be the Reds!'라는 글귀가 적힌 빨간 물결로 도배한 '붉은 악마'의 시각적 정체성은 세계 어떤 나라에서도 볼 수 없는 진풍경이었다. 세계는 이 붉은 물결을 앞다투어 보도했다. 도대체 이것의 의미는 무엇일까? 2002년 월드컵은 국풍81이, 88올림픽이 못 이뤄낸, 한국 역사상 가장 강력한 참여 열기를 끌어낸 자발적 축제였다. 누가 먼저라고 할 것 없이 태극기를 머리에, 목에, 망토처럼 둘러매고, 밤이고, 낮이고 거리를 돌아다녔다. 모두가 자신의 코리아를 외치며…. 이 정체성의 의미를 온전히 해석하기란 무척 어려운 일이다. 그러나 분명한 것은 그것이 시민들의 자발적인 문화 행위에 바탕을 두었다는 점이다. 한때 다분히 정치적인 음모가 담겨 있던 국가 주도형의 스포츠 행사가 시민 사회의 성장과 더불어 이제 새로운 축제의 놀이 문화로 변모했던 것이다.

'닭장차' 없는 세종로가 '진짜 세종로'다

2005년 7월 12일 한국 정부와 미국 정부는 '주대한민국 미합중국대사관 청사 이전에 관한 대한민국 정부와 미합중국 정부간 양해각서'를 체결했다. 이로써 서울 종로구 세종로에 위치한 미 대사관 청사가 용산구 용산동으로 옮겨가고, 세종로가 제 모습을 찾을 수 있는 길이 비로소 열렸다. 그런데 세종로는 어떤 길인가? 서울특별시 종로구 세종로 139번지. 비각에서 세종로 1번지 광화문에 이르는 가로街路로 길이 0.6㎞, 너비 100m이며 수도 서울과 한국의 정치·경제·사회·문화를 상징하는 중심도로이다. 왕복 16차선으로, 일반국도 제48호선이다. 남쪽으로 태평로太平路와 이어지고 새문안길·종로·사직로와 교차한다. 도로 가운데를 지하철 5호선이 가로지르고 3호선과 1호선이 가까이 있다. (…) 역사적으로는 태조 이성계가 한양을 건설할 때 너비 58자[尺] 규모로 뚫은 대로로서, 정부 관서인 6조六曹와 한성부 등의 주요 관아가 길 양쪽에 있다 하여 '육조앞' 또는 '육조거리'라 불렸다. (…) 일제강점기에는 '광화문통光化門通'이라는 일본식 이름으로 불리다가 1946년 10월 1일 옛 중앙청 정문에서 황토현 사거리까지의 길이 500m 구간을 도로로 지정한 뒤 세종의 시호를 따서 세종로라는 명칭을 붙였다. 도로 너비도 일제강점기에는 53m로 축소되었다가 1952년 3월 25일 현재의 너비로 확정되었으며, 1984년 11월 7일 가로명 제정 시 세종로 사거리에서 중앙청까지로 기점 및 종점을 변경하고 길이도 현재와 같이 되었다.

'나라의 중심'이 겪었던 수난들

세종로의 가장 중요한 의미는 바로 '중심성'이다. 광화문은 조선의 정궁인 경복궁의 정문이다. 이러한 광화문에서 남쪽으로 뻗은 길인 세종로는 나라의 중심이라는 상징적 의미를 지니고 있다. 뿐만 아니라 일본 강점기 때에 '도로원표道路元標' 제도가 도입되면서 세종로는 실제 나라의 지리적 중심이 되었다. 모든 거리의 기점이 되는 도로원표는 1914년에 현재의 이순신 장군 동상 자리에 처음으로 설치되었으며, 1935년에 '고종즉위40년 칭경기념비전高宗卽位四十年稱慶紀念碑殿' 안으로 옮겨졌고, 1997년에 태평로로 옮겨졌다. 세종로의 '중심성'은 그 '역사성'에서 비롯되는 것이다. 태조 이성계가 서울을 건설할 때 세종로를 나라의 중심으로 만들었는데 바로 이 때문에 일제는 경복궁과 광화문을 훼손한 것과 마찬가지로 세종로를 크게 훼손했다. 본래 경복궁의 정전인 근정전과 광화문과 세종로는 일직선상에 자리 잡고 있었다. 그런데 일제는 남산에 '조선 신궁'을 건설하고(1925년) 그것과 마주보도록 광화문과 근정전 사이에 총독부 청사를 건설하면서(1926년) 세종로를 '조선 신궁'을 향하도록 개수했다. 이러한 일제의 '문화침략정책'으로 말미암아 세종로는 근정전-광화문 축에서 동쪽으로 5도 정도 어긋나게 되었다. 이어서 일제는 광화문을 부숴 없애려다가 큰 반대에 부딪혀서 그렇게는 못하고 경복궁의 동문인 건춘문의 북쪽으로 이전했다(1927년). 광화문은 한국전쟁 때에 그만 문루가 폭격으로 불타고 말았다. 박정희는 1968년에 광화문을 '복원'하면서 목조건물인 문루를 시멘트로 만들었으며, 그나마 원래의 자리에서 13m 뒤로 물러난 자리에 세우고, 또한 망가진 세종로와 일직선을 이루게 했다. 이로써 박정희가 쓴 현판을 이마에 붙인 '사이비 광화문'이 사라진 '조선 신궁'을 향해 서게 되었던 것이다.

통치와 감시의 거리로 전락한 세종로

세종로의 '중심성'을 되살리기 위해서는 그 '역사성'을 가능한 한 되살려야 할 것이다. 그러나 그렇다고 해서 세종로를 다시 원래의 '육조 거리'로 만들어야 한다는 것은 아니다. 세종로는 이미 너무나 많이 변형되었다. 되살릴 수 있는 것은 가능한 한 되살리되 사회의 변화를 올바로 반영해서 세종로의 가치를 잘 살려야 할 것이다. 이런 점에서 무엇보다 중요한 것은 본래 왕조의 공간적 중심이었던 세종로가 대한민국의 수립과 함께 민주공화국의 공간적 중심으로 변모했어야 했다는 사실이다. 헌법 제1조는 대한민국을 민주공화국으로 규정했지만, 대한민국은 오랫동안 독재에 시달려야 했다. 이런 사실을 고스란히 반영한 세종로는 오랫동안 '시민의 거리'가 아니라 '통치의 거리'이자 '감시의 거리'였다. 세종로가 이렇게 되었던 이유는 두 가지다. 첫째, 이곳은 최고 통치자의 공간인 청와대로 나가는 커다란 길목이었다. 따라서 역대의 독재자들은 시민들이 세종로를 장악하지 못하도록 강력한 '방어선'을 구축했다.

'비각'이라는 표현은 틀린 것이다. '전'은 왕의 건물이고, '각'은 높은 신하의 건물이다. '비각'은 일제가 '비전'을 낮춰 부른 것이다. 이런 잘못을 '백과사전'에서조차 고스란히 되풀이하고 있을 정도로 일제의 영향은 뿌리 깊다.

세종로에 자리 잡은 미국대사관. 이 앞에는 24시간 작동하는 감시카메라와 전경들의 '인의 장막'으로 인해 지나가는 이들에게 불쾌감을 준다.

이와 함께 독재자들은 세종로를 정치적으로 활용하고자 애썼다. 예컨대 박정희 시대에는 세종로 네거리에 커다란 아치를 세우고 그 위에 커다란 글씨로 온갖 계도성 표어를 써붙여 놓고는 했다.

둘째, 미 대사관이 청와대와 지척인 세종로에 자리 잡았다. 세계 어디서나 미 대사관은 삼엄한 경계의 대상이다. 미국 정부는 미 대사관 옆으로 지나가는 모든 시민들을 24시간 감시하고 있다. 전경들이 '인의 장막'을 치고 있을 뿐만 아니라 미 대사관 담장 밖에는 수십 개의 가로등 형 감시카메라가 설치되어 있다. 이 때문에 지금 세종로는 극히 불쾌한 거리이다.

'닭장차'와 이순신 동상 없는 '시민의 거리'로

이제 세종로는 민주공화국을 상징하는 '시민의 거리'로 다시 태어나야 한다. 민주화는 이러한 변화를 가능하게 하는 가장 커다란 구조적 조건이다. 또한 미 대사관의 이전은 그 자체로 민주화의 한 성과이면서 세종로의 변화를 가능하게 하는 가장 중요한 물리적 조건이다. 이제 세종로는 시민들이 자유롭게 활보할 뿐만 아니라 자유롭게 의견을 제시하고 토론하고 합의하는 곳으로 변모해야 한다. 참으로 거리의 흉물이라고 하지 않을 수 없는 칙칙한 모습의 전경들과 '닭장차'들은 세종로에서 모두 사라져야 한다.

물론 시민들은 서로 배려하고 존중하는 방식으로 이곳을 이용해야 할 것이다. 시민들이 너도나도 무조건 목소리를 높이는 방식으로 세종로를 이용하고자 한다면, 세종로는 '시민의 거리'가 아니라 '난민의 거리'로 타락하고 말 것이다.

세종로가 명실상부한 '시민의 거리'로 다시 태어나려면 우선 네거리에 자리 잡고 있는 이순신 동상을 하루빨리 현대미술관으로 옮겨야 한다. 이 동상은 박정희의 지시로 당시 서울대 미대 교수였던 조각가 김세중이 제작해서 1968년 4월 27일에 건립되었다. 그 동안 이 동상의 문제에 대해서는 많은 지적들이 제기되었다. 예컨대 오른손으로 칼을 쥐고 있다거나, 칼이 비례에 맞지 않게 너무 크다거나, 이순신 장군의 표정이 너무 어둡다거나, 또한 이순신 장군이 고개를 떨구고 있다거나 하는 것들이다.

그러나 가장 중요한 문제는 정치적 배경에서 비롯된다. 요컨대 독재자 박정희가 자신을 충무공 이순신 장군과 같은 충절의 인물로 표상하기 위해 세종로에 이렇듯 무서운 모습의 동상을 세웠다는 것이다. 서울시는 2004년 2월 16일에 이 동상을 부근의 '열린시민마당'으로 이전하겠다는 계획을 발표했다. 그러나 이 계획은 결국 포기되고 말았다. 이것은 대단히 큰 잘못이 아닐 수 없다. 세종로 네거리에서 광화문, 경복궁, 백악을 시원하게 바라볼 수 있어야 한다. 이순신 장군의 동상은 현대미술관에 전시되고 평가되는 것이 옳다.

미술관, 음악당, 도서관, 박물관이 있는 '문화의 거리'로

이제 세종로는 '문화의 거리'로 다시 태어나야 한다. 세종로의 북쪽에는 경복궁이 자리잡고 있고, 서쪽에는 정부종합청사와 외교부 청사, 세종문화회관 등이 자리잡고 있으며, 동쪽에는 문화관광부와 미 대사관, 정보통신부와 교보빌딩이 자리잡고 있다. 앞으로 미 대사관이 이전하고 행정도시가 완공되면, 지금의 미 대사관과 각종 정부 청사들은 문화시설로 전용되어야 한다.

특히 문화관광부(2천평)와 미 대사관(2천평)은 미국의 차관으로 건설되어 1961년에 완공된 것으로 중요하게 보존되어야하는 건물들이다. 이 건물들은 예컨대 미술관으로 다시 태어날 수 있다. 선진국의 도심에는 미술관, 음악당, 도서관, 박물관 등의 4대 문화시설들이 자리잡고 있다. 도심은 시민들이 가장 쉽고, 가장 많이 모이는 곳이므로, 그곳에 이런 문화시설들을 설치해 시민들이 일상적으로 문화생활을 하고, 그 결과 사회의 문화수준을 높이기 위한 숙고의 산물이다. 우리도 이런 정책을 펼쳐야 한다. 정부종합청사를 8층 정도로 축소해서 도서관으로 활용하고, 문화관광부와 미 대사관과 정보통신부를 미술관이나 영상관 등으로 활용하면, 세종로는 이 나라를 대표하는 '문화의 거리'로 다시 태어나게 될 것이다.

이런 문화적 개혁이 제대로 이루어지기 위해서는 '작은 것'에도 세심한 주의를 기울이지 않으면 안 된다. 이 사회 곳곳에 깊이 스며들어 있어서 마치 독버섯처럼 없애기 어려운 친일과 독재의 문제를 바로잡는 것이 그것이다. 예컨대 세종문화회관 옆 세종로공원에는 시비가 하나 서 있다. '자유시'의 개척자로 알려진 주요한의 문학적 업적을 기리는 시비이다. 그런데 주요한은 대표적인 친일문인이었다. 그의 창씨명은 '마쓰무라 고이치(松村紘一)'인데, 여기서 고이치(紘一)란 일본의 건국이념인 '팔굉일우(八紘一宇)'를 뜻하며, 이 말 자체는

세종로의 변화는 인사동, 삼청동, 효자동, 사직동, 태평로 등 주변 지역의 변화와 함께 연계해서 이루어져야 한다. 사진은 철거된 광화문 자리 앞뒤로 보이는 경복궁 및 삼청동, 세종로 일대.

미국 캘리포니아 샌프란시스코 시 중심가(civic center). 이곳에는 시청을 비롯해 공립 도서관, 미술 박물관, 오페라하우스, 심포니 홀, 극장 등이 모여 있다.

'천하가 한 집안'이라는 뜻이지만 실은 '천하가 천황의 것'이라는 뜻으로, 이른바 '대동아공영권'의 핵심적 이념으로 강력하게 활용되었던 것이다. 주요한은 문인협회, 문인보국회, 임전보국단, 언론보국회, 대의당, 대화동맹 등 수많은 친일단체의 간부를 역임했으며, 일제의 침략전쟁을 '성전'으로 미화하고 조선 청년들에게 참전해서 장렬히 전사할 것을 적극 촉구했다. 그런데 이런 자의 시비가 세종로에 버젓이 건립되어 있는 것이다. 이런 식으로야 세종로는 '친일 문화의 거리'가 될 수밖에 없다.

시간적, 공간적으로 연결된 광장이 되도록

세종로는 문화적으로 인사동, 삼청동, 효자동, 사직동, 태평로 등으로 이어진다. 따라서 세종로의 변화는 주변 지역의 변화와 함께 연계해서 이루어져야 한다. 요컨대 세종로의 변화는 시간적으로 연속, 공간적으로 연계라는 '연결의 사고'를 통해 이루어져야 한다.

첫째, 세종로는 현재만이 아니라 과거가 살아 숨쉬는 곳이다. 사실 과거가 없이는 현재가 없으며, 현재가 없이는 미래도 없다. 일제와 독재의 참담한 역사를 지나며 멋대로 훼손된 과거를 올바로 되살리는 것은 결국 현재와 미래를 지키는 것이다. 우리의 역사는 세계 어디에도 없는 우리만의 독창적 문화자산이다. 따라서 문화 경제적 관점에서 보더라도 시간적 연속을 올바로 이해하고 구현하고 보존하는 것은 무엇보다 중요하다.

둘째, 세종로는 그 자체로 대단히 중요한 실질적 문화공간이지만 여기서 나아가 주변의 여러 공간을 이어주는 상징적 문화공간이기도 하다. 따라서 세종로 자체에 대한 선적線的 사고를 넘어서 주변의 공간들을 아우르는 면적面的 사고를 하지 않으면 안된다. 세종로의 문화적 개혁은 인사동, 삼청동, 효자동, 사직동, 태평로 등의 문화적 개혁과 반드시 공간적으로 연계되어야 한다.

이러한 '연결의 사고'에서 특히 주목할 곳은 삼청동의 기무사 터(5천3백평)와 국군 병원 터(3천평)와 미 대사관 직원숙소(1만평) 터이다. 두 곳은 사실상 붙어 있는 곳인데, 모두 각별한 역사적 의미를 지니고 있다. 기무사 터에는 정독도서관에 있는 종친부 건물을 다시 옮겨야 하며, 국군병원은 아주 중요한 근대 건축물로서 보존해야 한다. 그리고 그 앞의 삼청로 아래에 갇혀 있는 중학천도 반드시 복원해야 한다. 대사관 직원숙소 터는 아름드리 나무들이 빽빽하게 자라서 울창한 숲을 이루고 있다. 몇해 전에 삼성이 이곳을 매입해서 문화센터를 지으려고 한다는 소문이 들려왔다. 그렇게 되면 이 엄청난 숲은 결국 사라지고 말 것이다. 그렇게 되어서는 안 된다. 이곳은 무엇보다 숲으로 보존되면서 향유되어야 하는 공간이다. 올바른 발전을 위해 시민의 깊은 관심이 필요하다.

홍성태

All 가서 놀자! that Live

2003 라이브 활성화의 해

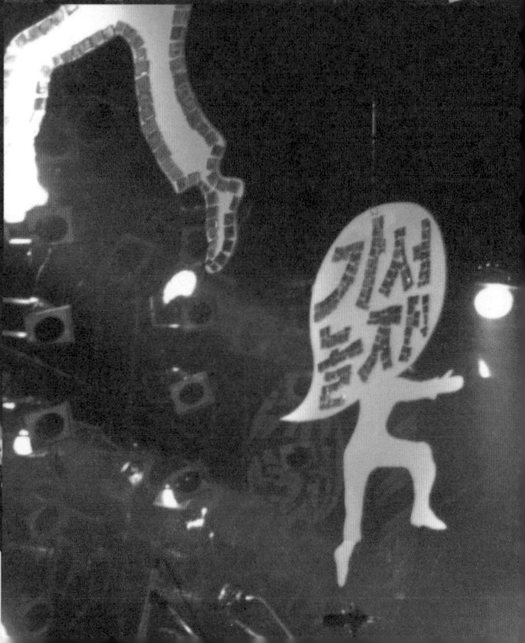

문화사회 만들기 : 라이브 활성화
Promoting Cultural Activism : All that Live, Poster, 2003

노란틈말

대안을 생성하다

깃발소리

깃발소리
The Sound of Flag, Poster, 2002

design: A G I

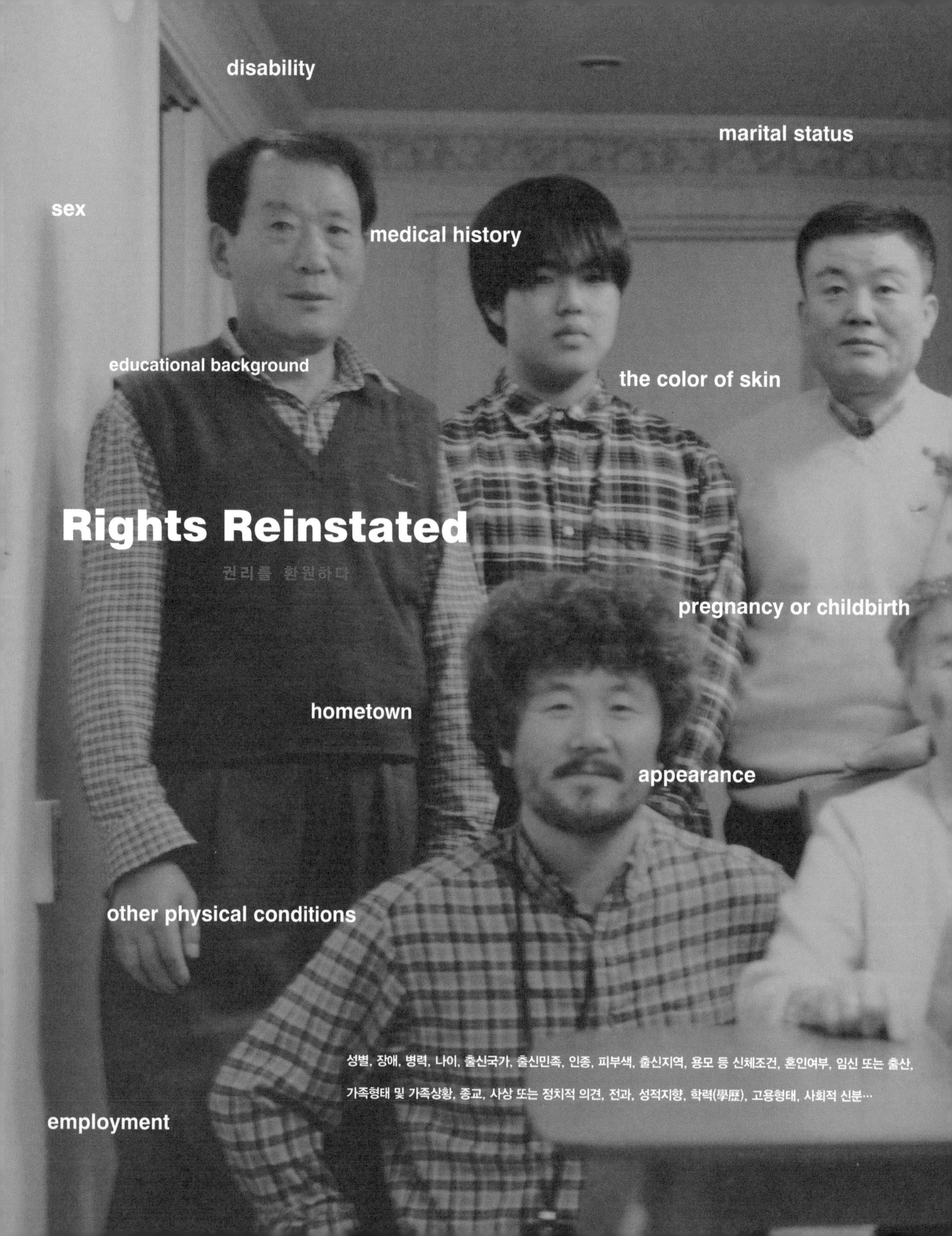

disability

marital status

sex

medical history

educational background

the color of skin

Rights Reinstated

권리를 환원하다

pregnancy or childbirth

hometown

appearance

other physical conditions

성별, 장애, 병력, 나이, 출신국가, 출신민족, 인종, 피부색, 출신지역, 용모 등 신체조건, 혼인여부, 임신 또는 출산,

가족형태 및 가족상황, 종교, 사상 또는 정치적 의견, 전과, 성적지향, 학력(學歷), 고용형태, 사회적 신분…

employment

the country of origin

age

ethinicity race

sexual orientation

religion

social status

family type and status

criminal record

ideology or political belief

429

Quiet Aspiration

Rights Reinstated

Butterfly's Dream

느린 희망

권리를 복원하다

나비의 꿈

Butterfly's Dream

The National Human Rights Commission designated "anti-discrimination" as the major policy initiative in 2004 and selected twelve designers to create anti-discrimination posters. "Butterfly's Dream," AGI's work for the initiative, conveys a message that people shouldn't be discriminated against based on their educational background.

〈나비의 꿈〉은 우리 사회의 학력 차별로 인한 부당함, 그리고 이로 인해 해마다 일어나는 학생들의 자살 사건을 모티브로 제작되었다. 다음은 이 작업을 하면서 조사된 내용 중 참고한 한 네티즌의 기사이다.

2002년 12월 5일. 어느 중3 학생이 일류 고등학교에 못 갔다고 자살했다. 또 4일엔 한 재수생이 일류대에 못 갔다고 자살했다. 그 얼마 전에는 한 초등학생이 자기 방 가스배관에 목을 매달아 죽었다. 억지로 공부해야만 하는 입시경쟁 현실에 짓눌려 죽은 것이다. 초등학생이 죽기 며칠 전에도 수능을 본 재수생이 점수가 떨어졌다는 이유로 12층 옥상에서 뛰어내렸다. 불행하게도 이렇게 끔찍한 일들은 사람들의 무관심 속에서 해마다 되풀이되고 있다.
검정 고시생 처지비관 자살(2002.4.3), '공부 안한다' 아버지 꾸중에 중학생 목매 자살(2001.2.9), 성적비관 재수생, 어머니 앞에서 투신자살(1999.6.17), 성적비관 여고생 투신자살(1999.6.12), 서울대 낙방생 자살(1998.02.26), 죽음으로 내모는 입시 중압감 고교생들 잇단 사망사고(1997.3.19), 여중생 학업 압박으로 물에 빠져 자살(1996.3.15), 고교생 학교 화장실서 분신자살 기도(1995.2.27), 성적비관 여고생 음독자살(1994.9.23), 3수생 대학진학 실패 비관 자살(1993.2.18), 중3 "공부하라" 꾸지람 아버지 찔러/말리는 어머니에게도 상처(1992.8.22), 고교2년생 학업부진 목매 자살, 여고생 15층 아파트서 투신자살 (1990.05.21) … 90년 이후부터 언론에 보도된 사건을 한 해 한 개씩 제목만 뽑아본 것이다.

◀
나비의 꿈
Butterfly's Dream, Poster, 2004

초등학생이 죽은 일도 이번이 처음은 아니다.
'과외 못 받아 성적부진'/초등학생 비관 자살(1996.11.6), 초등학생 학업 성적 비관 자살(1996.8.10) "초등학교 6학년 전 아무개 군이 목욕탕 문에 태권도 도복 띠로 목을 매 숨져있는 것을… 전군은 일기장에 '공부는 누가 만든 것인가. 우리 어린이는 왜 공부만 하고 살아야 할까'라는 글을 적어…, 여 초등학생 친구 보는 앞 15층서 투신자살(1992.4.27), 서울로 전학한 여 초교생 성적비관 자살기도(1991.2.7)… 똑같은 일이 올해에도 그대로 되풀이된 것이다.

이러한 죽음은 학생들이 죽는 것으로 끝나지 않는다.
아들 대입 낙방 비관 50대 주부 목매 자살(1996.1.28), 4수 아들 낙방 비관/어머니 목매 자살(1993.03.09), 딸 자살 비관한 교사 자살(1996.11.15 "대학 입시에 떨어진 딸이 자살한 것을 비관해 오던 초등학교 교사가 스스로 목숨을…")
언론에 보도되지 않은 것까지 더하면 학생들의 자살은 해마다 몇백 건에 이른다. 교육부 조사에서는 초·중·고교 자살 학생 수는 98년 207명, 99년 188명인 것으로 드러났다. 또 96년 경찰청이 발표한 '자살자 통계'에는 10대 자살자 수가 615명인 것으로 밝혀졌다.
이렇게 해마다 몇백 명의 학생들이 자살하는 가장 큰 까닭은 이른바 일류대학을 가기 위한 '입시경쟁' 때문이다. 2001년 전교조가 전국 고등학생을 대상으로 한 조사에서는 학생들 74.8%가 '지금 가장 큰 고민은 입시·성적'이라고 대답한 것으로 드러났다.
또 94년 통계청 조사에서는 청소년 61% 정도가 '학업이 가장 큰 고민'이라고 대답한 것으로 밝혀졌다. 비록 학생들이 유서에 '입시경쟁'때문에 죽는다고 적어놓지 않았더라도, 여러 통계를 미루어봤을 때 학생들을 죽게 한 것은 다른 무엇보다 '입시경쟁'임을 짐작할 수 있다.

학생들의 죽음에 무관심한 사회
그러나 이토록 심각한 학생들의 죽음에 우리 사회는 무서울 정도로 관심이 없다. 거의 모든 언론에서는 학생들의 자살을 신문 사회면에 작게 보도하거나 아예 보도하지 않는 경우가 많다. 몇몇 신문의 사설에서는 오히려 '학생들이 약해졌다', '학생들에게 삶의 존엄성을 알려주자' 같이 피해자인 학생들을 나무라며 문제 본질을 흐리고 있다. 시민들도 학생들의 죽음 앞에 크게 분노하지 않는다. 50대 시민 고아무개 씨도 "애들이 삶이 얼마나 힘든지 몰라서 그렇다"며 학생들을 나무랐다. 심지어 학생들까지도 같은 또래 친구의 죽음에 냉소하고 있다. 95년 연세대 한준상 교수가 청소년들을 대상으로 한 조사에서는 '입시로 자살하는 학생에 대해 어떻게

생각하느냐'는 질문에 응답자의 32.8%가 '비겁하다'고 대답한 것으로 드러났다. 여기에 대해 대학생 김고종호 씨는 "이 사회가 정상이었다면 학생들의 자살에 이토록 무관심하지는 않을 것"이라며 "이 사회는 사람이 살 만한 곳이 못된다"고 혹평했다.

입시는 '죽음의 굿판'
죽지 않고 학교에 남은 학생들도 정도의 차이일 뿐, 자살한 학생들이 겪은 것과 크게 다르지 않은 고통 속에서 하루하루를 보내고 있다. 학생들은 초등학교 때부터 시험점수에 따라 서열이 매겨지고, 선생님은 서열에 맞춰 차별대우한다. 이 서열이 고3 때는 이른바 일류대를 가느냐 못 가느냐를 판가름하는 것으로 이어진다. 그래서 학생들은 죽기살기로 친구들과 경쟁하고 하루에도 10시간 넘게 책상에 앉아 '문제집 암기'를 해야 한다. 98년 경기도 청소년 상담실이 수원지역 중·고등학생을 대상으로 한 조사에서는 81%가 자살 충동을 느낀 것으로 드러났고, 2001년 전교조가 전국의 인문계 고등학생을 대상으로 한 조사에서는 35.2%가 입시부담으로 "죽고 싶다는 생각을 해본 적이 있다"고 답변한 것으로 드러났다. 이 땅의 학생들은 '죽음의 굿판' 위에서 살지 죽을지 아슬아슬한 줄타기를 하고 있는 것이다.
또 '죽음의 입시경쟁' 속에서는 학생뿐만 아니라 온 가족이 고통받아야 한다. 96년 한국사회학회 가족문화 연구회가 92년부터 4년 동안 수험생과 그 부모를 조사한 결과, 수험생 자녀 뒷바라지 때문에 어머니들이 두통(80%)과 소화불량(64%)에 시달리고 있는 것으로 드러났다.

학생들의 처절한 외침
요즘 두 중학생의 죽음에 온 나라가 분노하고 있다. 하지만 다른 쪽에서는 해마다 끊이질 않고 벌어지는 학생들의 죽음에 놀라우리만큼 관심이 없다. 나라 바깥의 적인 미군에 의한 살해는 이번 효순이 미선이 사건을 계기로 멈출지도 모른다. 하지만 나라 안쪽의 적, 몇개 대학의 권력독점 때문에 계속되는 학생들의 자살은, 아무도 슬퍼하고 분노하지 않는 한, 쉽사리 멈추지 않을 것 같다. 이대로 가다가는 분명히 2002년 12월에도 몇 명은 더 자살할 것이다.
70년대 전태일 열사는 이 땅의 노동자들이 처한 상황을 자신의 몸을 불살라 온 세상 사람들에게 고발했다. 마찬가지로 몇십 년 전부터 계속되는 학생들의 죽음은 이 나라 교육이 정상이 아니라는 것을 고발하는 처절한 외침이 아닐까? 이 땅에서 사람 죽이는 입시경쟁은 얼마나 더 많은 학생들이 죽어야 사라지게 될까?
2002년 12월

Quiet Aspiration

Rights Reinstated

Household System-Hojue

누리채양

권리를 향상하다

가족과 호주제

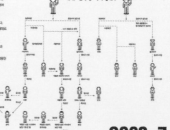

Household System-Hojuje

Korea's male-oriented family system will meet significant changes beginning Jan. 1 next year, following the controversial abolishment of the age-old patriarchal family headship known as "hoju."

The Supreme Court yesterday disclosed the finalized details of the new registration law, promulgated last month to replace the hoju system beginning in 2008.

Under the revised family registration law, each family member will be separated from hoju - the head of the family and usually the father - through an individual register book. Children will no longer be obliged to go by the father's surname and can follow the mother's.

While the new system is expected to greatly enhance the right of Korean females, the public is bracing for confusion as it will have far-reaching influence on both family life and the nation's concept of a family.

The National Assembly passed the revision of the Civil Law last year after the Constitutional Court ruled the hoju system unconstitutional, citing violation of the right to gender equality.

호주제

호주를 중심으로 가족구성원들의 출생 · 혼인 · 사망 등의 신분변동을 기록하는 것으로, 민법 제4편(친족편)에 의한 제도였다. 부계혈통을 바탕으로 하여 호주를 기준으로 '가(家)' 단위로 호적(戶籍)이 편제되는 것으로 일제강점기에 도입되었다. 호주제는 그동안 남성우선적인 호주승계순위, 호적편제, 성씨제도와 같은 핵심적인 여성차별조항이 있어 문제가 되어왔으며, 가족 내 주종관계를 제도적으로 보장하고 있다는 비판과 아울러 이혼 · 재혼가구 등의 증가에 따른 현대사회의 다양한 가족형태를 반영하지 못한다는 문제점을 안고 있었다. 이에 따라 호주제 폐지를 위한 민법 개정이 추진되었으며, 2005년 3월 2일 호주제 폐지를 골간으로 하는 민법 개정안이 국회를 통과하였다. 이에 따라 1958년 민법 제정 이후 여성계의 폐지 요구를 받아왔던 호주제는 개정 민법이 시행되는 오는 2008년 1월부터 사라지게 됐다.

◄

가족과 호주제
Family & Hoju-je, Poster, 2003

▶

가족법 개정 촉진회 계몽 포스터
Revising Family Law , Poster, 1970s

가족과 호주제
Family & Hoju-je, Exibition Graphic, 2003

Quiet Aspiration

Rights Reinstated

Household System-Hoju

느린 열망

권리를 회복하다

가족제 호주제

호주제 관련 민법 조항

제778조(호주의 정의) 일가의 계통을 승계한 자, 분가한 자 또는 기타사유로 인하여 일가를 창립하거나 부흥(復興)한 자는 호주가 된다. -2008년 1월 1일 삭제시행 예정

제779조(가족의 범위) 호주의 배우자, 혈족과 그 배우자 기타 본법의 규정에 의하여 그 가(家)에 입적한 자는 가족이 된다. -2008년 1월 1일 '호주'제외 전면개정시행 예정

제785조(호주의 직계혈족의 입적) 호주는 타가(他家)의 호주아닌 자기의 직계존속이나 직계비속을 그 家에 입적하게 할 수 있다. -2008년 1월 1일 삭제시행 예정

제791조(분가호주와 그 가족)

① 분가(分家)호주의 배우자, 직계비속과 그 배우자는 그 分家에 입적한다.

② 분가(本家)호주의 혈족아닌 분가호주의 직계존속은 분가에 입적할 수 있다. -2008년 1월 1일 삭제시행 예정

제793조(호주의 입양과 폐가) 일가창립 또는 분가로 인하여 호주가 된 자는 타가(他家)에 입양하기 위하여 폐가(廢家)할 수 있다. -2008년 1월 1일 삭제시행 예정

제794조(여호주의 혼인과 폐가) 여호주(女戶主)는 혼인하기 위하여 폐가(廢家)할 수 있다. -2008년 1월 1일 삭제시행 예정

제795조(타가에 입적한 호주와 그 가족)

① 호주가 폐가(廢家)하고 타가(他家)에 입적한 때에는 가족도 그 타가에 입적한다.

② 전항의 경우에 그 타가에 입적할 수 없거나 원하지 아니하는 가족은 일가(一家)를 창립(創立)한다. -2008년 1월 1일 삭제시행 예정

제826조(부부간의 의무)

① 부부는 동거하며 서로 부양하고 협조하여야 한다. 그러나 정당한 이유로 일시적으로 동거하지 아니하는 경우에는 서로 인용(忍容)하여야 한다.

② 부부의 동거장소는 부부의 협의에 따라 정한다. 그러나 협의가 이루어지지 아니하는 경우에는 당사자의 청구에 의하여 가정법원이 이를 정한다.

③ 처는 부의 가에 입적한다. 그러나 처가 친가의 호주 또는 호주승계인인 때에는 부가 처의 가에 입적할 수 있다.

④ 전항 단서의 경우에 부부간의 자(子)는 모(母)의 성(姓)과 본(本)을 따르고 모의 가(家)에 입적(入籍)한다. -③, ④은 2008년 1월1일 삭제시행 예정

제980조(호주승계개시의 원인) 호주승계는 다음 각호의 사유로 인하여 개시된다.

1. 호주가 사망하거나 국적을 상실한 때

2. 양자인 호주가 입양의 무효 또는 취소로 인하여 이적(離籍)된 때

3. 여호주(女戶主)가 친가(親家)에 복적(復籍)하거나 혼인으로 인하여 타가(他家)에 입적(入籍)한 때 -2008년 1월 1일 삭제시행 예정

제981조(호주승계개시의 장소) 호주승계는 피승계인(被承繼人)의 주소지에서 개시된다. -2008년 1월 1일 삭제시행 예정

제982조(호주승계회복의 訴)

① 호주승계권이 참칭호주(僭稱戶主)로 인하여 침해된 때에는 승계권자 또는 그 법정대리인은 호주승계회복의 소(訴)를 제기할 수 있다.

② 전항의 호주승계회복청구권은 그 침해를 안 날로부터 3년, 승계가 개시된 날로부터 10년을 경과하면 소멸한다. -2008년 1월 1일 삭제시행 예정

제984조(호주승계의 순위) 호주승계에 있어서는 다음 순위로 승계인이 된다.

1. 피승계인(被承繼人)의 직계비속(直系卑屬) 남자

2. 被承繼人의 가족(家族)인 直系卑屬 여자

3. 被承繼人의 처(妻)

4. 피승계인의 가족인 직계존속여자

5. 피승계인의 가족인 직계비속의 妻

-2008년 1월 1일 삭제시행 예정

제985조(同前)

① 前條의 규정에 의한 동순위(同順位)의 직계비속이 수인(數人)인 때에는 최근친(最近親)을 선순위(先順位)로 하고 동친등(同親等)의 직계비속중에서는 혼인중의 출생자를 선순위로 한다.

② 전항의 규정에 의하여 순위동일한 자가 數人인 때에는 年長者를 선순위로 한다. 그러나 전조 제5호에 해당한 직계비속의 妻가 數人인 때에는 그 夫의 순위에 의한다.

③ 양자는 입양한 때에 출생한 것으로 본다. -2008년 1월 1일 삭제시행 예정

제986조(同前) 제984조 제4호의 직계존속이 수인(數人)인 때에는 최근친(最近親)을 선위로 한다. -2008년 1월 1일 삭제시행 예정

제987조(호주승계권없는 生母) 양자인 피승계인의 생모나 피승계인의 父와 혼인관계없는 生母는 피승계인의 가족인 경우에도 그 호주승계인이 되지 못한다.

그러나 피승계인이 분가 또는 일가창립의 호주인 때에는 그러하지 아니하다. -2008년 1월 1일 삭제시행 예정

제990조(혼인외출생자의 승계순위) 제855조 제2항의 규정에 의하여 혼인중의 출생자가 된 자의 승계순위에 관하여는 그 부모가 혼인한 때에 출생한 것으로 본다. -2008년 1월 1일 삭제시행 예정

제991조(호주승계권의 포기) 호주승계권은 이를 포기(抛棄)할 수 있다. -2008년 1월 1일 삭제시행 예정

제992조(승계인의 결격사유) 다음 각호에 해당한 자는 호주승계인이 되지 못한다.

1. 고의로 직계존속, 피승계인, 그 배우자 또는 호주승계의 선순위자(先順位者)를 살해하거나 살해하려 한 자

2. 고의로 직계존속, 피승계인과 그 배우자에게 상해를 가(加)하여 사망에 이르게 한 자 -2008년 1월 1일 삭제시행 예정

제993조(女戶主와 그 승계인) 여호주의 사망 또는 이적(離籍)으로 인한 호주승계에는 제984조의 규정에 의한 직계비속이나 직계존속이 있는 경우에도 그 직계비속이

그 가족의 계통(系統)을 승계(繼承)할 혈족(血族)이 아니면 호주승계인이 되지 못한다.

그러나 피승계인이 분가 또는 일가를 창립한 여호주(女戶主)인 경우에는 그러하지 아니하다. -2008년 1월 1일 삭제시행 예정

제994조(승계권쟁송(承繼權爭訟)과 재산관리에 관한 법원의 처분)

① 승계개시된 후 승계권의 존부(存否)와 그 순위에 영향있는 쟁송(爭訟)이 법원에 계속(繫屬)된 때에는 법원은 피승계인의 배우자,

4촌이내의 친족 기타 이해관계인의 청구에 의하여 그 승계재산의 관리에 필요한 처분을 하여야 한다.

② 법원이 재산관리인을 선임한 경우에는 제24조 내지 제26조의 규정을 준용한다. -2008년 1월 1일 삭제시행 예정

제995조(승계와 관리의무의 승계) 호주승계인은 승계가 개시된 때로부터 호주의 권리의무를 승계한다.

그러나 전호주의 일신(一身)에 전속(專屬)한 것은 그러하지 아니하다. -2008년 1월 1일 삭제시행 예정

호주제 관련 민법 조항 개정

지난 2005년 '자녀는 아버지의 성과 본을 따라야 한다'는 민법
조항에 헌법 불합치 결정이 내려진 뒤 호주제가 폐지되고
대체법으로 '가족관계 등록 등에 관한 법률'이 공포됐다.
가족관계등록부 제도는 자녀의 성과 본은 아버지를 따르는
것을 원칙으로 하되 협의하면 어머니의 성과 본을 따를 수
있게 하고 있다. 또한 법원의 허가를 받으면 재혼한 여성이
자녀들의 성을 새아버지의 성으로 바꿀 수 있다. 입양하더라도
혼인 중 출생한 자녀로 간주되는 친양자 제도도 도입된다.
호적등본에는 가족 모두의 인적사항이 나타나 개인 정보가
그대로 노출됐지만 가족관계등록부는 개인별로 만들어져
불필요한 정보 노출을 방지할 수 있다. 예컨대 부모의 이혼,
재혼 등의 사실을 알 수 없어 사회적 편견으로 인한 불이익이
줄어든다.

Amendment of Civil Code for Abolition of Household System

With the Supreme Court's ruling in 2005 that the
provision in the civil code that required children to
inherit their biological father's family name and origin
was unconstitutional, "Hoju-je" or the patriarchal family
registry system was replaced by a new family registry
system that permits children to inherit their mother's
family name and origin. Under the new registry system,
a remarried woman may give her new husband's family
name to her children from previous marriage on court
permission and adoptees will be treated the same as
biological children. Also while the previous family registry
listed personal information including birth, marriage and
adoption, of the family head and all other members of
his family, under the new registry system, every member
of the family will have his or her own individual register
listing the names of parents, spouse and children only.
This will prevent discrimination based on social prejudice
caused by unnecessary leak of personal information
such as divorce or remarriage of parents

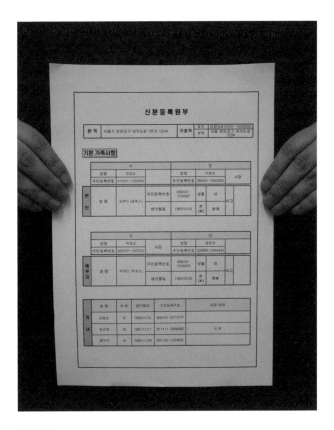

신분등록원부
기존의 호적등본을 대체하고자 마련된 신분등록원부 견본

호주제 폐지 진행 일지

1974년부터 호주제 폐지를 위한 민법개정이
거론되었으나, 일부만 개정됨.
1990년 호주상속을 호주승계로 변경하고, 호주권 대부분 축소
1999년, 2001년 UN 인권규약 감시기구에서
우리 정부에 호주제 폐지를 권고
2001년, 2003년 서울지방법원 북부지원과 서부지원에서 호주제에 대해 위헌법률심판을 제청
2002년 12월 제16대 대통령 선거시 호주제 폐지 공약
2003년 2월 대통령직인수위원회에서 호주제 폐지를 위한 특별대책기구 설치 필요성에 대해 대통령 당선자에게 보고
2003년 3월 국가인권위원회는 호주제가 합리적 이유없이 가족간의 종적 관계, 부계우선주의,남계혈통계승을
강제하여 인간으로서의 존엄과 가치,
행복추구권 및 평등권을 침해하므로 헌법에 위배된다는 의견을 헌법재판소에 제출
2003년 5월 27일 이미경의원 대표발의로 민법중개정법률안(호주제폐지법안) 국회 제출
2004년 9월 9일 민법중 개정법률안(이경숙의원 대표 발의안) 국회제출
2004년 9월 14일 민법중 개정법률안(노회찬 대표 발의안) 국회제출
2005년 2월 3일 헌법재판소, 호주제 위헌결정(헌법불합치)
2005년 3월 2일 민법개정법률안 국회본회의 통과 : 호주제 폐지 (2008. 1부터 개정된 민법 실행 예정)

Quiet Aspiration

Rights Reinstated

Seeing Eye to Eye

느린 바람

권리를 회복하다

차별없는 행복한 뇌성춤

Seeing Eye to Eye
The poster concerns social discrimination against migrant workers, women and the handicapped. It was meant to convey the love of mankind rather than to attest to the vileness of discrimination. The designer appears in the poster with people found at a demonstration scene.

〈차별없는 행복한 눈맞춤〉은 장애인, 이주 노동자, 여성 등 우리 사회의 차별에 관한 여러 문제들을 포괄적으로 다룬 작업이다. 현상을 보고하는 차원을 넘어, 이런 세상이 되었으면 하는 따뜻함을 전해 주고 싶었다. 여기에 등장하는 인물들은 시위 현장에서 섭외한 인물들이며, 작가 자신도 함께 했다.

차별없는 행복한 눈맞춤
Seeing Eye to Eye, Poster, 2004

Anti-discrimination Law

The anti-discrimination bill drafted by the Human Rights Commission consists of 39 articles in four chapters (as of September, 2005) which are general rules (Chapter 1) central and provincial governments' duty to redress discrimination (Chapter 2) anti-discrimination and prevention measures (Chapter 3) and remedies (Chapter 4). However, it is a status quo in this field except for minor progress that the gender discrimination prevention act has been put into force and the disability discrimination act has recently passed the parliament. However, irregular workers continue to suffer under discriminationdespite the passage of law that protects them due to the lack of detailed regulations and the mixed bloods still lie vulnerable before discrimination without any safeguard.

차별금지법안

인권위의 차별금지법안(2005년 9월말 현재)은 총 4장 39조로 구성돼 있다. 각 장은 '총칙'(제1장), '국가 및 지방자치단체 등의 차별시정 의무'(제2장), '차별금지 및 예방조치'(제3장), '차별의 구제'(제4장)로 구성됐다. 이중 남녀차별금지법이 현재 시행되고 있고, 장애인차별금지법이 최근 국회를 통과한 것을 빼면 다른 분야는 그야말로 불모지대다. 비정규직은 차별금지를 핵심으로 하는 법이 통과됐음에도 구체적 기준이 마련되지 않아 여전히 차별받고 있고, 최근 급증하고 있는 국내 혼혈인들은 최소한의 안전판도 없이 차별에 노출되어 있는 상태다.

제1장 총칙

제1조(목적)

이 법은 정치적·경제적·사회적·문화적 생활의 모든 영역에서 차별을 금지하고, 차별로 인한 피해를 효과적으로 구제하며, 차별을 예방함으로써 인간의 존엄과 평등을 실현함을 목적으로 한다.

제2조(금지대상 차별의 범위)

①이 법에서 금지하는 차별이라 함은 합리적인 이유없이 성별, 장애, 병력, 나이, 출신국가, 출신민족, 인종, 피부색, 출신지역, 용모 등 신체조건, 혼인여부, 임신 또는 출산, 가족형태 및 가족상황, 종교, 사상 또는 정치적 의견, 전과, 성적지향, 학력(學歷), 고용형태, 사회적신분(이하 "성별 등"이라 한다)을 이유로 개인이나 집단을 분리·구별·제한·배제하거나 불리하게 대우하는 다음 각호의 1에 해당하는 행위(이하 "차별"이라 한다)를 말한다.

1. 고용(모집, 채용, 교육, 배치, 승진·승급, 임금 및 임금외의 금품 지급, 자금의 융자, 정년, 퇴직, 해고 등을 포함한다)에 있어서 특정 개인이나 집단을 차별하는 행위
2. 재화·용역·교통수단·상업시설·토지·주거시설의 공급이나 이용에 있어서 특정 개인이나 집단을 차별하는 행위
3. 교육기관의 교육 및 직업훈련에서 특정 개인이나 집단을 차별하는 행위
4. 법령과 정책의 집행에 있어서 특정 개인이나 집단을 차별하는 공권력의 행사 또는 불행사

②중립적인 기준을 적용하였으나 그 기준이 특정 집단이나 개인에게 불리한 결과를 야기하고 그 기준의 합리성 내지 정당성을 입증하지 못한 경우에도 차별로 본다.

③성별, 장애, 인종, 출신국가, 출신민족, 피부색, 성적지향을 이유로 한 괴롭힘은 차별로 본다.

④특정 개인이나 집단에 대한 분리·구별·제한·배제·불리한 대우를 표시하거나 조장하는 광고 행위는 이 법에서 금지한 차별로 본다.

제3조(차별금지의 예외)

제2조의 규정에도 불구하고 다음 각호의 1에 해당하는 행위는 차별로 보지 아니한다.

1. 특정 직무나 사업 수행의 성질상 불가피한 경우
2. 현존하는 차별을 해소하기 위하여 특정한 개인이나 집단을 잠정적으로 우대하는 행위와 이를 내용으로 하는 법령의 제·개정 및 정책의 수립·집행

제4조(용어의 정의)

이 법에서 사용하는 용어의 정의는 다음과 같다.

1. "성별"이라 함은 여성, 남성, 기타 여성 또는 남성으로 분류하기 어려운 성을 말한다.
2. "장애"라 함은 신체적·정신적·사회적 요인에 의하여 장기간에 걸쳐 일상생활 또는 사회생활에 상당한 제약을 받는 상태를 말한다.
3. "병력"이라 함은 다음 각목의 1에 해당하는 경우를 말한다.
   가. 질병이 치유된 상태
   나. 현재 질병이 진행되고 있지만 적절한 치료 등을 통하여 잘 관리되고 있는 상태
   다. 질병의 속성상 신체기능에 문제가 되지 않는 상태
4. "출신지역"이라 함은 출생지, 원적지, 본적지, 성년이 되기 전 주된 거주지역을 말한다.
5. "학력(學歷)"이라 함은 초·중등교육법, 고등교육법에 의한 학교의 졸업 또는 이수, 학점인정등에관한법률에 의한 교육인적자원부장관의 평가인정을 받은 교육훈련기관에서의 학습과정의 이수, 독학에의한학위취득에관한법률에서 정한 학위취득종합시험에 합격한 자에 대한 학사학위취득, 평생교육법에 의한 평생교육시설의 교육과정 이수에 따른 학력 또는 초·중등교육법 제43조 제1항, 제47조 제1항에 따른 학력인정을 포함한 수학 경력 및 특정 교육기관의 졸업·이수 여부를 말한다.
6. "성적지향"이라 함은 이성애, 동성애, 양성애를 말한다.
7. "고용형태"라 함은 직업의 종류를 불문하고 임금을 목적으로 하는 통상근로와 단시간 근로, 기간제근로, 파견근로 등의 통상근로 이외의 근로형태를 말한다.
8. "교육기관"이라 함은 영유아보육법 제2조의 규정에 의한 보육시설, 유아교육법 제2조, 초·중등교육법 제2조 및 고등교육법 제2조의 규정에 의한 각급 학교, 평생교육법 제3조의 규정에 의한 평생교육시설, 학점인정등에관한법률에서 정한 교육인적자원 부장관의 평가인정을 받은 교육훈련기관, 직업교육훈련촉진법 제2조 2호의 규정에 의한 직업교육훈련기관, 기타 대통령령에서 정한 기관을 말한다.

9. "괴롭힘"이라 함은 개인이나 집단에 대하여 신체적 고통을 가하거나 수치심, 모욕감, 두려움 등 정신적 고통을 주는 일체의 행위를 말한다.

10. "공공기관"이라 함은 국가기관·지방자치단체, 기타 대통령령이 정하는 공공단체를 말한다.

11. "근로자"라 함은 다음 각목의 1에 해당하는 자를 말한다.
   가. 직업의 종류를 불문하고 사업 또는 사업장에 임금을 목적으로 근로를 제공하는 자
   나. 근로계약을 체결하지 않은 자라도 특정 사용자의 사업에 편입되거나 상시적 업무를 위하여 노무를 제공하고 그 사용자 또는 노무 수령자로부터 대가를 얻어 생활하는 자
   다. 동일 사업장에서 특정 사업자가 다른 사업자들을 사실상 지휘·감독하는 경우, 일반 사업자가 특정 사업자의 사업과 관련된 업무를 수행하는 것임을 입증하지 아니 하는 한 그 사업자의 근로자는 특정 사업자의 근로자로 본다.

12. "사용자"라 함은 다음 각목의 1에 해당하는 자를 말한다.
   가. 사업주 또는 사업경영담당자 기타 근로자에 관한 사항에 대하여 사업주를 위하여 행위하는 자를 말한다.
   나. 근로계약의 체결 여부와 상관없이 당해 근로자의 근로조건 등의 결정에 대하여 사 사실상 지휘·감독권이 있는 지도 사용자로 본다.

제5조(차별금지)

①누구든지 제2조에서 정한 차별을 하여서는 아니된다.

제6조(다른 법률 및 제도와의 관계)

헌법상의 평등권과 관련한 법률을 제·개정하는 경우나 관련 제도 및 정책을 수립하는 경우에는 이 법의 취지에 부합하도록 하여야 한다.

제7조(적용범위)

이 법은 대한민국 국민 및 법인과 대한민국의 영역 안에 있는 외국인 및 법인에 대하여 적용한다.

제2장 국가 및 지방자치단체 등의 차별시정 의무

제8조(차별시정기본계획의 수립)

①국가인권위원회(이하 "위원회"라 한다)는 관계중앙행정기관의 협의를 거쳐 5년 단위의 차별시정을 위한 기본계획 권고안(이하 "기본계획 권고안"이라 한다)을 마련하여 기본계획 시행 1년 이전까지 대통령에게 제출하여야 한다.

②제1항의 기본계획권고안에는 차별시정정책의 기본방향과 추진목표, 차별금지 및 구제에 관한 법령·제도 개선 사항, 기타 대통령령이 정하는 차별시정을 위한 주요시책을 포함하여야 한다.

③대통령은 제1항의 기본계획권고안을 존중하여 차별시정기본계획을 수립하여야 한다.

④제1항 내지 제3항의 시행에 필요한 사항은 대통령령으로 정한다.

제9조(중앙행정기관의 장 등의 세부시행계획의 수립 등)

①중앙행정기관의 장, 특별시장·광역시장·시장·도지사·군수·구청장(자치구에 한한다) 및 시·도교육감은 제8조 제3항의 차별시정기본계획에 따른 연도별 세부시행계획을 수립하고, 이에 필요한 행정 및 재정상 조치를 취하여야 한다.

②시·도교육감은 제1항의 계획을 수립할 경우 교육기관의 교육·직업훈련에 제2조 제1항에서 정한 사유에 따른 차별적인 제도 및 관행의 개선 등 차별시정을 위한 사항을 포함하여야 한다.

③위원회는 제1항의 중앙행정기관의 장 등에게 제1항에서 정한 세부시행계획 이행결과의 제출을 요구할 수 있다.

제10조(국가 및 지방자치단체의 책임)

①국가 및 지방자치단체는 이 법에 반하는 기존의 법령, 조례와 규칙, 각종 제도 및 정책을 조사·연구하여 이 법의 취지에 부합하도록 시정하여야 한다.

②국가 및 지방자치단체는 제1항을 시행하는 경우 사전에 위원회의 의견을 들어야 한다.

③제2항의 시행에 필요한 사항은 대통령령으로 정한다.

제3장 차별금지 및 예방조치

제1절 고용

제11조(모집·채용상의 차별금지)

①사용자는 임용권자는 모집·채용에 있어 다음 각호의 1에 해당하는 행위를 하여서는 아니된다.
1. 성별 등을 이유로 모집·채용의 기회를 주지 않거나 제한하는 행위
2. 모집·채용 광고시 성별 등을 이유로 한 배제나 제한을 표현하는 행위
3. 면접시 직무와 무관한 질문을 하거나 채용시 성별 등을 기준으로 평가하는 행위
4. 채용 이전에 응모자로 하여금 건강진단을 받게 하거나 건강진단 자료 제출을 요구하는 행위

제12조(임금·금품지급상의 차별금지)
사용자 및 임용권자는 성별 등을 이유로 임금 및 금품을 차등 지급하거나 호봉산정을 다르게 정하여서는 아니된다.

제13조(교육·훈련상의 차별금지)
사용자 및 임용권자는 성별 등을 이유로 교육·훈련에서 배제·구별하거나 직무와 무관한 교육·훈련을 강요하여서는 아니된다.

제14조(배치상의 차별금지)
사용자 및 임용권자는 배치에 있어 다음 각호의 1에 해당하는 행위를 하여서는 아니된다.
1. 성별 등을 이유로 특정 직무나 직군에서 배제하거나 편중하여 배치하는 행위
2. 성별 등을 이유로 특정 보직을 부여하지 아니하거나 근무지를 부당하게 변경하는 행위

제15조(승진상의 차별금지)
사용자 및 임용권자는 성별 등을 이유로 승진에서 배제하거나 승진조건·절차를 달리 적용하여서는 아니된다.

제16조(해고·퇴직상의 차별금지)
사용자 및 임용권자는 성별 등을 이유로 퇴직을 강요하거나 해고를 하여서는 아니된다.

제17조(고용상 차별금지의 예외)
제11조 내지 제16조의 규정에도 불구하고 고용형태를 이유로 한 차별은 제11조 제3항 및 제4항, 제12조, 제13조, 제16조에 한하여 적용한다.

제2절
재화·용역·교통수단·상업시설·토지·주거시설의 공급이나 이용

제18조(재화·용역 공급·이용의 차별금지)
재화·용역의 공급자는 성별 등을 이유로 금융기관의 대출, 신용카드 발급, 보험가입, 기타 금융거래 등 재화와 용역에 있어 불리하게 대우하거나 제한하여서는 아니된다.

제19조(교통수단·상업시설 공급·이용의 차별금지)
교통수단·상업시설의 공급자는 성별 등을 이유로 교통수단의 이용을 제한·거부하거나 상업시설의 설치·임대·매매를 거부하여서는 아니된다.

제20조(토지·주거시설 공급·이용의 차별금지)
토지·주거시설의 공급자는 성별 등을 이유로 토지 또는 주거시설의 공급·이용에서 배제·제한을 하여서는 아니된다.

제3절 교육기관의 교육·직업훈련

제21조(교육기회의 차별금지)
①교육기관의 장은 성별 등을 이유로 교육기관에의 지원·입학·편입을 제한·금지하거나 교육활동에 대한 지원을 달리하거나 불리하게 하여서는 아니된다. 다만, 관계법률에서 정한 특별한 사유가 있거나, 피교육자의 요구가 있거나, 정당한 이유가 있는 경우에는 그러하지 아니한다.
②교육기관의 장은 성별 등을 이유로 전학·자퇴를 강요하거나 부당한 퇴학 조치를 하여서는 아니된다.

제22조(교육내용의 차별금지)
①교육기관의 장은 다음 각호의 1에 해당하는 행위를 하여서는 아니된다.
1. 교육목표, 교육내용, 생활지도 기준이 성별 등에 대한 차별을 포함하는 행위
2. 성별 등에 따라 교육내용 및 교과과정 편성을 달리하는 행위
3. 성별 등을 이유로 특정 개인이나 집단에 대한 혐오나 편견을 교육내용에 포함하거나 이를 교육하는 행위
②제1항 제1호 및 제2호의 규정에도 불구하고, 관계법률에서 특별히 정한 경우나, 피교육자의 요구가 있거나, 정당한 이유가 있는 경우에는 차별로 보지 아니한다.

제4절 차별예방을 위한 조치

제23조(참정권 및 행정서비스 이용 보장 의무)
①국가 및 지방자치단체는 장애인 및 특정 신체조건을 가진 자의 참정권 행사와 행정서비스 이용을 위하여 필요한 시설 및 조치를 하여야 한다.
②제1항의 특정 신체조건을 가진 자의 범위 및 필요한 시설 및 조치는 대통령령으로 정한다.

제24조(수사·재판상의 동등대우)
수사 및 재판 관련 기관은 수사·재판 절차에 있어 성별 등을 이유로 특정 절차에서 차별을 받지 않도록 하여야 하며, 이를 위하여 대통령령이 정하는 편의를 제공하여야 한다.

제25조(사용자의 편의제공 의무)
사용자는 장애인 및 특정 신체조건을 가진 자가 근로조건에서 차별받지 않도록 대통령령에서 정하는 편의를 제공하여야 한다. 다만 경영상 과도한 부담이 인정되는 경우에는 그러하지 아니할 수 있다.

제26조(교육기관의 장의 편의제공 의무)
교육기관의 장은 피교육자가 동등한 교육을 받을 수 있도록 시설 및 교구 등 대통령령이 정하는 편의를 제공하여야 한다. 다만 운영상의 과도한 부담이 인정되는 경우에는 그러하지 아니할 수 있다.제

제27조(방송서비스 제공의 의무)
①방송사업자는 청각장애인에게 자막, 문자, 수화통역 등의 적절한 서비스를 제공하여야 한다.
②제1항의 방송사업자 및 서비스의 범위는 대통령령으로 정한다.

제28조(의료서비스 제공의 의무)
의료기관은 성별 등을 이유로 환자에 대하여 진료 거부 또는 조건부 진료행위를 하여서는 아니된다

제5절 괴롭힘

제29조(괴롭힘 금지)
제1조 내지 제28조가 적용되는 각 영역에서 성별, 장애, 인종, 출신국가, 출신민족, 피부색, 성적지향을 이유로 괴롭힘을 하여서는 아니된다.

제4장 차별의 구제

제30조(구제의 신청 등)
①이 법에 정한 차별의 피해자 또는 그 사실을 알고 있는 사람이나 단체는 위원회에 그 내용을 진정할 수 있다.
②제1항의 규정에 의한 조사와 구제에 관한 사항은 이 법에 별도로 정하지 않는 국가인권위원회법에 의한다.

제31조(시정명령)
①제30조에 의한 위원회의 권고 결정에 대하여 차별을 한 자가 정당한 사유없이 이를 이행하지 않고, 차별의 양태가 심각하고 공공의 이익에 미치는 영향이 중대한 경우, 위원회는 차별의 중지, 피해의 원상회복, 차별의 재발방지를 위해 필요한 조치, 그 밖의 차별시정을 위해 필요한 조치를 명할 수 있다.
②제1항의 시정명령에 관한 절차는 위원회 규칙으로 정한다.

제32조(의견제출기회의 부여)
①위원회는 제31조의 규정에 의한 시정명령을 하기 전에 시정권고를 받은 자에 대하여 의견제출의 기회를 주어야 한다.
②제1항의 경우 당사자 또는 이해관계인은 구두 또는 서면으로 위원회에 의견을 진술하거나 필요한 자료를 제출할 수 있다.

제33조(이행강제금)
①위원회는 제31조의 시정명령을 받고 그 정한 기간 내에 시정명령의 내용을 이행하지 아니한 자에 대하여 3천만원 이하의 이행강제금을 부과할 수 있다.
②제1항에 의하여 이행강제금을 부과하는 경우 위원회는 이행강제금의 금액·부과사유·납부기한 및 수납기관·이의제기 방법 및 이의제기 기관 등을 명시한 문서로써 하여야 한다.
③위원회는 시정명령을 받은 자가 계속하여 시정명령의 내용을 이행하지 않는 경우 대통령령이 정하는 바에 따라 해당 내용이 이행될 때까지 제1항의 규정에 의한 이행강제금을 다시 부과할 수 있다.
④이행강제금의 부과, 징수, 납부, 환급, 이의제기 절차에 관하여서는 대통령령으로 정한다. 다만, 체납된 이행강제금은 국세체납처분의 예에 따라 이를 징수한다.

제34조(이의신청)
①제31조에 의한 위원회의 시정명령에 대하여 불복이 있는 자는 처분 결과를 통지받은 날로부터 30일 이내에 그 사유를 갖추어 위원회에 이의신청을 할 수 있다.
②위원회는 제1항의 규정에 의한 이의신청에 대하여 60일 이내에 재결을 하여야 한다. 다만, 부득이한 사정으로 그 기간 내에 재결을 할 수 없을 경우에는 30일 내에서 그 기간을 연장할 수 있다.
③이의신청 및 심의·의결에 관한 절차는 위원회의 규칙으로 정한다.

제35조(소의제기)
제31조에 의한 위원회의 시정명령에 대하여 불복의 소를 제기하고자 할 때에는 처분의 통지를 받은 날 또는 이의신청에 대한 재결서의 정본을 송달 받은 날로부터 60일 이내에 이를 제기하여야 한다.

제36조(시정명령의 집행정지)
①위원회는 제31조의 시정명령을 받은 자가 제34조 제1항에 의한 이의신청이나 제35조에 의한 소를 제기한 경우로서 그 명령의 이행 또는 절차의 속행으로 인하여 발생할 수 있는 회복하기 어려운 손해를 예방하기 위하여 필요하다고 인정하는 때에는 당사자의 신청이나 직권에 의하여 그 명령의 이행 또는 절차의 속행에 대한 정지(이하 '집행정지'라 한다)를 결정할 수 있다.
②위원회는 집행정지의 결정을 한 후에 집행정지의 사유가 없어진 경우에는 당사자의 신청 또는 직권에 의하여 집행정지의 결정을 취소할 수 있다.

제37조(소송지원)
①위원회는 차별로 인정된 사건 중에서 피진정인이 위원회의 결정에 불응하고 사안이 중대하다고 판단하는 경우에는 당해 사건의 소송을 지원할 수 있다.
②제1항의 규정에 의한 소송지원의 요건 및 절차 등은 대통령령으로 정한다.

제38조(법원의 구제조치)
①법원은 이 법에 의해 금지된 차별에 관한 소송 제기 전 또는 소송 제기 중에, 피해자의 신청으로 피해자에 대한 차별이 소명되는 경우 본안 판결 전까지 차별의 중지 등 기타 적절한 임시조치를 명할 수 있다.
②법원은 피해자의 청구에 따라 차별의 중지, 임금 기타 근로조건의 개선, 그 시정을 위한 적극적 조치 및 손해배상을 명할 수 있다.
③제2항과 관련하여 법원은 차별의 중지, 원상회복, 기타 차별시정을 위한 적극적 조치가 필요하다고 판단하는 경우에 그 이행기간을 밝히고, 이를 이행하지 아니하는 때에는 늦추어진 기간에 따라 일정한 배상을 하도록 병할 수 있다. 이 경우 민사집행법 제261조를 준용한다.

제39조(손해배상)
①이 법의 규정을 위반하여 타인에게 손해를 가한 자는 그 피해자에 대하여 손해배상의 책임이 있다. 다만 차별행위를 한 자가 고의 또는 과실이 없음을 증명한 경우에는 그러하지 아니하다.
②이 법의 규정을 위반한 행위로 인하여 손해가 발생한 것은 인정되나, 차별행위 피해자가 재산상 손해를 입증할 수 없을 경우에는 차별행위를 한 자가 그로 인하여 얻은 재산상 이익을 피해자가 입은 재산상 손해로 추정한다.
③법원은 제2항의 규정에도 불구하고 차별의 피해자가 입은 재산상 손해액을 입증하기 위하여 필요한 사실을 입증하는 것이 해당 사실의 성질상 곤란한 경우에는 변론전체의 취지와 증거조사의 결과에 기초하여 상당한 손해액을 인정할 수 있다.
④이 법에서 금지한 차별이 악의적인 것으로 인정되는 경우, 법원은 차별을 한 자에 대하여 전항에서 정한 재산상 손해액 이외에 손해액의 2배 이상 5배 이하에 해당하는 배상금을 지급하도록 판결할 수 있다. 다만, 배상금의 하한은 5백만원 이상으로 한다.
⑤제4항에서 악의적이라 함은 다음 각호의 사항을 고려하여 판단하여야 한다.
1. 차별의 고의성
2. 차별의 지속성 및 반복성
3. 차별 피해자에 대한 보복성
4. 차별 피해의 내용 및 규모

제40조(증명책임)
이 법에서 금지한 차별과 관련한 소송에서 증명책임은 차별을 받았다고 주장하는 자의 상대방이 부담한다.

제41조(적용의 제한)
제33조, 제39조, 제40조는 제11조 내지 제29조의 규정을 위반한 경우에 대하여서만 적용한다.

제42조(정보공개 의무)
①고용과 관련하여 해당 처분의 대상자로서 차별의 피해를 받았다고 주장하는 자는 사용자 또는 임용권자에게 그 기준, 당사자가 속한 대상군과 대비한 평가 항목별 등위표, 기타 대통령령이 정하는 사항에 대하여 문서로 정보공개를 청구할 수 있으며, 사용자 또는 임용권자는 이를 거부하여서는 아니된다.
②사용자 또는 임용권자는 제1항의 정보공개청구를 받은 때부터 30일 이내에 그 내역을 문서로 공개하여야 한다.
③사용자 또는 임용권자가 정보공개를 거부하거나 제2항에서 정한 기한 내에 이를 공개하지 아니하는 경우 사용자 또는 임용권자는 제1항의 정보공개를 청구하는 자에 대하여 차별을 한 것으로 추정한다. 다만, 정당한 사유가 있을 때에는 그러하지 아니한다.

제43조(불이익 조치의 금지)
①사용자 및 임용권자, 교육기관의 장(이하 이 조에서 '사용자 등'이라 한다)은 차별을 받았다고 주장하는 자 및 그 관계자가 이 법에서 정한 구제절차의 준비 및 진행 과정에서 위원회에 진정, 진술, 증언, 자료 등의 제출 또는 답변을 하였다는 이유로 해고, 전보, 징계, 퇴학 그 밖에 신분이나 처우와 관련하여 불이익한 조치를 하여서는 아니된다.
②전항의 사용자 등의 불이익 조치는 무효로 한다.
③제1항을 위반한 사용자 등은 차별을 받았다고 주장하는 자에 대하여 제39조 제4항의 손해배상 책임을 부담한다.

나눔 캠페인
Share! Campaign, Poster, 2006

People's Solidarity for Cultural Action
A small thing can make a huge difference.
Share 1%.

The sky is a roof. My arms are as hard as cast iron, and my legs yearn for the sky. I am soft to gentle winds and stubborn against storms. My two eyes see the world upside down. The world looks like a better place upside down. I want to be a pillar of the world.

하늘은 지붕이다 내 팔은 무쇠처럼 단단하고, 내 다리는 하늘을 동경 한다 나는 미풍에 유연하고 폭풍에 완고하다

내 두 눈은 세상을 거꾸로 본다. 세상은 거꾸로 일 때가 보기 좋다 나는 세상의 기둥이고 싶다

현실을 공유하다

Reality Shared

445

Project Heaven : 포코너Four corners의 나바호원주민 보호구역의 자원봉사자들의 초상

발터벤야민이 이야기한 것처럼 희망은 항상 바닥을 치고 올라오고 끝없는 절망의 수렁으로 침몰한 뒤에서야 비로써 제 존재를 알린다.

아메리칸 원주민이 박물관 구석 어디에 마네킹으로 자리 잡은 후에야 희망은 비로써 발휘되기 시작된다.

때론 그것은 공모자의 알리바이로서 활용되고 심지어 우리는 희망이 작동하지 않는 사회를 원하기도 한다.

하지만 희망이 판도라의 상자 가장 깊숙한 곳에 자리 잡은것처럼, 희망은 오욕과 의심의 틈바구니에서 기다려주며, 여전히 절망 옆에 자리잡는다.

그리고 우리는 여전히 실수한 뒤에야 마지막 기대를 건다. 너는 나를 통해 나는 너를 통해 아직 끝이 아님을 느낀다.

Project Heaven : The Portrait of Volunteers in the Navajo Reservation at Four Corners

The Portrait of Volunteers in the Navajo Reservation at Four Corners
As Walter Benjamin said hope let its existence known only after one has hit the bottom and sunk into the endless mire of despair. Finally, the hope started to make its existence known after Native Americans found themselves a place in the wax museum. Sometimes hope is the alibi of the conspirators. Sometimes we wish for a society where hope doesn't operate anymore. However, as Pandora's Box held hope underneath all the worries and fears, hope waits between humiliations and doubts next to despair.
And we always have the last hope after numerous mistakes. You feel through me and I feel through you that it is not the end.

Project Heaven, Photography, 2005-2006

Project Heaven, Photography, 2005-2006

photo_You jae hyun / design_Kim young chul

Quiet Aspiration

Reality Shared

Slow Hope

느린희망

한발을 쿠바에다

느린희망

Slow Hope

This is a photo essay by Photographer Yoo, Jae-hyun, capturing his trip to Cuba. As we worked with him, we came to realize all revolutions that had been strangled or inducted into a museum are eternal. A simple statement of truth for those who have denied the revolution in the name of enemy, the development or the greed… "May the revolution be at every corner of the streets! "

느린 희망

사진가 유재현의 쿠바기행 포토 에세이집이다. 그와 함께 이 책을 만들면서 알게 되었다. 교살된 모든 혁명에게, 박물관에 모셔진 모든 혁명들에게. 혁명이란 영구한 것임을, 적의 이름으로, 발전의 이름으로, 탐욕의 이름으로 부정해버린 자들에게 주는 가장 소박한 진리 한 점. '모든 거리에 혁명을'

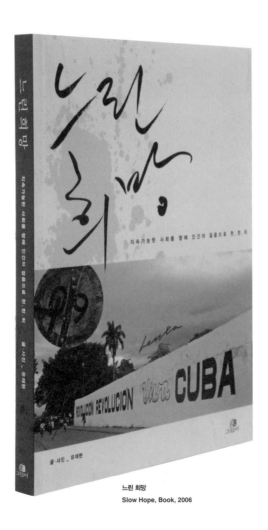

느린 희망
Slow Hope, Book, 2006

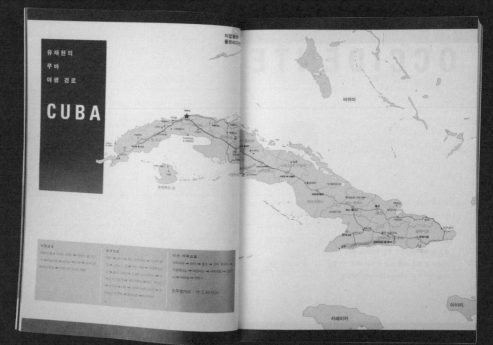

유재현의
쿠바
여행경로

CUBA

바하마

자메이카

아이티

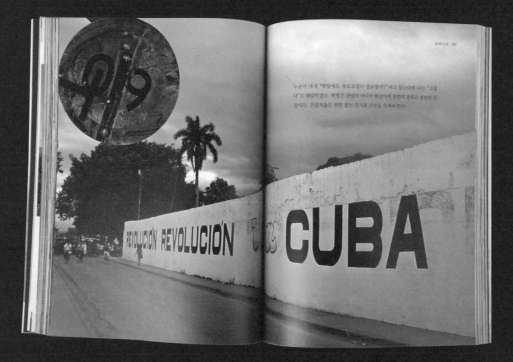

누군가 내게 "혁명에도 속도조절이 필요할까?"라고 묻는다면 나는 "그렇
다"고 대답하겠다. 혁명은 관념이 아니라 현실이며 건강의 전제가 영원한 건
설이다. 건설자들은 열광 없는 근기와 신념을 가져야 한다

REVOLUCIÓN REVOLUCIÓN CUBA

비냘레스의 산에는 로스 아꾸아띠꼬스^{Los aquaticos}라 불리는 산 "사람들이 산다. '물을 믿는다'는 뜻을 가진 그 사람들은 산에서 사는 산사람들이다.

혁명 전의 이야기이다. 가난이 등을 밀어 산으로 올라가야 했던 한 가족의 어머니. 어느 날 아이가 몹시 아파 품에 안고 산을 내려가 병원을 찾았다. 돈이 없어 병원에서 쫓겨났단다. 앓는 아이를 안고 어머니는 계곡을 가로지르고 험준을 기어올라 영험하다는 소문이 나 있던 동굴을 찾았다. 동굴 속의 호수에 아이를 담그자 아이는 씻은 듯이 나았다. 그 뒤 산사람들은 물을 믿게 되었고 산에서 내려가지 않고 산 아래의 세상과 담을 쌓게 되었다. 이후로 사람들은 그들을 일컬어 로스 아꾸아띠꼬스라 불렀다.

어느 날, 산 아래에 혁명이 일어났다. 앓은 아이를 병원에서 내쫓는 세상이 바뀌었다. 그래도 사람들은 산에서 내려가지 않았다. 미법지가 없어진 것이거나, 어쩌면 산의 생활이 너무 익숙해 그걸 바꿀 수 없었을지도 모른다. 그들은 산 아래의 행복이 행복이 원하는 방식의 삶을 거부했고 오직 소금이 필요할 때에만 산을 내려갔다. 그들의 폭력비를 뛰어들어 산 아래로 끌어내리지 않은 혁명에 대해서 나는 그것이 옳다고 생각한다.

로스 아꾸아띠꼬스

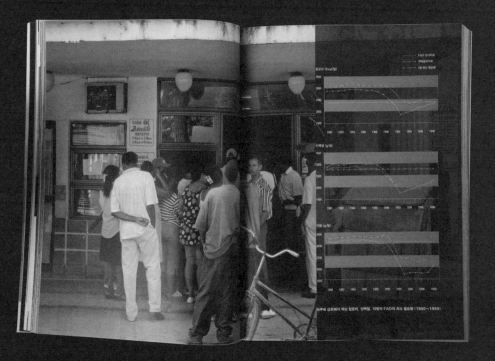

Guantánamo
관타나모

Trinidad
트리니다드

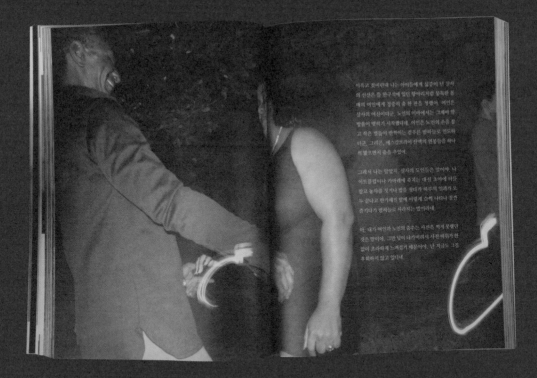

이윽고 말하건대 나는 아이들에게 실증이 난 창사의 신전을 줄 한구석에 밀려 앉아버리지처럼 묵묵한 봄때의 여인에게 경증의 춤 한 판을 청했어. 여인은 창사의 여신이더군. 노인의 이야기처럼 그제야 발뮤을이 빨려기 시작했대니. 여인은 노인의 손을 잡고 작은 캐들이 반짝이는 검푸른 밤하늘로 인도하더군. 그러곤, 에스컴라라의 잔세의 얼불들을 하나의 발으면서 춤을 추었어.

그래서 나는 말없지. 창사의 도인들은 말이야. 나이트클럽이나 카바레에 죽지는 대신 초야에 머물잡고 농사를 짓거나 밤을 잦다가 해묵한 인과가 모두 끝나고 한가해진 밤에 이렇게 슬쩍 나타나 질한 춤기다가 짐하늘로 사라지는 법이래내.

아, 내가 여인과 노인의 줌추는 사진을 찍지 못했던 것은 말이야. 그만 넘이 나가버려서 사진 짜워기가 한텝이 초라하게 느껴기기 때문어야. 난 지금도 그림후회하지 않고 있다네.

일회용 관 – 죽음을 대비한 디자인

토다 초도무는 최근 국가를 대상으로 자비 프리젠테이션을 실시하였지만 받아들여지지 않았다.

그것은 다름 아닌 일회용 관을 대량으로 제작하여 비축해 두었다가 만약에 발생할 비상사태에 대비하자는 것이다.

골판지로 만들어진 관은 가볍고 부피가 작지만 간단하게 조립하면 화장 문화가 정착된 일본에서 효율적으로 사용할 수

있다는 주장이다. 일본은 이미 고베 지진 등의 대규모 국가비상사태를 통해 사체처리에 곤혹을 치른 경험이 있다.

일회용 관은 밖으로 드러나는 화려함에만 치중하는 상업적 디자인이 팽배한 일본 디자인계의 현실에서 진정으로 공공보기

드문 프로젝트라고 말할 수 있다. 그럼에도 일본의 국가재난대책위원회는 국민의 죽음을 미리 준비할 수 없다는 이유로

이 프로젝트를 받아들이지 않았다. 그러나 토다는 죽음을 대비한 디자인이야 말로 공공 디자인의 가장 중요한 역할이라고

강하게 주장하고 있다.

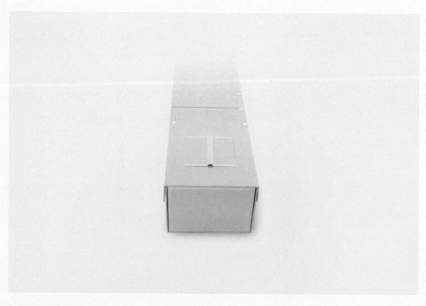

일회용 관 – 죽음을 대비한 디자인
Tztom Toda, Design of the ready for death - the disposable coffin

連載[デザインの発想]4.

衰退

戸田ツトム

エッフェル塔とキングドーム 気温が上昇するかのように

に経済を生み出すかのような、その兆しを都市に、デザインが生まれる。平坦な地表、世界中の都市には鉄塔が建ち続けたおよそ一世紀半の風景は、その造形によって変化する風景のままの経済成長のダイアグラムとも捉えそうな風景の変化にも見えた。落昇機関車が走りはじめた次にエッフェル塔が建造され、近代科学にとってそれぞれの憧憬に反するかのように対抗し引き離された知覚世界は、その魅力に誘惑されるかのように19世紀末を突き進んだ。

20世紀は、あらゆるモノを増殖、上昇させるために逆転された「背景」の出現だった──デザインとして。

増殖する風景、上昇する経済を基本的な動力とした20世紀以降のデザインを生み出せた。現代デザインの手法は、そんな変化がもたらす時代を模倣したさらに風景を押し上げるコマンドとしても働いてきた。より速く──より大きく──より遠く、そして、より身近に──

そんな増殖のなかにいういうか見慣れない風景がイキイキと見えはじめたのは1970年代のアメリカ──ビル爆破による解体が垣間見える光景は、陶醮とは捉えられない建築群に、立ったまま瓦礫の山に姿を変える奇蹟な事件として突然現れ、世界中に連鎖した。排除しなければ、その陶醮は引き継ぐ全域に感染するのではないか、あるいは何か身体の部分が傷害に罹れば、それを切除しなければ、全身に広がり陶醮を残しあぐねるものではないか──そんな妄想に追われるかのように、まだ使用可能という消費社会のあらゆる風景がそこにあった。

本を折れば、化学的にも、見た目も朽ちていく生物、あるいは生物の身体のように感じられる建造物──その内部にたたえた陶醮のプロセスを表現し、みな崩壊と同様の様相を再生の気配を感じられることをあるのか──

陶醮を見つめ、観照することは、自己を解剖し再設置しながらの、日常の小さな

しかし配置し建造物の内部へと向かって隆盤するように生建されたダイナマイト数本をも爆破する風景は、鴻馬やあるいは溶解も感じられないゴルゴタ塔建造の行程とは逆説に、物理的に解体という作業の縮減さえに知られるだけの、その建造物の機能と経済はすでに崩れてしまうのだろう。何らかの意味で減価償却を経た建造物の存在する──という〈停滞〉の除去──エッフェル塔が建造され、経済破壊ではない何かが解体される。

全国の市区町村に配出された死亡届の出生届に基づく今年上半期──日本の赤ちゃんの出生数から、死亡者数を下回った、半年で1万1034人減ったとか、2005年8月24日、厚生労働省の人口動態統計より予想さ

かに回帰する作業であり、新たな社会環境の原理でもあった、陶醮は、鉄と石灰がつくるデザインにたいし、陶醮と草がつくるデザインを、人間の営為を環境に開放させていくことよって、機械論的な神と自然科学の基部からの遠離と割引のトポスでもあった。

──「陶醮のエコロジー」大石和欣志『SIGN 11』号より

下半期の傾向が続けば人口が初めて減少に転じる、政府の予測より2年早く「人口減少時代」に突入して、年金などの社会保障制度に影響を与えそうだ。──日本経済新聞 2005年8月23日

どういう経済現象を引き起こすのかさて謎か、グラフの下降に同調する、日本の古習は、かつて、格やかで勤勉、繊細で美しさを保っ健康な生活方法を辿ろうとする人の場ではなくなって来た。高齢化、成人病の増加、先進国として多いエイズ感染症、老人への医療、保障制度の破綻、身に迫る災害の予感、感染する恐怖のあらゆるあらたな「日常の恐慌」は、都市部を中心とした全生活の崩壊──知らされるあらゆるあらたな「日常の変量」は、もはや感じられず、大事件として扱いなくなった過剰の威力、その先端に大雪する、白いデーたんな偶然ともセンティ・バーンに持たへ過剰な「荒涼」として増殖する、老昇になる白いに、陶醮という背後の環境の普遍の普遍化が顕在し、老昇になってきた、老昇になる過剰な消費、老昇になる家庭社会、デザインが生まれ、陶醮の死を背後とする不可視的な陶醮のプロセスが起動する。

冬の林は自らの表情辺を奥深して愛させるのだが、樹木は四季を生きる。紫色の小枝も葉らせを冬へ送る夏、木は最大の表面積を獲得し、林の内匝を陶醮しながら陶醮する外界へ、同時にできる限り増大しようとする、やがて林は組織の陶醮から陶醮へ━━林の落葉とも言うべき、美しい時間より永久を付きけらも、そんな生活、魂の成果が格子に収穫するを━━木はそ小枝を葉を落としながら、より高い青々とより陶醮な展開を陶醮をコントロールしながら様子を地表にばらまき、夏とは逆に、筋小卵の表面積へ陽光を付けて再び陽光を、夏とは逆に、陶醮ィッシュを道し、冬の林へ━━

冬の林へ━━私の眼には見るバロックドゥラマーンがほとんど感じら

段ボールの棺 萌芽・組織の死は重なり合いながら代謝

にも重なりながら代謝しはじめ、次世代の生を導く環境に紛れ生える、白く荒涼と倒れた朽ち枯木の残骸、さまざまな生物が折りなし、いわばプレゼンテーションし終う壌豊な夏の風景を互いに代謝を交換しながら、四季を作り上げている。

常に安定した成長を望みるられる追求する経済学の発想──その成り行きを鈍く、頽廃の頽廃でも生体の内部を雑感

に展開した組織の数も、さらには死を、込まれしい衰退の結果として関節するのでない絶えない体体および生態の継続とおなじ活動、すなわち生の一過程でることを冷静視に捉えるべきかが知れない、体体の死、その自体の継続は、清滅でなくは拡散する生の一過程へと捉えられることによって獲得される。

生の正確なプロセスとして死を捉え、なおその過程の、死の意味を冷静に観見し続けることも、日本人いま、死そのうえに発見する死の一言葉として見定する時間を「そのような生」として捉えることができないでいる、ある意味おそれい拒否する。

デザインは、そのビジネスとしての

側面をモノを飾り、それを促す増殖の経済に起因しながら成り立とうとしてきた、必然的にデザインはその過程のほとんどを「つくりだすこと」を消着かせられるよう、しかし衰退のプロセスへの堆積は、作り出すことは決してなく、無論、「過程」へのケアであり、語らせられることである、その作り手からの語らない手はあり得ないそこに、この除しデザインは、どう関連できるのか。事ことこそ拡散し、あるいは消失する過程に向かって、デザインはどのようにデザインを堆積示せるのか。1995年、神戸大震災にかかわらず

死への行路 明々そのような生を営者すること──直截として不治の病に侵された老昇の出自家い返りの丘に行動しようとする生たちを木の、死への跳跡である。

オランダ・ダイ保続いた宿泊所や保護所、明々を受け入れ、肉体の衰えと死への衰退という精神的両義を、老昇の心へ受けとる生活とも見を、具を引き取れるための施設とケアの中世心期より生まれたシステムであ

ると詳すのは、東洋大学ライフデザイン学部の井上明日架教授。

高度経済成長に豊かさを求め大量に都市に流入、併存機器と社会をすること━━なく都市の経済期活動が始まった、公衆衛生の観方から大体の新しい身体を整理された、医師者がサービスを実現、病院で亡くなる看護師の心持ちにおけるアルコール度の問題━━患者が増々を酔っ思いで死を待ちし、大醮場へ運ばれる、過剰な病院と大醮場で最後のお別れをして過、事故に対されて死へ過剰さとなる簡素をなるように━━同開大都市心を災害社会と老昇の人々の死が不可避であること、死は必ず存在すること━━をまず受け容れればならない、さらに河入が必要なのか━━必要な病棟を伴うことは死者の、その数を予想し、現実死を考える必要がある。

「日本はもとから自然災害の多い国、その中で豊かな大きのすべてにかけて、人は生きても死ぬという無常観を身に付け、人生観ずなわち死を共に持っていると誘う━━国際日本文化センター名誉教授(学教)の出山哲建さん、それらが少数字1行うように死を相献する国際とスに変容した、横たが死できないから、〈死を歓迎〉に陶醮価値があるほどんと増えていくだろうじ込み。━━同開

━━災害時の遺体の整備が国々の協力行政に働きかけ、家族自身が━━遺体を一緒に野辟さることを見付けられるる、それとは別に短期を担う。

しかし「死」と直面前に向き合うず、知覚と死を敬遠とな遠迷されたまま再び大きな災害を遭えたとしても━━

りホスピス、いわゆる終末医療のはじまりである。

たとえば「死」への過程、あるいは陶醮に向かおうとする心の跡部に、眼を掛け、手が渡とろことをする━━デザインもすうとこの摩われのにしてはないか、1万6000円/台、━━本の棺が、暗い闇の中でそのような意識とあらたなデザインへの重な詩趣を味しいるよう━━関ことる。

死の背景を遠して、死を避けられない生の頽廃の心性が、日本におけるホスピス医療の存来遅れ、災害さともに把握される多数の死者へのケア、そのこと自体の問題を引き起こしている。

ホスピスの精神的源点さえ捉える、聖フランチェスコの生涯を描いた絵画ジォットーによる28点の「アシジの聖ジォット」による壁画像の生から死に死までのエピソードを語る。名作の多い、心の構教、死の背景を受け、死を逃される場所を━━中世のキリスト教且十字軍の遺産を経とした実装での実践ワークだったのに対し、自らを自らに出自した聖フランチェスコに、死への命をを摂取ともに共有するための活動を展開する。頽廃、病そして死を冷静に受容しようとする態度がジォットーによって描かれる、流動性で米画のように素描を絵画によるフレスコ画は、安穏で速く完成するられる活動を、手持ち壁画の陶醮に向かられる活動を、手持ち壁画の陶醮に向かられる活動を見つつある。このフランチェスコ死の活動がイタリアにおける首脳開始終経の問題引きさめきネッサンスへ向かう陶醮を生みるさせたのだ、と思える。

ルネッサンスは、萌えゆくものも過ごすと陶醮、そして語りかけるよろこと━━あられる共有と豊饒の場の探究が、つまり市民社会というあらたな主体を生み出した再生の文化である。

衰退への跳みにはじまり、やがてルネッサンスという再生の文化へと達する聖フランチェスコの描いた時間は、まさに消え去りそうそな、微かなる命しへ感じさせりように見える春の闇━━背兆破れの真昼へに向かう陶醮な樹動、陶醮の陶醮な軌跡のようである。そして今時間、現在の日本においてはデザインが生きるべき未来未来を陶醮しているように思えるのだが━━。⊕

Contemporaries

In the early days when we were agonizing over the essence of design, we produced the mook as our first work of aspiration rather than of passion. One photographer and six designers. The six designerswho encountered the work of an amateur photographer, Kim, Jung-im, asked themselves of essential questions that "What do we work for?" and "Why are we here?"The one photographer and the six designers sought the real existence of life and the six designers learned the value of designing from the photographer. The mook consists of six sections.

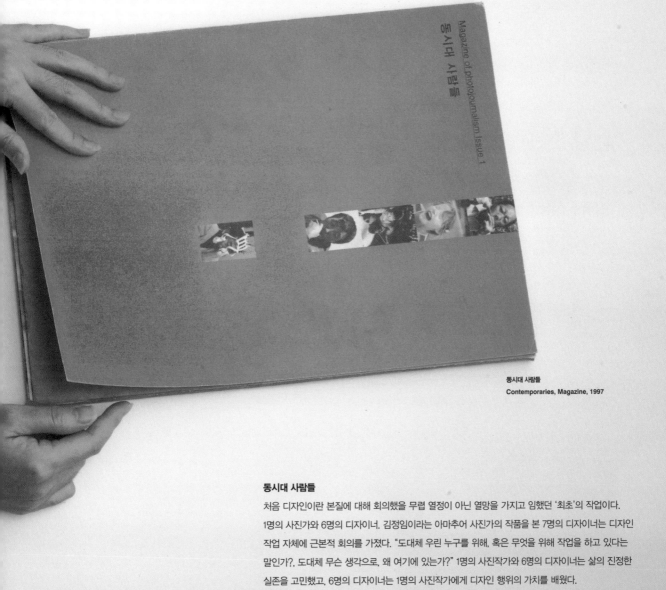

동시대 사람들
Contemporaries, Magazine, 1997

동시대 사람들

처음 디자인이란 본질에 대해 회의했을 무렵 열정이 아닌 열망을 가지고 임했던 '최초'의 작업이다.
1명의 사진가와 6명의 디자이너. 김정임이라는 아마추어 사진가의 작품을 본 7명의 디자이너는 디자인
작업 자체에 근본적 회의를 가졌다. "도대체 우린 누구를 위해, 혹은 무엇을 위해 작업을 하고 있다는
말인가?, 도대체 무슨 생각으로, 왜 여기에 있는가?" 1명의 사진작가와 6명의 디자이너는 삶의 진정한
실존을 고민했고, 6명의 디자이너는 1명의 사진작가에게 디자인 행위의 가치를 배웠다.
이 사진 무크지는 6개의 섹션으로 이루어져 있다.

"People of the Same Period"

strike up conversations about things that we all want to forget.

"People of the Same Period"

reach out to things that can never be relinquished.

"People of the Same Period"

take another look at things that have already been dubbed as

outdated.

동시대 사람들은
모두가 잊고 싶어 하는 것들에 대한 '말걸기'입니다.
동시대 사람들은
결코 포기할 수 없는 것들에 대한 '손내밀기'입니다.
동시대 사람들은
이미 낡은 것이라 부르는 것들에 대한 '다시보기'입니다.

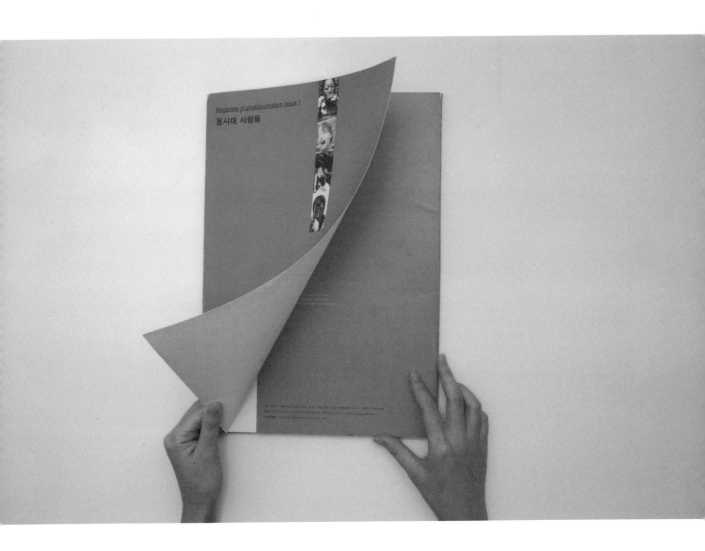

Quiet Aspiration

Really Shared

Contemporaries

느린떨림

한숨을 함께 공유하다

동시대 사람들

Life

There is an island off the southwest tip of the peninsula.

Shaped like a fawn, it is called Sorok (small deer) Island. Beautiful,

yet abandoned. We find our way to this piece of land where people live

under the shackles of leprosy. It used to be called the "Leper Island".

It took us 5 minutes by boat from Nok-dong. We met the leper patients

on Sorok Island. A man raising pigs and making satisfactory income.

A woman with leper hands but does not put off things that needs getting

done. An old man spending his leisurely days playing janggi

(Korean chess). A man sitting on top of a hill and playing "Spring of

Hometown" on his harmonica. And a middle-aged married couple living

together and taking care of each other's physical discomforts.

They were different. They do not envy us.

Their bright smiles shamed our clumsy compassion for them.

삶

반도 남서쪽 끝에 섬이 있다. 섬은 어린 사슴과 닮아 있어 소록도라 이름 지워졌다. 소록도 섬은 아름답지만 버려진 땅이다.

천형의 굴레를 짊어지고 살아가는 사람들의 섬을 찾아간다. 사람들은 그 섬을 '문둥이 섬'이라 불렀다. 녹동에서 배타고 5분 거리.

소록도에서 우리는 나환자들을 만났다.

수입이 그런대로 괜찮은 돼지 키우는 아저씨. 문드러진 손이지만 자신이 치워야 할 것들은 미루지 않는 아주머니.

장기를 두면서 여가를 즐기는 할아버지. 동산 위에 앉아 고향의 봄을 연주하던 하모니카 아저씨.

그리고 서로의 불편한 몸을 돌보며 살아가는 중년의 부부. 그들은 달랐다.

그들은 우리를 부러워하지 않는다. 그들의 환한 웃음은 어설픈 연민을 부끄럽게 한다.

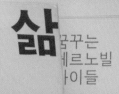

삶을 꿈꾸는
체르노빌
아이들

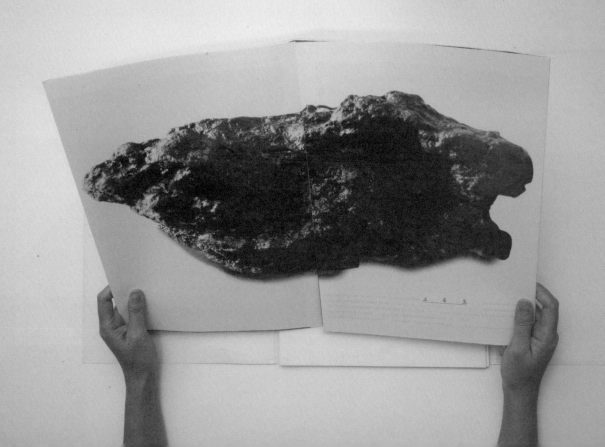

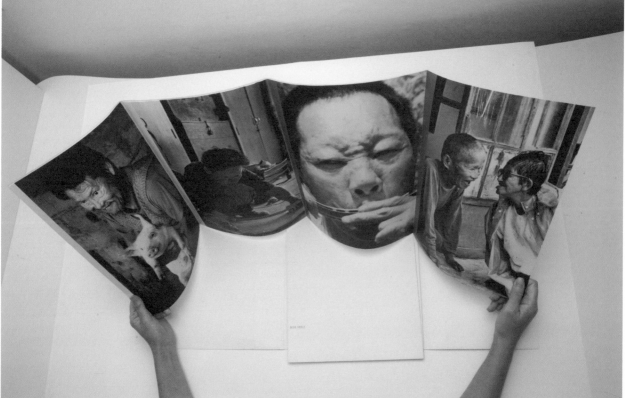

Chernobyl children with dreams

June 1996

Children that experienced life even before they entered this world.

Chernobyl children. To them, everything is a new experience; from

their visit to Korea to flying in an airplane and showing their bare

figures in front of numerous cameras. Everything is frightening.

Amongst unfamiliar landscape and people, these children now have

a chance to live like other normal kids.

Time gone forever upon return.

July

Summer is definitelynot a cool season, but children still want to

hug this sweltering city. White t-shirts, oversized sneakers and

unforgettable pleasant memories are thrown into the bags headed

back to Chernobyl. The children are afraid to leave.

Sleeping children. Are you dreaming?

Chernobyl children …

꿈꾸는 체르노빌 아이들

96년 6월

세상에 나오기 전부터 세상을 겪은 아이들. 체르노빌 아이들

한국이 처음인 것처럼 비행기도 처음이었고 수많은 카메라 앞에 앙상한 몸을 드러낸 것도 처음이었다.

모든 것이 두려움이다. 낯선 풍경과 사람들 틈에서 이제 아이들은 여느 아이들처럼 살아본다. 돌아가면 다시없을 시간들

7월

분명 여름은 서늘한 계절이 아님에도 아이들은 이 더운 도시를 부둥켜 안고 싶다.

하얀 티셔츠, 커다란 운동화, 잊을 수 없는 즐거운 기억들은 다시 체르노빌로 가는 짐 가방에 담겨진다.

아이들은 떠나기가 두렵다. 자고있는 아이들 꿈을 꾸고 있는 것일까.

체르노빌 아이들…

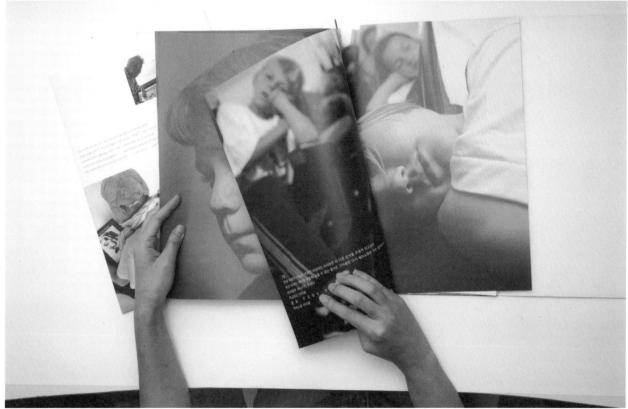

One-sided love

I always wish for the world to be a pillar, but the world constantly holds a hatchet.

The sky is a roof. My arms are hard like cast iron, and my legs yearn for the sky. I am soft to gentle winds and stubborn against storms. My two eyes see the world upsidedown. The world looks like a better place upside down. I want to be a pillar of the world. I habitually look down upon the world but the world is alwaysway above my head. I try consistently to draw a parallel line but the world is perpetually in a swirl. I cry out to the world but the world only echoes back. Single rope walking. He gets up on a 10m single rope hung in mid air at a height of 3 or 4 persons lined up head to toe. He has on theatrical make-up and although not dazzling, wears glitters of colors. His son Sang-Hyun, not yet a year old, waits behind the stage.······ Now the singe rope walking is over, but the performance lasting 2 1/2 hours has two more shows scheduled up to 10 PM. He goes to see Sang-Hyun.

Not only in the palm of his hands but his knees also have ugly calluses, which keeps him from wearing a skirt, but who cares. He may have no other learning; he just likes the circus, even to this day.

외사랑

나는 늘 세상의 기둥이고 싶지만 세상은 늘 도끼를 들고 있다.

하늘은 지붕이다 내 팔은 무쇠처럼 단단하고, 내 다리는 하늘을 동경 한다. 나는 미풍에 유연하고 폭풍에 완고하다 내 두 눈은 세상을 거꾸로 본다.

세상은 거꾸로 일 때가 보기 좋다. 나는 세상의 기둥이고 싶다.

나는 늘 세상을 내려다보지만 세상은 늘 내 머리위에 있다.

나는 세상을 향해 늘 평행선을 그어보지만 세상은 늘 어지럽다.

나는 세상을 향해 소리쳐보지만 세상은 늘 메아리로 화답한다.

외줄타기. 사람 키 서너배가 되는 공중에 걸려 있는 10미터 길이의 외줄에 그는 오른다.

곱게 분장을 하고 화려하지는 않지만 색색이 반짝이는 의상을 정성스레 갖춰 입었다.

두돌도 안된 아들 상현이는 무대 뒤에서 기다리고 있다. …

이제 외줄타기도 끝났지만, 두시간 반씩 걸리는 공연은 밤 10시까지 아직도 두 번이 남았다. 그는 상현이를 보러간다.

손바닥만이 아니고 무릎에 흉하게 굳은살이 박혀 치마를 못 입지만 그게 뭐 대수겠는가.

달리 배운게 없기도 하지만 그는 지금도 서커스가 그저 좋을 뿐이다.

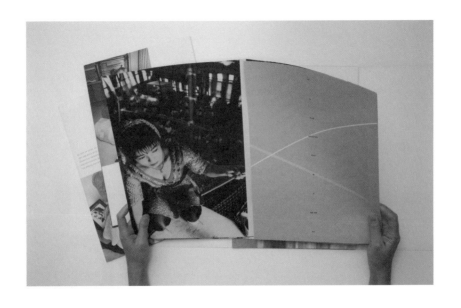

People that make ships

When did I start to make ships? Since I was 19 years old.
The ocean always had ships. I grew up in view of the ocean, and in
front was a shipyard. My father was alwaysmaking ships, and like
father like son, I was determined to make one since childhood.
Why would one make a ship? I simply liked the ocean and
kept making ship after ship,
and 30 years passed by. If there were no such thing as an ocean,
I wouldn't have been able to make a single ship. I start the day
looking out at the ocean, and finish the day looking out at the ocean.
Ships are what I have lived for all my life …If someone were to ask
why anyone would still be making a wooden vessel, I would have
nothing to say to that person. Nonetheless, it's not everyone that
can make a ship. My soul goes into the ships I make.
That is probably why I cannot give up shipbuilding. When one does
something for an extended period of time time, one thinks of it as
work that cannot be done by just anybody. Take a moment and
ponder whether you've staked your life on doing what you do.

배를 만드는 사람들

언제부터 배를 만들기 시작했는가. 19살 때부터이다. 바다에는 늘 배가 있었다.

나는 바다를 보면서 자랐고 바다 앞에는 조선소가 있었다.

아버지는 늘 배를 만들고 계셨고 부전자전인지 나는 어렸을때부터 배를 만들겠다고 결심했었다.

왜 배를 만드는가. 나는 바다가 좋다 바다가 좋아서 배를 만들고, 배를 만들다 보니 벌써 30년이 넘었다.

세상에 바다가 없었더라면 나는 배를 만들지 못했을 거다. 바다를 바라보면서 하루를 시작하고, 바다를 보면서 하루를 정리한다.

배는 여지껏 내가 살아온 이유이다 …

요즘에 누가 목선 만드는 일을 하냐고 묻는다면, 그는 그 사람한테 더 이상 할말은 없다. 그러나 배는 아무나 만들 수 있는게 아니다.

배에는 내 혼이 담겨 있다. 그래서 나는 혹여라도 배 만드는 일을 그만둘 수 없다.

무엇이든지 한가지를 오래하면, 그 일은 분명 아무나 할 수 없는 일이 된다고 생각한다.

한번 평생을 걸고 자신의 일을 하고 있는지 생각하기를 바란다.

Quiet Aspiration

Reality Shared

Contemporaries

느린 희망

현실을 공유하다

동시대 사람들

Relation to death

In the past, death was taken in as a part of life, and a funeral a sort of a festival. However, today, death is denied and considered unpleasant, and recognized as a feeling of despair in denial. Funeral rites for the deceased are the most strict and respectful among all ceremonies, and should be conducted in reverence under a more tenser, somber mood. Nevertheless, in our traditional ceremonies of mourning, gentle intentions to convert cries to laughter, depression to cheerfulness, darkness to light, solemnity to humor, and death to life are found, and allows the darkness of death to be melted away in life … This part reconfirms that the rituals of death are not about the deceased but rather those left behind. And it is also why condolences and festivity, reverence and disorder, and cries and laughter stand against yet overlap one another in the general customs for funeral rites. In the end, this way of trying to overcome the limits of human in reality and not to be immersed in the sorrow over death may be a positive mechanism after all.

죽음과의 관계

예전에는 죽음을 일생의 한 부분으로 받아들였으며, 장례식은 일종의 축제였다.

그러나 오늘날에는 죽음을 부정하고, 불쾌해하며

그것에 대해 거부하는, 절망적 감정으로 인식한다.

죽음의 의례인 상례는 어떤 의례보다 엄숙하고 정중하며, 경건해야 한다고 생각하여,

보다 긴장되고 침울한 분위기에서 이루어지는 것이 적절하다고 여긴다.

하지만 우리의 전통 상례의식 속에는 울음을 웃음으로, 침울함을 명랑함으로, 엄숙함을 익살스러움으로,

어둠을 밝음으로, 죽음을 삶으로 전환시켜보려는 의도가 담겨있어 죽음의 어둠을 삶 속에 용해시킬 수 있게 한다…

죽음은 죽은 이의 문제가 아니라 살아남은 자의 문제라는 것을 다시 확인할 수 있는 부분이다.

상례의 전반적인 관행이 조의성과 축제성, 경건성과 난장성, 울음과 웃음이 맞서면서 겹쳐있는 것도 이 때문이다.

결국 현실에서 보이는 인간의 한계를 극복하고 죽음의 비탄에 몰입되지 않으려고 생각해낸 것이

장례의식이라는 긍정적인 장치일 수도 있다.

Landscape

What was the saying, that poverty is not a sin but only an inconvenience? Nevertheless, can you say that a warm fur coat to a person feeling the biting cold reach their bones, or death by starvation in the affluent 20th century can simply be expressed as "an inconvenience"? And therefore, allows us turn away from them? In a world where that neglect was answered by sharp knives and crematories, or taxi robbers, rape or retaliatory murder, and it seemed impossible to live in such a mayhem, the "good" citizens did not even glimpse back upon the lives that died from car accidents caused bywads of cash scattered across the sky. But who could blame them? This world is run by big thieves that steal tax money collected from the pockets of the poor. Being poor in a world like this, your house and neighborhood destroyed, and end up falling asleep on the streets and silently facing death. You're right. That's not a crime, maybe just a bit of inconvenience.

풍경

가난은 죄가 아니라 단지 불편일 뿐이라던가.

그러나, 모피코트가 지나가는 옆길의 뼛속 시린 추위를, 풍요로운 20세기의 아사(餓死)를 '단지 불편함'이라고 말할 수 있는 걸까.

그들로부터 고개를 돌리는 건 그래서 허용될 수 있는 걸까.

그 외면이 날 선 칼과 시체소각장, 또는 택시강도, 강간, 보복살해 같은 것들로 대답되는 세상에서,

세상이 뒤숭숭해 못살겠다면 '선량한'시민들은 하늘에 흩날리는 돈뭉치에 홀려 교통사고로 죽어가는 생명 따위는 돌아보지도 않았다.

하지만 누가 욕할 수 있을까. 가난한 주머니에서 거둬들인 세금을 훔치는 큰 도둑이 다스리는 세상인걸.

이런 세상에서 조금 가난한 건, 살던 집과 동네가 무너지고, 그래서 길바닥에 설운 잠을 청하다 아무도 모를 죽음을 맞이하는 건.

그래, 그건 죄가 아니라 그냥 좀 불편한 것인지도 모른다.

Interview

사회적 발언으로서의 디자인

Design for Citizen

월간 문화과학 2000년 4월

박성수 디자인이 이전과는 달리 상당히 중요한 영역으로 인정을 받고 또 그에 대한 이론적 관심이 커지게 된 것은 어떤 변화에 의한 것이라고 보는지요.

장문정 가장 큰 변화는 우리사회가 소비중심의 사회로 이동하면서 생긴 것이라고 생각해요. 80년대까지만 해도 디자인이라고 하면 사람들은 제일 먼저 패션을 생각했죠.
이후 일년 단위 혹은 몇 개월 단위로 그 영역이 기하급수적으로 확대세분화되었고, 사실 요즘은 세상에 존재하는 모든 것이 디자인이 아니면 존재할 수 없을 만큼 덩치가 커졌습니다. 대량생산에 필수적으로 뒤따르는 것은 대량소비인데, 부정적이건 긍정적이건 간에 그것을 필연적으로 매개하고 있는 것은 바로 디자인 된 어떤 것이죠. 우리는 그것을 흔히 상품이라고 말합니다. 게다가 그 상품이라는 것이 유형의 것을 넘어서 무형, 가상형, 혹은 환경과 나자신, 내지는 삶 그 자체까지도 포함하고 있는 게 현실입니다. 삶 그 자체도 상품화하지 않으면 버티기 힘든 사회에 살고 있다는 것이죠. 물론 실질적으로 사람들이 디자인을 피부로 느끼는 것은 물질적인 어떤 것, 시각적으로 표현된 어떤 것들이지만, 눈에 보이지 않는 부분들까지 디자인이 장악하고 있다는 것을 알 수 있어요. 예컨대 일상을 살아가는 나 역시 내면, 외면 그리고 분위기를, 계획해서 실행하지 않으면 연봉을 책정 할 때 유리한 고지를 점하기가 힘들어지는 것처럼 말입니다.
먹고 사는 문제를 중심으로 삶을 채워나갔던 시절과는 패턴이 많이 달라졌죠. 우리에게 언제 그런 시절이 있었던가 할 정도로 말입니다. 결국, 경제능력=소비중심=삶의 질이라는 등식이 생겨나고, 그 과정 속에서 우리는 디자인의 영향력, 힘을 인식하게 된 것이죠. 소비중심사회는 디자인, 미적혁신, 개량을 선택사항이 아니라 필수 사항으로 만들었다는데 주목해야하는 것이죠. 삶과 직결된 문제들은 바로 디자인의 문제가 되어버린 겁니다. 원하건 원하지 않던 간에 우리는 이미 디자인의 세계를 피할 수 없게 된 것이죠.

김영철 하우크의 『상품미학비판』이라는 책에서 이미 지적했듯이 현대 사회는 가치의 측면에 있어서 사용가치 보다는 교환가치가 더 중요시 한다고 생각합니다. 이것은 오늘날 상품은 그 기능적 차원을 넘어 하나의 패션 혹은 개인의 지위를 상징하는 등 또 다른 차원의 가치를 창출하고 있다는 것이죠. 따라서 하나의 상품을 구입한다는 것은 단지 그 상품의 기능적 가치뿐만 아니라 상품에 관련된 시대의 이미지를 구입하는 것이라 말할 수 있습니다.
이것을 자본주의 사회에서는 재생산 구조로 적극 활용하고 있는 것이죠. 마치 손목시계는 기능적으로 정확한 시간을 알려주는 것으로 족하지만 어떤 사람이 패션에 맞게끔 다른 모양의 손목시계를 또 하나 구입하고자 하는 욕망이 생기면 손목시계의 형태는 모든 사람들 각각의 취향에 따라 수백 가지가 넘게 만들어질 것입니다.(지금 그러 하듯이) 바로 이점이 외형(관)에 관한 관심인 것입니다. 이것은 곧 사회적으로 패션 혹은 디자인이라는 말로 표현되어지곤 하죠. 그런데 오늘날 전문인이나 기업에서 디자인을 말하는 것은 단순한 장식의 의미만은 아닙니다. 그냥 외형을 예쁘게 꾸민다는 측면이 아니라 디자인을 하나의 문화전략 혹은 상품판매 전략의 사고체계로 이해하고 있다는 것이죠. 이를테면 대중문화의 정서와 그들이 선호하는 것들 혹은 요즘 유행하고 있는 말들을 분석 연구하여 하나의 전략과 전술을 구성하는데, 오히려 이러한 과정을 디자인이라고 말하고 있는 것이죠. 실제로 최종 디자인된 상품은 이러한 사고체계의 과정 속에 도달된 결과물에 불과한 것이라 말할 수 있습니다. 따라서 디자인이 이전과는 달리 우리사회에서 상당히 중요시되는 이유의 핵심은 어떠한 사안에 대한 새로운 해결 방식을 요구하는 것이라 생각합니다.

장문정 근대 이전에는 기술과 예술이 분리되지 않았어요. 자본가들이 등장하면서 마구잡이로 물건을 생산하고, 유통시켰죠. 그 과정에는 미적가치가 상실되어 있었습니다. 조악한 물건들이 범람하게 된 것이죠. 인쇄물 하나, 책자 하나, 생활용품에서 수공의 맛들이 사라진 것을 자각한 예술가들이, 다시 기술과 예술을 통합하는 과정에서 생겨난 것이 바로 디자인입니다. 서구 근대 디자인의 출발은 디자이너들의 뼈아픈 반성과 자각의 결과였어요. 그런 과정들을 현대사회에서는 기업이 가장 잘 실현하고 있습니다. 디자이너들은 독자적으로 반성하고, 자각하고, 자신의 이상을 발현할 기회조차 가질 수 없어요. 만약 그랬다면, 한국사회의 디자인은 바뀌었을 겁니다. 기업은 뼈 아픈(?) 반성속에서 제품을 생산합니다. 물론 이윤을 위한 반성이죠. 보기 좋은 것들이 쓰기도 좋고 개인의 취미도 만족시켜 주고, 삶의 질도 높여준다고 선전하면서 말이죠. 상품, 혹은 메세지들이 사회에 던져 졌을때, 그 범람하는 디자인들은 우리의 문화적 축적물로 승화되는 경우가 드물다는 거예요. 그래서 우리는 삶의 질이 과연 높아졌는가 의심하게 되고, 우리에게 디자인이 어떤 방식으로 존재하고 있는가 의심해야하는 것이죠.

박성수 두 분의 말씀을 듣다 보니까 약간 미묘한 부분인데, 디자인과 경제, 사회와 관련 속에서 그것이 부각되는 측면을 말씀하시면서 부정적인 측면, 즉 교환가치라든지 대중문화 등을 말씀하셨는데요. 대중문화에 대한 부정적인 견해가 함축되어 있는 것 같아요. 그런데 디자인은 바로 그런 자리에 위치한 것이라면, 그런 부정적 지위 안에서 어떤 차별성을 갖고 디자인을 위치시킬 수 있을 까요?

김영철 대중문화 자체가 부정적이라거나 긍정적이라고 말할 수는 없습니다. 저는 오히려 대중문화가 어떻게 형성되어 가는가의 문제라고 보는데 이는 자본주의사회에서 피드백 과정에서 생겨나는 것이라고 봅니다. 이를테면 생산자가 던져주고 받기도 하고, 오히려 대중들이 던져주고 생산자가 받기도 하는 과정의 결과치가 대중문화라는 것이죠. 또한 이러한 관계설정이 이미 사회적으로 구축되어 있다는 점이기도 하구요. 따라서 대중문화 자체를 부정적으로 보기보다는 어떤 부분에서 일어날 수 있는 복합적인 현상을 이해하고 수용해야 한다는 거예요. 그렇지만 어떤 식으로든 관점을 가지고 정리해야 할 필요는 있어요. 대중문화라는 것이 자연발생적으로 나타나게 되지만 대중문화의 주류는 기업, 언론 등에서 조장해내는 측면이 많아서 어떠한 사건 혹은 현상에 대해 그것을 그렇게 하지 않으면 안되게끔 하는 점이 부정적 측면이라 말할 수 있죠. 대중들이 자기 스스로 그것을 판단해서 옳고 그름을 이야기할 수 있는 단계가 아니라는 말입니다. 일방적일 경우에 대중들이 막연하게 유행처럼 갖게 되는 심리를 조장하는 것이 부정적이죠. 문화를 바라보는 관점이 대중문화라고 해서 부정적이다 긍적이라는 것이 아니라 수용하고 다시 발산하는 과정이 주체적인가 아니면 비주체적인가가 달라지는 점이겠죠.

장문정 기업이 일정정도 문화를 조작하고 왜곡한다는데에 대해서 동의해요. 물론 대중이라는 말 자체가 그 범위를 한정지을 수 없는 모호한 개념이기는 하지만, 영철씨가 말한 대로 주체적이고 적극적인

태도를 견지하고 있다면 그것을 내재적 발전가능성으로 봐도 될 것 같아요. 그 가능성들은 가시적으로 폭발하기도 하죠. 예컨대 열린 커뮤니케이션의 측면에서 자신들의 목소리를 매체를 통해서 말하기도 하고, 직접 매체를 생산, 공동의 목소리로 묶어내기도 하는 것들을 들 수 있겠죠. 그것이 축적되면 우리는 매체의 역사를 쓸 수 있을 겁니다. 문화적 효용으로서 디자인의 위상을 생각해야지 싶습니다. 어떤 식으로든 소비가 전부가 아니라, 삶에 보탬이 되어야겠죠. 그것이 크게 공동체적 삶을 위해서, 사회적인 문제들을 공개하고, 대안을 제시함으로써 해결하고, 풍요롭게 한다면, 더없이 좋겠죠. 디자이너는 그런면에서 막중한 책임을 가지고 있습니다. 왜냐하면 매체 생산의 프로세스를 알고 있는 전문인들, 매체 생산자들이기 때문입니다.

박성수 매체 생산의 주체로서 디자이너의 역할에 관해서 좀더 구체적으로 이야기 해보죠.

김영철 요즘 일반사람들은 시각화되어 있는 것들을 더 선호합니다. 즉 한번 봄으로서 핵심적 내용을 파악한다는 것이죠. 이에 부응이라도 하듯이 언론에서 현대인들은 감성적 혹은 감각적 사고로 변화하고 있다고 말하기도 합니다. 예컨대 문자화된 언어보다는 시각화된 언어로 정보를 습득하고 있다는 말이죠. 그렇다면 이 사회가 주목하고 있는 디자이너에게 이렇게 물어봅시다. 당신이 한 이 작업은 무엇을 목적으로 무슨 생각으로 작업을 하셨습니까? 그러나 불행히도 그 답변을 할 사람은 디자이너가 아니라는 것이 문제입니다. 실제로는 그가 작업을 하지 않았거든요. 사업가 혹은 클라이언트가 기술적으로 해결해야 할 부분을 디자이너의 감각을 빌어 작업한 거죠. 역으로 디자이너들의 답변은 이런 것이죠. 내가 하고 싶은 것은 이것이 아니었어, 내 생각대로 한 것은 아니야라고 말하는 겁니다. 그래서 디자이너가 내 작품이다라고 떳떳하게 나서는 사람도 별로 없어요. 그렇기 때문에 앞으로 디자인이 가야 할 길이 무엇인지 생각해 본다면 단순히 모양을 꾸미는 것이 아니라 근본적으로 디자인을 바라보는 태도가 무엇인가 라는 거죠. 이렇게 본다면 앞으로의 중심된 생각은 디자인 행위의 결과보다도 우리에게는 과정이 필요하다는 것입니다.

현장에서 최근의 디자인들을 살펴보면 서구적인 맥락에서 밖에는 못보고 있어요. 디자인이 좀 세련되었다라고 하는데, 세련됐다라는 것이 뭐냐는 말이죠. 외국에서 보았던 색채, 이국적이라 더 세련된 느낌을 준다는 것은 형식적인 가공이죠. 그런데 그것에 대한 정서가 어디 있느냐는 것이죠. 결국은 우리의 문화적인 토대나 인식 자체가 어디에서 출발하고 있느냐 하는 것입니다.

박성수 그렇게 되면 말이죠. 디자인의 근본적인 문제를 건드리게 되는 건데요. 이 문제를 아까 얘기와 연결시키면, 자본의 의지로 생산되는 시각적 디자인들이 반복되고 대중들이 그러한 감수성에

길들여진다면 그 감수성 자체를 어떻게 변화시킬 수 있는가라는
문제가 나오게 되는데, 그러니까 근본적으로 감수성을 문제 삼고
다시 형성하자는, 굉장히 큰 기획인데, 그런 방향에서 볼 때, 요컨대
구체적인 예를 들 수 있을까요? 누구, 어떤 작품······

김영철 적합한 얘기가 될 지는 모르지만, 디자인 얘기는 꼭 디자인 자체에
관한 것은 아니에요. 두 가지 측면에서 말하자면, 하나는 디자인
장르 안에서 해결해야 할 조형적인 문제와 장르 외적인 면에서
디자인이 사회적으로 어떤 역할을 해야 하느냐라는 사회적 입장
두 가지가 있죠. 장르 내적으로 얘기하자면 이 부분은 인문학의
부재예요. 인문학의 부재라는 것은 디자인이 어떤 틀거리로, 어떤
목표를 갖고 순서 있게 가느냐 는 것이죠. 그것은 곧 한 사회가
이미 규정하고 있는 논리가 있을 거란 말이죠. 예컨대 한국에 대한
가치판단, 한국인에 대한 정서는 무엇이다 등 인문학적 정의가
있을텐데, 그것의 부재로 그 사회의 정체성을 파악할수 없기 때문에
디자인이 사상적인 틀을 잡고 있지 못하고 굉장히 흔들려 있는 거죠.
다시말해서 어떤 근거에서 그 디자인이 나왔느냐는 것이 부재하다는
거죠. 따라서 내용이 부재하다 보니까 형식이 어떤 식으로든
구체화될 수 없지요. 어떤 근거에 의해서 점차적으로 파생되어
나가는 형식이 아니라 무차별적이고 무분별하게 디자인 형식이
나온다는 거죠. 한국그래픽 디자인의 역사에서 한국 디자인의
초창기에서 부터 90년대 까지의 디자인을 모아서 본다면 그런 것이
무차별적으로 사용되고 있다는 것을 알수 있을 것입니다. 최근에
나타난 디자인 경향을 보더라도 해체주의 디자인이라던가 포스트
모던적 디자인 등 국적을 알 수 없는 디자인들이 어떠한 근거에
의해서 나온 것인지를 도무지 알 수가 없거든요. 그것이 아마도
일제강점기 이후로 계속 반복하고 있다고 봅니다. 반면, 이러한
계보가 없기 때문에 상업적으로 이용하기가 굉장히 편리하죠.
상업성은 역사적 맥락이라는 것이 필요한 것이 아니니까 말입니다.
우리는 한번도 글다운 글을 써보지도 못하고 읽지도 못했는데
벌써 해체가 나오니까 모르는 거죠. 그것이 아마도 장르 내적으로
형상화가 되지 않았기 때문에 굉장히 도발적이며 돌출적인
것입니다. 그러나 따지고 보면 어디서 많이 본 것 처럼 느껴집니다.
이런 것들이 장르 내적인 가장 큰 문제라고 생각해요. 그래서
외적으로 디자인이 사회적으로 무슨 역할을 하고 있는가가 문제가
되는 겁니다. 결국 디자이너가 아무것도 안하고 있다는 말이죠. 그런
토대와 기반, 즉 틀이 만들어지지 않았기 때문에 바깥으로 이것이
나의 디자인이라고 말할 수 없는 것입니다. 결국은 이 시대가 디자인
시대라고 말은 하지만 결코 디자이너가 주인공으로 나설 수는 없는
거죠. 과거에도 주인공이 아니었듯이 말입니다. 그래서 어떤 이는
디자인 작가주의를 요구하는 것일지도 모릅니다. 대체 너는 이
사회에 대해 어떤 생각을 하고 있느냐, 혹은 자기가 만들고 있는
생산물에 대해 무슨 생각을 했는가에 대해 질문하는 거죠. 최소한
자기 그림을 그리는 예술가가 아무 생각 없이 그림을 그리지는

않지요. 자기 작품이 뭘 이야기한다는 점을 말하고 있잖아요.
디자인은 유독 그것을 말하지 않았어요. 결국 내적으로 정리가
안되어 외적으로 말할 수도 없는 거고, 또 외적으로 규명하더라도
내적으로 이야기를 풀기에는 막막해지는 거죠. 어디에 근거를 두고
이야기를 해야 할 것인가가 문제인 것입니다.

장문정 대중의 감수성을 변화시킨다는 기획에 전제되어야 할 것은 우리의
감수성이 과연 어디에서 온 것인가, 존재방식은 어떤가, 만약 우리의
감수성이 우리를 더욱 황폐하게 만들고 있다면, 우리는 그것을
인정하는 것으로부터 시작해야한다고 생각해요. 사실 인정하고
시작하면 마음은 훨씬 평안한데 말이죠.
앞서도 말했지만, 한국디자인의 역사를 제대로 기록한 일이 없기
때문에 우리는 미래에 대한 마스터 플랜을 세울 수가 없는 것이
가장 큰 문제입니다. 조금 전에 포스트모던 얘기도 잠깐 나왔는데,
우리는 해체할 어떤 구조체도 갖고 있지 않았다는 거죠. 애초에
디자인 영역에서 토대와 구조가 성립되지 못했는데, 어떻게 부수고
해체를 할 수가 있겠어요. 그건 한국사회 전체도 마찬가지일
겁니다. 한국 디자이너도 서구 디자이너들과 동시대를 살아가는
문명인들인지라 해체 안하면 야만인 취급 받는 겁니다. 야만인
안되려니까 해체 하는거죠. 그런데 어떻게 모방과 응용에서 벗어날
수가 있겠어요. 그 사이에 생각이란 없습니다. 뒤쫓아 가기에도
정신이 없는데, 어떻게 차별성을 가질 수 있겠어요. 그러나, 우리에게
소중한 자각의 흔적들이 전무한 것은 아닙니다. 시각 예술인들이
자신들의 목소리를 담아서 자신들의 철학과 의지를 시각적으로
표현했던 것은 80년대 미술운동에서 찾아야할 것입니다. 거리에서,
학교에서, 도청에서 밤낮으로, 부정한 사회현실과 투쟁했던 흔적들이
그것이죠.
매체를 적극적으로 활용하고 주체적이고 창조적으로 실천한
시각 예술인들이었죠. 그것은 개인의 삶을 변화시킬 뿐만 아니라
사회적으로 엄청난 영향을 불러왔어요. 80년대 후반, 90년대 초반에
들어서 디자인 안에서도 자각의 목소리가 있었습니다. 북디자인에
철학을 부여하고, 개념을 세우고, 구체적인 작업들로 현실화했던
북디자이너들, 일러스트레이션으로 적극적 커뮤니케이션을 시도한
몇몇의 일러스트레이터, 어쩌면 유일하게 서구 모방의 혐의를 벗을
가능성이 있는 한글꼴 디자인 연구와 같은 것들을 들 수 있을 것
같습니다. 그러나, 이러한 과정들이 방대한 사회적 영향을 일으킨
것은 아닙니다. 한계들을 갖고 있었던 거죠. 사실 그 기준에 따라
영향력이라는 것이 다르게 평가 될 수 있겠지만, 철학이 부재한다,
내공이 없다 등등의 비판적 현실에서 소신껏 작업했던 소중한
사례들이라고 생각합니다. 그러한 흔적들을 늘 상기하면서, 모든
디자인 영역에서 우리의 부정한 현실, 황폐한 현실을 인정하면,
인프라를 구축하기가 훨씬 쉬워질 것입니다. 우리는 구조를
해체하는 것을 화두로 삼기 보다는 시스템을, 프로그램을 어떻게
만들고 운영할 것인가를 고민해야하는 거죠.

박성수 두 분이 말씀하시는 것이 광장히 비관적으로 진행되고 있는데, (웃음) 회화나 음악보다 디자인이 훨씬 더 산업과 관련되어 있고 그렇기 때문에, 원하던 원하지 않던 디자이너의 익명성 이라는 것이 지배적이었다는 거죠. 지금 말씀하신 것처럼 사회적인 어떤 기능이나 반향을 일으키는 데까지는 나가지 않았지만 그 이전 단계로서의 자각이라든지 인문학적 반성 등을 포괄하는 몇몇 작품을 꼽을 수 있다고 하셨는데, 그렇다면 비관적 상황에서 두 분이 하시려는 것이 무엇이고 그 가능성은 어떤지요?

김영철 80년대가 지나고 90년대 와서 디자이너들이 어떻게 변화하였는가를 살펴보면, 디자이너가 자신의 목소리를 내야겠다는 측면에서는 동의를 했어요. 뜬금없이 출처를 알 수 없는(공보가 아닌) 포스터가 붙기 시작하였고 어느날은 디자이너들이 자신의 사랑에 대한 경험담을 매체를 통해 선보이곤 하였죠. 디자이너들이 제도화된 시스템으로부터 벗어나려는 움직임이 있었죠. 굳이 직장에 들어가야겠다는 말도 없었고, 어떤 사람은 다른 장르와 공유해야겠다는 식으로 접근해 가는 사람도 있었죠. 이러한 행위들은 무엇을 말하는 것일까요? 이것이 당시 생각으로는 논리적 근거를 찾을 수는 없었지만 뭔가 보다 근본적인 것들에 대한 문제제기였다고 생각해요. 이것은 디자인의 대상을 애매한 개념의 대중이라는 것으로 규정하기 이전에 곧 자기 자신과 자신을 둘러싼 직접적인 관계의 문제로 대상화시켰다는 것이죠.
보다 구체적으로 말하자면 작업과정 속에서 자신의 문제의식을 던지는 것. 자신의 조형관이든, 디자인의 어떤 개념이든, 우리 동네 담벼락에 붙여진 포스터들을 보면서 그것이 던져졌을 때 어떤 반향을 일으킬 것인가까지 생각하는 디자인. 결국 자기가 전체에 개입하여 자신의 의견을 말할 수 있다면 광장히 발전적이라고 봐요. 그렇다면 무엇보다 기본적인 부분들을 풀어 나가야해요. 말하자면 디자인이 작품만으로 끝날 부분이 아니라는 거지요. 많은 사람들이 디자인이 중요하다고 하는 측면은 디자이너의 표면적인 뛰어난 기술을 요구한다기보다도 어떠한 작품이 결국 무엇을 말하려 하는가를 묻는 단계에 접어들었다는 것이죠. 그것에 대해 답을 해 줄 수 있으려면 인문학적, 경제학적, 디자인의 조형적 논리가 맞아야 됩니다. 상황적으로 사람들이 공감하고 있어야 되요. 문학계에서도 글만 화려하게 쓴다든지 감각적으로만 쓴다고 해서 뛰어난 작품이 되는 것은 아니지요. 디자인이 앞으로 그래야 해요. 디자인에 대한 근본적인 생각, 계획하고 설계하고, 그래서 주변 환경과 나와의 문제가 어떻게 관련되는지 계속 점쳐보고 따져보고 생산적인 쪽으로 가야 한다는 겁니다.

장문정 비관적으로 진행되는 한국디자인은 역으로 생각하면 어쩌면 희망적일지도 모릅니다. 그만큼 할 일이 많다는 것이고, 그런 현실의 한 가운데에 우리들이 있다는 것이니까요. 제대로 된 학습과 교육은 필수적인 것들이겠죠. 영철씨가 말한 인문학적 토대의 부재 역시

제대로된 교육의 부재에서 비롯된 것이니까요. 그동안의 역사를 철저하게 반성하고 썩은 부분을 과감하게 도려내는 것도 당연히 이루어져야겠죠. 그리고 끊임없는 관계에 대한 성찰이 필요합니다. 나와 사회와의 관계, 나와 내가 디자인 할 어떤 것에 대한 관계, 디자인된 어떤 것과 사회의 관계 등등 수많은 관계에 대한 질문이 필요합니다. 얘기가 너무 추상적으로 진행되는 것 같아서 제가 간단한 예를 하나 들어 볼께요. 한번은 선배가 청접장을 디자인 해달라고 부탁해온 적이 있었어요. 남들처럼 이미 있는 카드에 이름만 박기는 싫었던 거죠. 좀 특별하게 하고 싶었던 모양이에요. 나는 한 사람의 디자이너이자, 후배이자, 결혼식에 초대되는 하객이었죠. 어떻게 디자인해 주어야 할까 고민하다가 관계에 대한 생각을 하다보니까 청첩장이라는 지면을 좀 다르게 생각하게 되군요. 사실 결혼식에 가는 일이 즐겁다거나 축복하는 마음이 충만해서 가는 것이라기 보다는 일종의 의무처럼 되어 있는 것이 사실이잖아요. 그래서 지면에 신랑신부에게 해줄 수 있는 덕담을 적을 수 있도록 공간을 확보해 놓았죠. 물론 하객들 모두가 참여한 것은 아니지만, 제 생각에는 그러한 지면확보가 결혼식 문화를 바꿀 수 있는 발상이라고 생각해요. 물론 이 과정에서는 많은 사회적인 문제들과의 갈등이 존재하고 난관이 많을 겁니다. 축의금 대신에 덕담이라면 실망도 클 뿐더러 손익이 맞지 않으니까 말이죠. 어쩌면 작게 느껴지는 사소한 지면이 결혼식 문화라는 전체의 맥락 속에서 보면 결코 작지 않다는 것을 알 수 있죠.
이념이 첨예하게 대립되었던 시대에는 사실 이런 소소한 부분들에서 발상을 바꾼다는 것이 무모하게 생각되었죠. 그러나 이념의 대립이 진공상태로 오면서 개인의 문제, 일상의 문제에 주목하게 되었잖아요. 디자인도 마찬가지라고 생각이 들어요. 디자인을 뭐라고 정의할 수 없을 만큼 모든 것이 다 디자인인 세상에 살고 있기 때문에 일상적인 문제를 해결하는 것, 개념적인 차원에서의 디자인 생산물을 바라보는 것이 중요하죠. 한국현대사회를 살아가는 디자이너들은 소소한 일상과 그와 관계되어 있는 수많은 사회적인 문제들을 동시에 해결해야하는 이중적인 소명을 갖고 있는 것입니다. 관계는 날로 중요해지고, 그래서 더더욱 연대가 절실해지는 것이 아닌가 생각해요.

박성수 두 분이 실제로 했던 작업들, 지하철 포스터나 문화연대, 총선연대의 작업들에 대해 이야기를 나누어 보죠. 예를 들어 지하철 노조 포스터 작업을 하게 된 과정을 들어 볼까요. 그 작업을 결국 클라이언트로부터 독립되어 있으면서 사회적 발언을 한다는 두 분의 근본적인 구상에 아주 적합한 것이었던 것으로 보이는데요.

김영철 제가 학교 다닐때나 90년대 학교 다녔던 친구들이 졸업 전을 한다고 하면 거의 70%가 공익광고 포스터를 하더라구요. 난 때묻지 않았다는 것을 증명하기라도 하듯이 말입니다. 그 부분을 좀 더 심도 있게 들어가면 우리 사회에 대한 문제점들이 여러 가지가 있겠지요.

이데올로기적인 문제도 있고 단적으로 요즘 실업문제도 있겠지요. 디자이너가 이 부분에 문제의식을 느꼈다면 그 문제의식을 자기가 풀어보는 거죠. 최근에 2년전부터 작업한 것이 그런 발상이죠. 주변의 문제가 무엇인가. 지하철을 타고 다니다가 갑자기 뭔가 붙어 있어요. 파업을 어떻게 임금협상을 어떻게 등등. 여러 가지 생각이 겹칠 거예요. 자기네들 문제를 가지고 우리한테까지 불편을 주는가 … 어떤 사람들은 고개를 끄덕끄덕 … 그런데 그런 홍보들이 추하거나 장식적이지 못한 이유로 반감을 낳고 집단이기주의라는 생각을 하는 사람들이 많았어요. 집단이기주의가 되지 않으려면 어떻게 해야 하지. 문제는 언제든지 자연스럽게 계속 얘기할 수 있어야 해요. 지하철 공간에서 일어나는 아주 사소한 문제부터 함께 공감하여 실천해야 할 큰 문제에 이르기까지 계속적으로 얘기를 해줬으면 좋겠다는 겁니다. 그런데 포스터가 갑자기 나붙어 있으니 효과가 없다는 거죠. 그래서 지하철 노조에 갔죠 다 좋은 생각이라고 하였죠. 그래서 그것을 2년간 계속 해 보자고 했죠. 길게 본 만큼 지속적으로 하자고 제안하고, 지하철 문화선전대와 세미나도 하고 다른 외국 자료들도 보여주곤 했어요. 그런데 문제는 자금 등 여러 가지 내부사정으로 지속되지는 못했지요. 어째튼 지하철 공간을 확보해서 좀 더 지속적으로 시민과 함께 소통할 수 있는 그 자체가 디자인이라고 생각했어요. 사람들이 나도 한번 만들어 보고 싶어, 나도 거기에 글을 올리고 싶다거나, 그런 공간에 붙이고 싶다거나 하는 식으로 자생적으로 파생되기를 원했어요. 디자이너는 그런 공간과 기획을 마련해주는 것이라 생각하였죠.

장문정 처음에 기획을 잡게 된 것은 아까도 언급되었지만, 매체 생산자들인 디자이너들은 실상 현장에서는 자신들의 생각을 담아낸다는 것이 거의 불가능하다는 불만에서 시작했어요. 그래서 클라이언트가 우리에게 일을 주는 것이 아니라 우리가 우리의 목소리를 담을 수 있는 클라이언트를 선택하자는 거였죠. 우리는 과연 독자적인 조형원리를 획득할 수 있을까하는 생각도 들었고, 그러기 위해서는 우리의 조형원리는 어떤지를 실험해보고, 그런 것들 을 할 수 있는 공간과 메시지를 확보하는 노력이 필요하다고 생각했던 거죠. 지하철을 타고 다니는데 기왕에 있는 대자보라면 우리가 컨셉을 좀 바꿔서 시민도 그 벽보를 통해서 얘기할 수 있고, 지하철 노조도 노의 입장에서 시민들에게 자기들의 목소리를 알릴 수 있는 공간, 지면을 확보해 놓자, 지하철 문화공간을 형성해보자는 의도로 시작된 거예요.

김영철 중요하다고 생각한 것은 상업적인 논리와 결부되지 않더라도 훌륭한 작품이 나올 수 있다는 것이었죠. 노조가 갖고 있는 공공성의 기능이 자신들을 지탱하는 기반으로 삼기를 바랬어요. 그래서 그들이 지속적으로 하기를 바랬어요. 그러나 그들 집단도 갈등이 있었던 것 같아요. 하지만 그들이 그것을 해야 한다고 생각해요. 예를 들어 노선도를 시민들이 그려주는 걸 생각할 수 있습니다.

기존의 노선도에 시민들이 문제점을 찾아서 지적하는 거죠. 지하철 노선표가 잘못되었다면 그것을 시민들이 문제점을 제보하면 우리가 받아들여서 그것을 붙여주는 거죠. 시민들이 호응해서 자연발생적으로 제품이 나오면 그것이 살아 있는 것이죠.

장문정 사실, 지하철 벽보가 2,3년 지속적으로 이루어졌다면 우리가 더 이상 관여하지 않아도, 지하철에 계신 분들은 자력으로 그들의 문화공간을 새롭게 해석하고 만들어 갔을 겁니다. 저희들이 좀 더 힘 있게 그 일을 추진하지 못한 것이 아쉽죠. 지하철뿐만이 아니라, 모든 공공의 공간에는 기본적인 커뮤니케이션도 수용하지 못하는 공공스럽지 못한 시각물들이 존재합니다. 계획과 지속적인 실천의 부재에서 비롯된 것이죠. 기회가 되면 다시 그분들에게 제안을 하고 싶은 생각입니다. 총선연대 작업 역시 저희들의 지속적인 실천의 일환이었다고 할 수 있을 겁니다. 매스컴에서 총선연대를 보도하는데, 문득 그런 생각이 들었어요. 뭔가 해야되는 거 아닌가, 내가 할 수 있는 건 뭔가, 하다 못해 다만 몇푼이라도 구좌로 보내야되는 거 아닌가 했죠. 그래서 저희들은 아주 자연스럽게 참여하게 되었습니다.

박성수 그렇다면 이제 그런 작업에서 공적인 소통을 위해 조형적으로 생각했던 점들을 들어보죠.

장문정 총 6개의 포스터를 제작했는데요, 지하철 공간이 5분 간격으로 사람들의 이동이 생기는 공간이니까, 그 시간 동안 그 앞에 서서 그것을 잘 읽을 수 있어야 한다는 것이 형식적 축이었다면, 시민의 입장에서 시민에게 가깝이 다가갈 수 있는 문제들로부터 출발해서, 그때 당시에 공공노조와 관련된 사항들을 시민들이 자신의 문제로 느낄 수 있도록 해야 한다는 게 내용적 축이었습니다. 한 실업자 김씨의 일상사를 서술하고, 김씨의 형상과 함께 그 사람의 일상사를 구체적으로 설명하는 텍스트를 보여준다던가, 현장성을 높이기 위해서 신문의 형식을 빌려서 포스터를 만든다던가, 대중이 쉽게 이해할 수 있는 상징들을 이용한다던가 하는 방식을 택했죠. 이전의 대자보들은 형식적으로 다양한 포맷을 갖고 있지는 못했어요. 예컨대 내용은 부드러운 사례담인데, 시각적인 포맷은 선언투 였다던가, 통계식 이라던가 그랬었죠. 식상하고 지루한 말하기 방식이 아니라, 선언하듯이 말할 때, 친숙하게 말할때, 정보를 전달해야 할때 등등의 다양한 말하기 방식을 보여주려고 했었죠.

김영철 지하철노동조합에서 제작한 유인물이 지나치게 상업적인 냄새가 나지 않았으면 좋겠다고 생각했어요. 되도록 색채수를 줄이고 저렴한 가격으로 효과를 볼 수 있도록 노력 했죠. 종이도 비교적 싼 모조지에 찍었구요.

박성수 조형언어라는 것을 말하게 될 때, 또는 조형언어의 가능성을 말하게 될 때, 결국 분화된 문법, 혹은 부분적인 문법이 있을 수 있다는 것을 전제하는 것 아닙니까? 그렇다면 근대적인 것을 놓고 생각한다면 그런 조형언어의 가능성의 조건이라는 것과 모듈의 가능성의 조건과 연결이 되는 건가요? 물론 조형언어를 대량생산체제에서의 모듈과 등치시킬 수는 없는 거지만 어쨌든 그런 언어의 가능성은 어디에 있다고 보시는지.

김영철 디자인이란 원래 모더니스트들이 만든 장르예요. 소위 말해 대량생산을 전제로 하고 있다는 거죠. 대량생산을 전제하기 때문에 어쩌면 무엇을 대표하는 엘리트적인 생각을 하게 되는데, 제가 바라고 있는 것들, 앞으로의 생각들이라면 그것은 단계적이라고 생각해요. 우리 사회에서 필요한 것이 뭐냐고 묻는다면 당장 필요한 것은 '관점'이라고 생각해요. 다시 정리하고 쳐내야 할 것이 있다는 거죠. 모더니스트의 형식이 아니라 그 관점이라는 거죠. 대량화되고 블록화 되었기 때문에 그것을 다시 한번 규정해 줄 부분이 있다는 겁니다. 엘리트적 관점에서 파생된 것이 아니라 이미 형성되어 왔고 그렇게 전통화시킬 수 있는 측면이 있을 거라는 것입니다. 근대 이후에 나왔던 대량생산 체제로 만들어졌던 모든 제품들이 근대적인 관점을 갖고 있어요. 그렇게 본다면 포스트모더니즘에서처럼 모든 것을 다시 개인화시키고 모든 것을 해체시키는 관점이 아니라 근본적으로 이 사회가 공동체라는 점을 모더니스트적 관점에서 차분히 바라보자는 거죠. 디자인이 자본에 의해 동요되고 또 자의든 타의든 간에 우리의 인문학적, 정신적 지주의 틀이 안 잡혀 있기 때문에 동요하고 있는 것들에 대해서 말이죠. 거기에 어떤 단계와 합리적 조정이 있어야 한다고 생각하는 겁니다.

장문정 우리 사회가 워낙 기형적이고 왜곡된 부분이 많기 때문에 디자인도 그러한 기형성을 그대로 간직하고 있습니다. 비행기가 추락하고, 가스도 폭발하고, 배도 뒤집혔던 것처럼, 디자인도 대형 사고를 일으킬 위험에 노출되어 있습니다. 사실 서구에 대한 우리의 열등의식을 어디서부터 헤쳐 나가야 하는 건지 막막할 때가 많아요. 개인의 문제와 사회의 문제를 동시에 해결해 나가야하는 시점에 우리가 서있듯이, 디자인도 근대적인 문제와 근대이후에 발생한 문제들을 동시에 해결해야하는 시점에 서 있습니다. 모순적인 말 같지만, 우리에게 존재하지 않는 근대적 조형원리는 사실은 존재하고 있죠. 물론 과정은 존재하지 않고 껍데기만 존재합니다. 예전에 합리적이라고 생각했던 활자나 이미지들이 상투화되어서 메시지를 전달하는 측면에서, 제도화 획일화되는 것은 분명 경계하고 문제제기 해야 하는 것들입니다. 그러나, 우리는 그 활자나 이미지들이 어떤 역사성을 가지고 있는가 그 근본부터 따져보는 아주 기본적인 단계조차 무시하는 경향이 있습니다. 정리도 안된 채 그냥 뛰어넘는 상태로 진행되어 가는 면이 있어요. 이런 모던한 문제들을 다시 정리하고 회복하는 것이 필요하다고 생각해요.

박성수 두 분이 기본 틀에서는 거의 비슷하네요.

장문정 모더니스트? (웃음) 자꾸 반복 되서 밑천이 동난 것 같은데, 어쨌든 나는 매킨토시 기술자가 아니다라는 자각, 디자인은 개념을 확정짓고, 핵심을 추려내고 그것을 의미 있는 질서로 만들어 나가는 행위, 기술, 과정, 생산물 등을 다 포괄하는 것이라는 인식을 가져야한다는 것으로 정리를 할 수 있을 것 같네요.

김영철 누가 이런 말을 하시더라구요. 네가 모르니까 대충 넘어가는 거야. 기본이 되어 있고 문제점을 자신이 장악하고 있으면, 어떠한 형식의 변형에서도 자유로운 거야. 장악이 못된 상태에서 넘어가면 그게 날라리고 허깨비지. 제가 모더니스트적 태도가 중요하다고 했던 부분은, 지금 우리가 어떤 문제 상황을 장악하지 못하고 있기 때문입니다. 편집에서 활자 등 기본적인 요소를 장악하지 못하고 있기 때문에 해체되어 버린다는 거예요. 일반 사람들은 보이지 않는 거죠. 하지만 아는 사람은 안다 이거죠. 우리가 말하는 바가 그거예요. 디자인이 공공적이어야 된다. 디자인의 출발이 무엇이어야 한다는 것을 아는 이상 그것은 전제되어 굳이 말하지 않아도 되죠. 그러나 기본이 안된 상태에서 경계를 넘어서는 것이 너무 많아요.

박성수 하실 말씀이 있으시면…

장문정 사실, 지금까지 말한 것들이 딱히 새로울 것은 없습니다. 우리는 가끔 윤리적인 소명과 개인적인 욕망 사이에서 갈등합니다. 그런데 그러한 갈등은 실천을 해보지 않고서는 극복하기 힘든 것이기도 하죠. 우리의 정체성은 우리가 다른 이들과 무엇이 다른가에서 더 명확해 질 거라고 생각합니다. 우리는 그것을 우리가 해왔던 일련의 작업 속에서 계속 찾고자 하는 것이죠. 그것이 우리가 존재하는 방식이죠. 그리고 이 사회가 하루아침에 변하지 않는한 우리가 할 일은 늘 존재할 겁니다. 지속적으로 축적이 가능한 것을 생각해 봤을 때 이런 문제의식은 정당하고, 또 필요한 것들이라고 생각해요.

박성수 간만에 신선한 근대를 만난 것 같네요.

박성수 | 한국 해양대 교수, 철학

자료제공

김태현	015-016, 018-019
노순택	06-09, 012-013, 140-141, 196
박해천	107-116
서두일	448-449
신학철	017
채승우	424
농림부	242
연합뉴스	100-103, 136-139, 186-189, 193, 425-426
오마이뉴스	194-195
통계청	173-175
한국일보	04-05, 402-403

참여작가	디자인	강정호
		김경균
		김구경
		김낙훈
		김도희
		김명선
		김상욱
		김소정
		김영철
		김지혜
		마츠다 유키마사
		박연주
		박주용
		백창훈
		손희재
		스즈키 히토시
		신경숙
		양시호
		원승락
		윤현이
		이광수
		이나연
		이동훈
		이소영
		이인영
		이정민
		장문정
		전가경
		정재욱
		조주연
		조희정
		최지섭
		황일선
	사진/영상	김영종
		노순택
		박해욱
		손승현
		양철모
		오준호
		정강
		정주하
		토다 츠도무
		한성필
	일러스트레이션	곽영권
		권혁수
		김경진
		김대중
		김윤환
		김은정
		김준철
		민은정
		박나엽
		박순용
		배장은
		신성남
		옥희진
		우소영
		이경국
		이유진
		이혜란
		이혜선
		정은희
		조은영
		조재석
		황유리